# 电离层与地磁场时空变化特性分析与建模

李义红　刘代志　卢世坤　侯维君　陈鼎新　著

西北工業大學出版社

西　安

**【内容简介】** 本书主要论述了空间环境中电离层和地磁场的时空变化特性分析与建模方法，内容涵盖了电离层探测和数据处理方法、电离层和地磁场的时空特性以及相关性分析、电离层和地磁场的时空建模以及联合建模，将数学统计建模、信号处理等学科的知识和方法与地球物理和空间科学交叉融合，综合应用于电离层和地磁场的研究，并结合物理机理，对分析和建模结果及相关现象进行了讨论。

本书可供空间科学和地球物理相关领域的科研工作者和高校学生，以及对电离层和地磁场感兴趣的读者阅读、参考。

**图书在版编目(CIP)数据**

电离层与地磁场时空变化特性分析与建模/李义红等著. —西安:西北工业大学出版社,2021.1

ISBN 978-7-5612-7596-2

Ⅰ.①电… Ⅱ.①李… Ⅲ.①电离层 ②地磁场 Ⅳ.①P421.34 ②P318.1

中国版本图书馆 CIP 数据核字(2021)第 018003 号

DIANLICENG YU DICICHANG SHIKONG BIANHUA TEXING FENXI YU JIANMO

**电离层与地磁场时空变化特性分析与建模**

**责任编辑:** 王玉玲 **策划编辑:** 杨 军

**责任校对:** 朱晓娟 **装帧设计:** 李 飞

**出版发行:** 西北工业大学出版社

**通信地址:** 西安市友谊西路 127 号 邮编:710072

**电 话:** (029)88493844 88491757

**网 址:** www.nwpup.com

**印 刷 者:** 兴平市博闻印务有限公司

**开 本:** 787 mm×1 092 mm 1/16

**印 张:** 10.875 彩插:7

**字 数:** 285 千字

**版 次:** 2021 年 1 月第 1 版 2021 年 1 月第 1 次印刷

**定 价:** 58.00 元

# 前　言

随着无线通信、卫星、导航等技术的快速发展及其对社会生产生活带来的巨大变革，人们越来越关注对这些技术系统产生影响的地球空间环境，空间天气、地磁暴、电离层暴等专业术语也逐步被人们所认识和关注。电离层和地磁场是地球空间环境的重要组成部分，强烈的地磁及电离层扰动会对在轨空间飞行器、通信与导航系统、电力系统等造成显著的影响，是空间天气和军事地球物理研究中非常重要的研究对象。电离层和地磁场之间相互作用，地磁场作为电离层电动力学过程的背景磁场，对全球电离层发电机过程以及电离层电场、电流的分布有着决定性的影响。受到太阳爆发活动的影响，电离层和地磁场的变化特性更为复杂，研究电离层和地磁场的时空变化特性和相互关系，建立电离层和地磁场变化的联合模型，对深入研究电离层和地磁场变化的相关性这一科学问题具有重要意义，对空间天气预报、地磁辅助导航以及空间环境作战保障等领域也具有重要的应用价值。

本书对电离层和地磁场变化的时空特性进行分析和建模研究，将数学统计建模、信号处理等学科的知识和方法与地球物理和空间科学交叉融合，综合应用于电离层和地磁场的研究，从局域和全球范围、平静和扰动角度进行分析和建模，并对电离层和地磁场变化的相关性和相互作用进行统计分析。

全书分为6章，各章节内容如下。

第1章绪论，主要介绍本书的研究背景和意义，介绍电离层和地磁场的变化特性、相互作用、联合建模等方面的研究现状。

第2章电离层的探测与电子总含量(TEC)计算，简要介绍电离层探测的方法，重点介绍全球导航卫星系统(GNSS)探测电离层的原理，分析GNSS探测电离层的误差因素、周跳和硬件延迟误差以及几种组合周跳检测方法的优缺点，提出综合周跳检测方案和基于TEC变化率指数检测的自适应阈值周跳检测方法；在分析现有解算硬件延迟方法对单站观测数据硬件延迟的解算性能的基础上，基于电离层平静期球谐函数拟合与自适应网格法(SCORE)两种方法，提出一种改进的联合算法。

第3章电离层TEC时间序列分析，包括周日变化的高阶统计特性分析、逐日变化特性分析、基于希尔伯特-黄变换(HHT)时频特性的TEC短期时间-尺度特性和年变化时间-尺度特性分析、基于HHT的非平稳性分析，以及基于样本熵的复杂度分析等。通过对TEC时间序列特性的分析，进一步探讨TEC周日变化规律，为TEC气象学变化形态研究提供一种思路。

第4章电离层和地磁场时空特性分析，包括基于隐马尔可夫模型(HMM)研究中国大陆地区地磁场时空变化的纬度依赖性和不对称性分析、基于HHT的地磁场时域非平稳性分析、基于样本熵的全球电离层垂测电子总含量(VTEC)复杂度分析，以及基于张量秩-1分解的电离层时间-经度-纬度大尺度变化特征分析等。

第 5 章电离层与地磁场变化的相互作用与相关性分析，对太阳平静期的电离层与地磁场相互作用和影响进行分析，并对太阳爆发时期磁暴与电离层暴的相关性进行统计分析。

第 6 章电离层和地磁场时空建模，包括基于复杂网络的全球电离层时空变化建模、基于扩展 Kalman 滤波的电离层层析三维建模，以及基于协同 Kriging 的电离层 TEC 与地磁场联合建模等。

写作本书参阅了相关文献、资料，在此，谨向其作者深致谢忱。

本书的出版得到国家自然科学基金项目《中纬度局地电离层 TEC 与地磁变化场时空相关性分析与建模研究》(批准号：41374154)和《中低纬电离层闪烁与地磁场相关性分析及闪烁形态预测研究》(批准号：41774156)的资助。

鉴于学术水平有限，书中难免有疏漏之处，敬请读者批评指正。

著　者

2020 年 11 月

# 主要缩略词说明

| 英文缩写 | 中文名称 | 英文名称 |
|---|---|---|
| BDS | 北斗导航卫星系统 | BeiDou Navigation Satellite System |
| CGRF | 中国地磁参考场 | China Geomagnetic Reference Field |
| CIT | 电离层层析 | Computerized Ionospheric Tomography |
| CI | 条件独立 | Conditional Independence |
| CMI | 条件互信息 | Conditional Mutual Information |
| COSPAR | 国际空间研究委员会 | Committee for Space Research |
| DCB | 差分编码偏差 | Differential Code Bias |
| EEJ | 赤道电集流 | Equatorial Electrojet |
| EKF | 扩展卡尔曼滤波 | Extended Kalman Filter |
| EMD | 经验模态分解 | Empirical Mode Decomposition |
| EMM | 增强型地磁模型 | Enhanced Magnetic Model |
| EOF | 经验正交函数 | Empirical Orthogonal Function |
| FGES | 快速贪婪等效搜索 | Fast Greedy Equivalence Search |
| GAIM | 全球同化电离层模型 | Global Assimilative Ionospheric Model |
| GIM | 全球电离层地图 | Global Ionospheric Map |
| GMP | 高斯信息传递 | Gaussian Message Passing |
| GNSS | 全球导航卫星系统 | Global Navigation Satellite System |
| GPS | 全球定位系统 | Global Position System |
| HHT | 希尔伯特-黄变换 | Hilbert-Huang Transform |
| HMM | 隐马尔可夫模型 | Hidden Markov Model |
| IGRF | 国际地磁参考场 | International Geomagnetic Reference Field |
| IGS | 国际 GNSS 服务 | International GNSS Service |
| IMF | 本真模函数 | Intrinsic Mode Function |
| IPP | 电离层薄层穿刺点 | Ionosphere Pierce Point |

| | | |
|---|---|---|
| IRI | 国际参考电离层 | International Reference Ionosphere |
| JPL | 喷气动力实验室 | Jet Propulsion Laboratory |
| MAE | 平均绝对误差 | Mean Absolute Error |
| M-I-T | 磁层-电离层-热层 | Magnetosphere - Ionosphere - Thermosphere |
| MI | 互信息 | Mutual Information |
| MSE | 均方误差 | Mean Square Error |
| NSA | 南北不对称性 | North - South Asymmetry |
| PCA | 主成分分析 | Principal Component Analysis |
| PEJ | 极区电集流 | Polar Electrojet |
| STEC | 斜测电子总含量 | Slant Total Electron Content |
| TEC | 电子总含量 | Total Electron Content |
| VTEC | 垂测电子总含量 | Vertical Total Electron Content |

# 目　录

# 第1章 绪 论

地球空间环境是人类开发和利用太空资源、开展太空科学实验与从事对地观测、太空军事进攻与防御的主要区域，也是对人类活动与生存环境构成威胁的种种灾害性空间天气的源头。地球空间环境对各类空间飞行器的设计、飞行、使用等都有着不可忽视的影响，灾害性空间天气可导致卫星等航天器以及搭载的技术设备失常受损、通信中断、导航定位不准，引发地面技术系统（如无线通信系统、测控、雷达、高压输电网、长距离输油和输气管道等）重大事故。据1971年2月—1986年11月的统计数据，美国卫星出现的异常事件中70%跟空间环境有关[1]。1989年3月发生的强磁暴事件，造成卫星提前陨落，6 000个空间目标的跟踪识别发生困难，低纬地区无线电通信中断，轮船、飞机的导航系统失灵，美国核电站变压器烧毁，加拿大北部电网瘫痪，600万居民停电9 h之久，电力公司损失达1 000万美元，用户损失达数千万甚至数亿美元[2]。

电离层和地磁场是地球空间环境的两个重要组成部分。地磁场作为电离层电动力学过程的背景磁场，对全球电离层发电机过程以及电离层电场、电流的分布有着决定性的影响。地磁场在电离层不规则体的形成机制和时空演变中扮演着重要角色，是纬圈电场形成和等离子体垂直漂移的背景场。以往的观测表明，电离层变化与地磁场扰动之间存在着密切联系。太阳活动是地球空间环境主要的能量来源，也是地磁场扰动和电离层变化的根本来源。源于太阳爆发的磁暴使地球空间电磁环境发生扰动，伴随着磁暴的发生，变化磁场发生剧烈扰动，电离层也出现剧烈的变化。强烈的地磁及电离层扰动会对在轨空间飞行器、通信与导航系统和电力系统等造成显著影响[3]。电离层不均匀结构引起的电离层闪烁现象，造成卫星导航定位、卫星通信、空间目标监视雷达、测控等地空无线电系统的工作性能下降，严重时将造成系统中断。因此，电离层与地磁场都是空间环境监测和空间天气预报研究的重要对象，研究电离层与地磁场的时空变化特性，认识电离层与地磁场之间的相互作用机理，建立两种变化场相互约束的同化模型，对于空间天气预报、地磁辅助导航、空间环境作战保障等应用领域具有重要意义。

## 1.1 电离层及其变化特性

电离层是地球大气被部分电离的空间区域。按照无线电工程师协会（Institute of Radio Engineers，IRE）的定义，电离层是地面60 km以上至1 000 km的空间，在这个区域内地球大气受到太阳辐射，吸收了太阳紫外线和软X射线而发生电离，形成自由电子与离子，能够影响无线电波的传播。电离层以上被完全电离的区域称为磁层，地磁场对这部分的电子运动有着决定性影响。电离层之下为中性的中高层大气层。事实上，电离层受太阳活动的影响，与磁层和大气层耦合，其与磁层和中性大气层之间的分层界限并不是绝对的，电离层中的电离成分与中性成分相比，虽然占比较小，但存在的这些电离成分能够显著地影响无线电波的传播。电离层既可以反射低频无线电波，也能够改变穿越其区域的高频无线电波的传播方向、传播速度、相位、幅度和偏振状态等。电离层对人类生活和生产有利也有弊：一方面，正常情况下的电离层对高频无线电波的反射有利于远距离无线通信的实现和发展；另一方面，异常情况下的电离层会对通信、航天和导航以及地面上的许多技术系统产生严重危害[4]。

电离层是一个复杂的开放式系统，其变化主要受到太阳电离辐射、太阳风及地磁活动、中性大气和电动力学等四大因素的影响[5]。因此，电离层的状态会随着昼夜、季节和太阳的周期活动而发生周期性变化。受太阳爆发性活动的影响，电离层还存在各种扰动，最为典型的扰动有突发电离层骚扰、电离层暴和极盖吸收事件。

电离层变化按时间尺度可以分为电离层气候学变化和电离层天气学变化[6]。气候学变化是长时间尺度的变化，反映的有电离层光化学过程，电离层年、季节变化，以及局域特征，如极区、赤道异常现象等；天气学变化是短时间尺度，几分钟到数天量级的变化，如电离层骚扰、电离层暴、电离层对耀斑的响应、电离层行扰、电离层周日变化和逐日变化，以及电离层人工变态等。

电离层电子总含量（Total Electron Content，TEC），指的是单位底面积的柱体内所包含的总的电子数量，其单位为 TECU（1 TECU $=10^{16}\ \mathrm{m}^{-2}$）。TEC 是描述电离层形态和结构的一个重要参量，通过研究 TEC 的特性可以研究不同时空尺度的电离层物理过程。电离层 TEC 的探测手段以卫星信标测量为主，如微分多普勒方法、法拉第旋转方法等。随着全球导航卫星系统（Global Navigation Satellite System，GNSS）的使用，采用 GNSS 双频信标测量获取电离层 TEC 参量成为当前最为重要和广泛采用的方法。GNSS 台站数量多、分布广，可以全天候、不间断观测，为研究大范围和全球 TEC 变化提供了极大的便利，利用局域与全球的 GNSS 地面和空中观测，可以获得较高的时间及空间分辨率的 TEC，获得的电离层信息更加完善，这在当前空间天气研究中具有特别的意义。本书主要以 TEC 为研究对象来分析电离层的时空变化特性。

国内外对 TEC 长期变化（年变化、半年变化、季节性变化）规律以及异常现象（周日变化异常、冬季异常等）的研究较多，主要利用平滑统计、傅里叶分析、时频分析、小波分析和混沌特性分析等方法对 TEC 时间序列特性进行分析研究。TEC 变化符合一些一般性规律，例如：变化周期与太阳活动周期基本相符，太阳活动高年 TEC 大，活动低年 TEC 小；TEC 在春秋两季达到峰值，在冬季和夏季达到谷值，春秋两季均出现较大的电子总含量，且春季比秋季大，在北半球中高纬地区，冬季比夏季大，即所谓的冬季异常现象非常明显，在南半球高纬地区也可以观测到冬季异常；在低纬度和南半球部分中纬度地区，半年异常较为明显；白天地方时 14:00 左右 TEC 取最大值，此后 TEC 值逐渐减小，至夜晚达到最小值；太阳活动高年和低年的 TEC 差异很大，春秋季节与冬夏季节，白天与夜晚，地磁扰动和地磁平静，太阳爆发和太阳平静都有明显不同，即使在平静时期也有逐日变化差异，在电离层暴发生时期形态更为复杂。此外，电离层还存在一些不对称的时空特征。刘立波 、任志鹏和刘勇等对电离层的春秋分不对称性进行了观测、建模和统计研究，发现电离层 TEC 的春秋分不对称性可能与白天垂直等离子体的漂移、氧氮浓度比以及 F2 层峰值高度（hmF2）的春秋分不对称性有关[7-9]。冯建迪等利用 IGS 数据统计分析了南北半球 TEC 数值上的非对称性[10]。刘立波等分别计算了南北半球低、中、高纬度带的 TEC 地理平均值，发现不同纬度 TEC 平均值的变化比较依赖于太阳活动周和太阳自转周的调制[11]。

## 1.2　地磁场及其变化特性

地球的磁场称为地磁场。地磁场由多种成分组成，产生于地球内部的磁场称为内源磁场，主要由磁性矿石和流体产生，包括地核磁场、地壳磁场和感应磁场，其中地核磁场也称为主磁场。产生于地球外部电流体系（电离层活动等）的磁场称为外源磁场，也称为地磁变化场，在地面上空，电流体系受到太阳辐射、地球引力等因素的制约，以地球大气为背景，又随经纬度、高度、季节、地方时和太阳活动性等因素发生变化，形成一个复杂的系统。内源磁场约占地球磁场的99%（地核场占95%，地壳场占4%），外源磁场仅占1%[12]。

地磁场的长期变化反映了地球内部的动力学过程，短期变化（地磁变化场）则常常与太阳活动、电离层等外部空间环境的变化有关[13-14]。外源磁场在空间分布上具有全球尺度特征和较大的空间相关性，时间变化的尺度从不到1 s至11年，包括地磁脉动、日变化、暴时变化、27日太阳自转周变化、季节变化、太阳活动周变化等丰富的变化成分。根据空间电流体系的变化特点，外源磁场可以分为平静变化磁场和扰动磁场，平静变化磁场主要包括太阳静日变化（记作$S_q$）和太阴日变化（记作$L$），它们都是周期性变化，$S_q$的变化周期约为24 h，$L$的变化周期约为25 h。$L$的变化幅度很小，因此$S_q$是主要的平静变化[15]。扰动变化的产生机理十分复杂，缺乏明显的周期性，通常包括磁暴、地磁亚暴、钩扰、地磁脉动等。其中，磁暴的发生与太阳活动紧密相关。在太阳活动低的年份，磁暴发生的次数较少；在太阳活动高的年份，磁暴发生次数明显增多，且太阳活动越剧烈，磁暴的强度相应地越大。地磁变化场虽然只占地球总磁场的1%左右，但是对地磁导航、空间天气预报等的影响是巨大的。

地磁场的活动水平通常用地磁活动指数来描述，按物理意义，地磁活动指数可分为两大类：一类是描述地磁活动的总体水平的指数，不考虑磁扰的具体类型，最常用的是$K$指数以及由$K$指数衍生出来的Kp指数；另一类是用于描述特定磁扰类型而设计的指数，主要包括描述磁暴环电流的Dst指数，描述极区地磁亚暴的AU、AL、AE和AO指数，描述地磁脉动的$P$、$B$、Pz指数等。文献[16]综述了地磁活动指数的产生和发展历程，文献[17]描述了地磁活动指数的研究现状以及未来发展趋势。

目前常见的地磁场模型多为大尺度模型，包括建立在全球尺度上的模型，如世界地磁模型（World Magnetic Model，WMM）、国际地磁参考场（International Geomagnetic Reference Field，IGRF）、地磁场综合模型（Comprehensive Model of Geomagnetic Field，CM）等，以及建立在大型局部地区的地磁场模型，如中国地磁参考场（China Geomagnetic Reference Field，CGRF）[15,18]。模型的数据来源包括全球地磁台站的观测数据、卫星磁测数据、航空磁测数据以及船舶磁测数据等，并通过调和分析的方法建立模型整合数据。目前，这些大尺度模型无法适应地磁导航的需要，其原因在于，大尺度模型是针对宏观尺度建立的，其理论计算值与实测值的差值高达±3 000 nT[19]，精度无法达到地磁导航的要求。同时，大尺度模型的时间分辨率也不高，例如，目前的第五代地球磁场综合模型CM5，其时间上的分辨率为1 h，但仍没有达到地磁导航对时间分辨率的应用要求[20]。从军事应用的角度看，我们目前需要的并不是大尺度全球地磁场模型，而是可以满足高精度、高时空分辨率要求的区域地磁场模型。为此，以区域地磁场的观测数据为基础，研究可行的区域地磁场建模方法，建立区域范围内的地磁场时空模型，更贴近于地磁辅助导航的实际工程需求[11]。

## 1.3 电离层与地磁场时空变化的相互作用

### 1.3.1 电离层对地磁场时空变化的影响

作为地球空间环境的重要组成部分，电离层电流体系对地磁场(特别是外源磁场)产生重要影响，使得地磁场(特别是外源磁场)携带了丰富的电离层电流信息，这为人们研究电离层空间电流体系提供了一种甚至是唯一一种有效途径。由此，学者们利用卫星磁测或地面磁测数据对电离层电流体系进行了一系列的研究[21]。Ritter 等研究由 CHAMP 卫星的地磁观测数据反映的电离层极区电集流信息发现，极区电集流与场向电流的强度和太阳风参数都不相关[22]。Lühr 等利用 Swarm 卫星测得的电流的磁效应分析了小尺度电流和大尺度电流的存在时间[23]。在中纬度地区，$S_q$ 电流是电离层中主要的电流体系，徐文耀利用 $S_q$ 电流的磁效应反演了 $S_q$ 等效的电流体系，并分析了其南北半球的空间形态和季节变化特征[15]。Lühr 等利用 Swarm 卫星磁测数据分析了半球间场向电流地方时及经度变化特点[24]。Alken 等基于 CHAMP、Ørsted 和 SAC－C 卫星的地磁场测量数据，分析了赤道电集流的经度、季节以及地方时变化特征，并反演构建了赤道电集流模型[25]。Alken 发现 400 km 以上高度的电子密度和对应的总磁场强度之间存在超过 0.7 的关联性[26]。Yokoyama 等用日落后电离层内部等离子体模型来解释观测到的地磁场现象[27]。张灵倩等分析了探测一号卫星观测数据，发现电离层的尾向流能够延伸近地磁力线，改变地磁场位形，这说明了电离层与地磁场之间存在密切联系[28]。

### 1.3.2 地磁场对电离层时空变化的影响

由于电离层处于地球磁场当中，电离层中带电粒子的运动受地磁场约束，因此，当地磁场发生剧烈变化时，往往会伴随着电离层的扰动，这也是在排除太阳活动影响的情况下电离层会在磁暴发生时产生剧烈变化的原因[29]。Maruyama 等利用日本 GPS 观测网和电离层探测仪链的数据研究了在 2001 年 11 月 6 日磁暴发生时电离层暴的变化特征[30]。Ding 等研究了 2003 年 10 月 29—30 日大磁暴发生时电离层大尺度行扰的传播特征，并且发现赤道方向的电离层行扰与极区地磁亚暴的发生具有很强的相关性[31]。Kumar 等利用印度低纬度地区 GPS 台站数据分析了 2005 年 8 月 24 日磁暴背景下的电离层 TEC 变化的响应，以及磁暴时赤道喷泉效应对电离层 TEC 的影响[32]。Adebesin 等分析了中高纬度地区磁暴期间电离层 TEC 在 08:00UT(UT 表示全球标准时间)和 12:00UT 的响应[33]。冯健等、Jakowski 等和 Yeh 等分别研究了不同时间磁暴发生时中国地区、欧洲以及全球电离层 TEC 的扰动，分析了磁暴发生时电离层 TEC 与地磁场的关系[29,34,35]。这些研究主要探讨了磁暴和电离层扰动之间存在的时空变化关系。

对于不同磁暴，TEC 变化差异较大，TEC 扰动与地磁扰动的时间对应关系也有较大差异。Hargreaves 和 Mendillo 认为电离层 TEC 随时空变化，也与太阳和地磁活动密切相关，伴随着强烈地磁扰动(地磁暴)的发生，电离层 TEC 也会发生扰动，当 TEC 出现剧烈扰动时，就会发生电离层暴[36-37]。Afraimovich 在 2006 年研究比较了 2003 年 10 月 29—31 日发生的大磁暴及1999年10月13—18日发生的中等地磁活动期间北美和欧洲中部部分地区的TEC和地球变化磁场之间的关系[38]。Maruyama等利用日本GEONET网的GPS数据研究了2001年11月6日一次磁暴背景下的电离层暴，给出了局部区域TEC的变化特点[39]。Jakowski分析了1997年1月10日磁暴期间的全球TEC的扰动[34]。Kumar等研究了印度低纬度台站观测的电离层TEC对2005年8月24日磁暴的响应[40]。Ho等利用全球GPS网监测了磁暴期间TEC的扰动[41]。Yeh等利用全球的40个电离层测高仪(ionosonde)台站和12个TEC台站提供的数据，研究了1989年10月发生强磁暴期间全球电离层的响应[35]。Trivedi等统计了2005—2007年21次地磁暴期间赤道异常驼峰附近的TEC变化特性[42]。赵必强等分析了超级磁暴期间亚澳及美洲地区GPS TEC的扰动，研究了电离层超级喷泉效应，还统计分析了磁暴期间电离层扰动的气候学特性[43-45]。丁锋等利用北美地区GPS TEC观测研究了磁暴时电离层扰动的传播特性[46-47]。李国主等利用全球GPS TEC研究了磁暴时电离层的闪烁特性[48-49]。李强等针对2004年11月一次磁暴对全球电离层TEC的扰动特点进行了分析[50]。夏淳亮等利用武汉电离层观象台研制的GPS TEC现报方法及现报系统，对东亚地区GPS台网的观测数据进行了处理分析，特别对2000年7月14—18日和2003年10月28日至11月1日两次特大磁暴期间的数据进行了对比考察[51]。徐继生利用IGS台网观测数据，以TEC及其变化率(Rate of TEC, ROT)和标准差(Rate of TEC Index, ROTI)作为表征电离层不规则结构和扰动的特征参量，研究发生在2004年11月上旬的一次强磁暴期间全球电离层扰动的分布以及扰动的传播[52]。

关于地磁平静期地磁场和电离层之间的相互关系，有学者把地磁场作为背景场来研究电离层的时空变化。Alothman研究了沙特阿拉伯地区磁静日TEC的日变化，并认为由于受太阳耀斑、地磁暴和电离层暴等的影响，电离层并非各向同性结构，也非时不变，除月变化、季节变化、太阳周期变化和大小尺度不规则体外，还有较强的日变化[53]。Perevalova用全球电离层地图(GIM)数据集研究了平静太阳地磁条件下所有经度和纬度范围内TEC的平均日变化形态。TEC日变化的最大值一般在地方时14:00—15:00时出现，不考虑季节和经度、纬度因素，夜间TEC最小值在5～7 TECU范围[54]；刘三枝等利用北半球IGS观测站提供的150个GPS观测资料，结合三维电离层层析方法，反演了平静日北半球上空电离层电子密度的变化特征。结果表明，整个研究区域电子密度在不同纬度和不同高度上存在明显的日变特征[55]。为了能够更深入地了解电离层和地磁场之间直接的相互作用，有学者直接对地磁分量的变化和电离层TEC的变化进行分析。Bolaji等对2009年尼日利亚地区地磁$H$分量与电离层斜测TEC在磁静日期间的变化特征进行了分析，发现磁静日$H$分量最大值与电离层西向电场密切相关，而且影响着电离层TEC的午前峰值时间[56]。徐步云从分量分析的角度分别对单台站和多台站$S_q$变化$H$,$D$和$Z$三分量与电离层TEC日变化做了互相关分析，然后提取了相关图谱中的时延信息，发现$S_q$变化的$Z$分量与电离层TEC变化之间存在较强的负相关关系和相关时延值[57]。

总体而言，地磁场主要通过以下三方面影响电离层的电流、电场以及电动力学漂移等特征，进而影响电离层的时空变化特征[15,58]：

(1)在电离层中，带电粒子在磁场中的运动受洛伦兹力的作用，使得电离层的沿磁力线方向电导率远大于其他方向的电导率；

(2)在电离层发电机过程中，地磁场作为极化电场和感生电场的背景场，直接影响发电机过程以及由此产生的电离层电流；

(3)地磁场通过影响带电粒子的磁回旋频率而影响电离层的电导率，进而影响整个电离层的时空变化特征。

除此以外，地磁场还可以通过磁层-电离层-热层系统中的电磁动力学效应，对电离层的时空变化产生显著影响，所以地磁场和电离层两者之间相互作用、相互影响。

## 1.4 电离层与地磁场联合建模

由于地磁场对于电离层电场的影响[59-60]，在对电离层电场的模拟中，有很多模型将地磁场作为电离层电场变化过程的背景[61-62]。然而，引入地磁场对坐标系有严格要求，同时会增加模型的计算量，因此，大多数模型都只是采用简化后的地磁场作为参考[63-64]。其中，比较完善的模型有采用了 Euler Potential 坐标系的 PVDM 模型[65]，以及采用了 APEX 坐标系的 TIEGCM 模型[66]等。这些模型综合了地磁场和电离层的变化特性，从而实现了对电离层电场的模拟。但由于模型采用的是经过简化的倾斜偶极子场，并没有考虑地磁场的实测数据，因此，也造成了信息的损失。

任志鹏等在之前完全依靠简化的倾斜偶极子场的 TIDM－IGGCAS－I 模型的基础上，适当调整了 APXE 坐标系[67]，将 IGRF 模型的数据引入电离层电场模式的计算中，提高了模型的准确度[58,68]。之后，他又在地磁 APXE 坐标系下，重新推导了电离层的质量方程、动量方程和能量方程，开发出 TIME3D－IGGCAS 电离层理论模式，实现了在 IGRF 模型地磁场模型下电离层的模拟[69-70]。余涛等在构建的二维电离层发电机理论模式中，用电离层 IGRF 数据作为输入量，来计算电离层发电机电流和电场[71]。

这些模型都是从地磁场出发，考虑到地磁场对电离层分布和变化的影响，对电离层进行建模。用到的地磁场数据，是倾斜偶极子场、非倾斜偶极子场或偏心偶极子场等简化的地磁场模型数据，或者全球参考场 IGRF 数据。前文已经提到，无论是简化模型还是大尺度模型，都存在精度不高的问题。因此，研究用区域实测的地磁场数据作为输入量，对地磁场和电离层进行联合分析，有其现实意义。目前存在的联合分析模型，都是从地磁场出发，研究电离层的分布变化。将联合分析的研究对象放在地磁场，对于地磁导航、空间天气预报等也有重要的工程意义。

## 参考文献

[1] 刘俊. 关注太阳风暴[M]. 北京：军事科学出版社，2009.

[2] 沈长寿，资民筠，吴健，等. 磁暴期内夜间 $h'$F 的突增现象[J]. 地球物理学报，1998，41(2)：156－161.

[3] 焦维新. 空间天气学[M]. 北京：气象出版社，2010.

[4] 刘瑞源，权坤海，戴开良，等. 国际参考电离层用于中国地区的修正计算方法[J]. 地球物理学报，1994，37(4)：422－432.

[5] 张东和. 基于 GPS 方法的电离层形态与扰动研究[D]. 北京：北京大学，2000.

[6] 万卫星. 电离层的变化：气候与天气[C]//第十届全国日地空间物理学术讨论会论文摘要

集.北京:中国空间科学学会空间物理专业委员会,2003:1.
[7] LIU L B, HE M S, YUE X A, et al. Ionosphere around equinoxes during low solar activity[J]. Journal of Geophysical Research, 2010, 115(A9):307.
[8] 任志鹏,万卫星,刘立波,等.电离层春秋分不对称性的观测和模拟研究[C]//第十四届全国日地空间物理学术研讨会论文集.北京:中国空间科学学会空间物理专业委员会,2011:1.
[9] 刘勇,陈一定,刘立波.电离层春秋分不对称的地方时依赖[J].地球物理学报,2016,59(11):3941-3954.
[10] 冯建迪,姜卫平,王正涛.基于IGS的南北半球TEC非对称性研究[J].武汉大学学报(信息科学版),2015,40(10):1354-1359.
[11] LIU L B, WAN W, NING B, et al. Climatology of the mean total electron content derived from GPS global ionospheric maps[J]. Journal of Geophysical Research Space Physics, 2009, 114(A6):308.
[12] 徐文耀.地磁学[M].北京:地震出版社,2003.
[13] 郭凤霞,张义军,言穆弘.地磁场长期变化特征及机理分析[J].地球物理学报,2007,50(6):1649-1657.
[14] 徐文耀.地磁场能量在地球内部的分布及其长期变化[J].地球物理学报,2001,44(6):747-753.
[15] 徐文耀.地球电磁现象物理学[M].合肥:中国科学技术大学出版社,2009.
[16] MENVIELLE M. Derivation and dissemination of geomagnetic indices[J]. Revista Geofisica, 1998, 48:51-66.
[17] MENVIELLE M. Recent and future evolution in geomagnetic indices derivation and Dissemination[J]. Contributions to Geophysics and Geodesy, 2001, 31(1):293-303.
[18] 管志宁.地磁场与磁力勘探[M].北京:地质出版社,2005.
[19] 李肖瑛,王西京,张轲.实测数据与标准地磁模型的比较[J].飞行器测控学报,2004,23(1):25-29.
[20] SABAKA T J, OLSEN N, PURUCKER M E. Extending comprehensive models of the Earth's magnetic field with Ørsted and CHAMP data[J]. Geophysical Journal of the Royal Astronomical Society, 2010, 159(2):521-547.
[21] OLSEN N, STOLLE C. Magnetic signatures of ionospheric and magnetospheric current systems during geomagnetic quiet conditions: an overview[J]. Space Science Reviews, 2016, 206:1-4.
[22] RITTER P, LÜHR H. Search for magnetically quiet CHAMP polar passes and the characteristics of ionospheric currents during the dark season[J]. Annales Geophysicae, 2006, 24(11):2997-3009.
[23] LÜHR H, PARK J, GJERLOEV J W, et al. Field-aligned currents' scale analysis performed with the Swarm constellation[J]. Geophysical Research Letters, 2015a, 42(1):1-8.
[24] LÜHR H, KERVALISHVILI G, MICHAELIS I, et al. The interhemispheric and F

region dynamo currents revisited with the Swarm constellation[J]. Geophysical Research Letters, 2015b, 42(9): 3069 - 3075.

[25] ALKEN P, MAUS S. Spatio - temporal characterization of the equatorial electrojet from CHAMP, Ørsted, and SAC - C satellite magnetic measurements[J]. Journal of Geophysical Research: Space Physics, 2007, 112(A9): 305.

[26] ALKEN P. Observation and modeling of the ionospheric gravity and diamagnetic current systems from CHAMP and Swarm measurements[J]. Journal of Geophysical Research: Space Physics, 2016, 121(1):589 - 601.

[27] YOKOYAMA T, STOLLE C. Low and midlatitude ionospheric plasma density irregularities and their effects on geomagnetic field[J]. Space Science Reviews, 2016, 206(1 - 4):1 - 25.

[28] 张灵倩,刘振兴,王继业,等.来自电离层的尾向流对近地磁场位形的影响[J].空间科学学报,2007,27(3):192 - 197.

[29] 冯健,邓钟新,甄卫民,等.2004 年 11 月强磁暴期间中国地区电离层 TEC 扰动特性分析[J].电波科学学报,2016,31(1):157 - 165.

[30] MARUYAMA T, MA G, NAKAMURA M. Signature of TEC storm on 6 November 2001 derived from dense GPS receiver network and ionosonde chain over Japan[J]. Journal of geophysical research (Space Physics), 2004, 109(A10):302.

[31] DING F, WAN W, NING B, et al. Large - scale traveling ionospheric disturbances observed by GPS total electron content during the magnetic storm of 29 - 30 October 2003 [J]. Journal of Geophysical Research (Space Physics), 2007, 112(A6):309.

[32] KUMAR S, SINGH A K. GPS derived ionospheric TEC response to geomagnetic storm on 24 August 2005 at Indian low latitude stations[J]. Advances in Space Research, 2011, 47(4): 710 - 717.

[33] ADEBESIN B O, IKUBANNI S O, OJEDIRAN J S, et al. An investigation into the geomagnetic and ionospheric response during a magnetic activity at high and mid - latitute[J]. Research Journal of Applied Science, 2011, (6/7/8/9/10/11/12): 512 - 519.

[34] JAKOWSKI N, SCHLÜTER S, SARDON E. Total electron content of the ionosphere during thegeomagnetic storm on 10 January 1997[J]. Journal of Atmospheric and Solar - Terrestrial Physics, 1999, 61(3/4):299 - 307.

[35] YEH K C, MA S Y, LIN K H, et al. Global ionospheric effects of the October 1989 geomagnetic storm[J]. Journal of Geophysical Research Space Physics, 1994, 99(A4): 6201 - 6218.

[36] HARGREAVES J K. An introduction to geospace - the science of the terrestrial upper atmosphere, ionosphere and magnetosphere. The solar - terrestrial environment[M]. Cambridge: Cambridge University Press, 1992.

[37] MENDILLO M. Storms in the ionosphere: Patterns and processes for total electron content[J]. Reviews of Geophysics, 2006, 44(4):RG4001.

[38] AFRAIMOVICH E L, ASTAFIEVA E I, VOEYKOV S V, et al. An investigation of

the correlation between ionospheric and geomagnetic variations using data from the GPS and INTERMAGNET networks[J]. Advances in Space Research, 2006, 38(11): 2332 -2336.

[39] MARUYAMA T, MA G, NAKAMURA M. Signature of TEC storm on 6 November 2001 derived from dense GPS receiver network and ionosonde chain over Japan[J]. Journal of Geophysical Research: Space Physics, 2004, 109(A10):451.

[40] KUMAR S, SINGH A K. GPS derived ionospheric TEC response to geomagnetic storm on 24 August 2005 at Indian low latitude stations[J]. Advances in Space Research. 2011, 47(4): 710 - 717.

[41] HO C M, MANNUCCI A J, LINDQWISTER U J, et al. Global ionosphere perturbations monitored by the Worldwide GPS Network[J]. Geophysical Research Letters, 2013, 23(22):3219 - 3222.

[42] TRIVEDI R, JAIN A, JAIN S, et al. Study of TEC changes during geomagnetic storms occurred near the crest of the equatorial ionospheric ionization anomaly in the Indian sector[J]. Advances in Space Research, 2011, 48(10):1617 - 1630.

[43] ZHAO B C, WAN W, LIU L B. Responses of equatorial anomaly to the October - November 2003 superstorms[J]. Annales Geophysicae, 2005(23): 693 - 706.

[44] ZHAO B C, WAN W, TSCHU K, et al. Ionosphere disturbances observed throughout Southeast Asia of the superstorm of 20 - 22 November 2003[J]. Journal of Geophysical Research: Space Physics, 2008,113:A00A04.

[45] ZHAO B C, WAN W, LIU L B, et al. Morphology in the total electron content under geomagnetic disturbed conditions: results from global ionosphere maps[J]. Annales Geophysicae, 2007, 25(7):1555 - 1568.

[46] DING F, WAN W, LIU L B, et al. A statistical study of large - scale traveling ionospheric disturbances observed by GPS TEC during major magnetic storms over the years 2003 - 2005 [J]. Journal of Geophysical Research Space Physics, 2008, 113:A00A01.

[47] DING F, WAN W, NING B Q, et al. Large - scale traveling ionospheric disturbances observed by GPS total electron content during the magnetic storm of 29 - 30 October 2003[J]. Journal of Geophysical Research: Space Physics, 2007, 112(A6):309.

[48] LI G Z, NING B Q, ZHAO B Q, et al. Characterizing the 10 November 2004 storm - time middle - latitude plasma bubble event in Southeast Asia using multi - instrument observations[J]. Journal of Geophysical Research, 2009, 114(A7):304.

[49] LI G Z, NING B Q, HU L H, et al. Longitudinal development of low - latitude ionospheric irregularities during the geomagnetic storms of July 2004[J]. Journal of Geophysical Research (Space Physics), 2010, 115(A4):304.

[50] 李强,张东和,覃健生,等.2004 年 11 月一次磁暴期间全球电离层 TEC 扰动分析[J].空间科学学报,2006,26(6):440 - 444.

[51] 夏淳亮,万卫星,袁洪,等.2000 年 7 月和 2003 年 10 月大磁暴期间东亚地区中低纬电离

层的 GPS TEC 的响应研究[J]. 空间科学学报,2005,25(4):259 - 266.

[52] 徐继生,罗伟华,程光晖. 一次强磁暴期间全球电离层扰动研究[J]. 电波科学学报,2008,23(4):606 - 610.

[53] ALOTHMAN A O, ALSUBAIE M A, AYHAN M E. Short term variations of total electron content (TEC) fitting to a regional GPS network over the Kingdom of Saudi Arabia (KSA)[J]. Advances in Space Research, 2011, 48(5): 842 - 849.

[54] PEREVALOVA N P, POLYAKOVA A S, ZALIZOVSKI A V. Diurnal variations of the total electron content under quiet helio - geomagnetic conditions[J]. Journal of Atmospheric and Solar - Terrestrial Physics, 2010, 72(13): 997 - 1007.

[55] 刘三枝,王解先. 地磁静日北半球电离层电子密度的反演[J]. 南京工业大学学报(自然科学版),2011,33(6):26 - 29.

[56] BOLAJI O S, ADENIYI J A, ADIMULA I A, et al. Total electron content and magnetic field intensity over Ilorin, Nigeria[J]. Journal of Atmospheric and Solar - Terrestrial Physics, 2013, 98(7): 1 - 11.

[57] 徐步云. 地球变化磁场与电离层 TEC 相关关系研究[D]. 西安:火箭军工程大学,2017.

[58] 任志鹏,万卫星,魏勇,等. 基于真实地磁场的中低纬电离层电场理论模式[J]. 科学通报,2008,53(18):2236 - 2243.

[59] BATISTA I S, DE MEDEIROS R T, ABDU M A, et al. Equatorial ionospheric vertical plasma drift model over the Brazilian region[J]. Journal of Geophysical Research Space Physics, 1996, 101(A5):10887 - 10892.

[60] HARTMAN W A, HEELIS R A. Longitudinal variations in the equatorial vertical drift in the topside ionosphere[J]. Journal of Geophysical Research Atmospheres, 2007, 112(A3):305.

[61] TAKEDA M, MAEDA H. Three - dimensional structure of ionospheric currents 1. Currents caused by diurnal tidal winds[J]. Journal of Geophysical Research Space Physics, 1980, 85(A12): 6895 - 6899.

[62] CRAIN D J, HEELIS R A, BAILEY G J, et al. Low - latitude plasma drifts from a simulation of the global atmospheric dynamo[J]. Journal of Geophysical Research Atmospheres, 1993, 98(A4): 6039 - 6046.

[63] STENING R J. Longitude and seasonal variations of the Sq current system[J]. Radio Science, 1971, 6(2): 133 - 137.

[64] STENING R J. A two - layer ionospheric dynamo calculation[J]. Journal of Geophysical Research Atmospheres, 1981, 86(A5): 3543 - 3550.

[65] SAGER P L, HUANG T S. Ionospheric currents and field - aligned currents generated by dynamo action in an asymmetric earth magnetic field[J]. Journal of Geophysical Research Atmospheres, 2002, 107(A2):1025.

[66] RICHMOND A D, RIDLEY E C, ROBLE R G. A thermosphere/ionosphere general circulation model with coupled electrodynamics[J]. Geophysical Research Letters, 1992, 19(6):601 - 604.

[67] VANZANDT T E, CLARK W L, WARNOCK J M. Magnetic apex coordinates: A magnetic coordinate system for the ionospheric F2 layer[J]. Journal of Geophysical Research, 1972, 77(13):2406 - 2411.

[68] REN Z P, WAN W X, WEI Y, et al. A theoretical model for mid - and low - latitude ionospheric electric fields in realistic geomagnetic fields[J]. Chinese Science Bulletin, 2008, 53(24): 3883 - 3890.

[69] 任志鹏，万卫星，刘立波，等. TIME3D - IGGCAS:一个基于真实地磁场的中低纬电离层理论模式[C]//中国地球物理学会第二十七届年会论文集. 北京:中国地球物理学会，2011:1.

[70] REN Z P, WAN W X, LIU L, et al. TIME3D - IGGCAS: A new three - dimension mid - and low - latitude theoretical ionospheric model in realistic geomagnetic fields[J]. Journal of Atmospheric and Solar - Terrestrial Physics, 2012, 80(5): 258 - 266.

[71] 余涛,毛田,王云冈,等. 二维电离层发电机理论模式及其初步应用[J]. 地球物理学报，2014,57(5):1357 - 1365.

# 第2章　电离层的探测与TEC计算

GNSS测量分为GNSS信标获取和数据处理两方面，在信标获取过程中，误差包括硬件设备方面的误差（如时钟偏差和硬件延迟）、传播过程中的误差（如对流层、电离层介质的影响和多径效应的影响）等，还有随机噪声；数据处理方面，如在TEC转换过程中对电离层薄层高度的假设和对投影函数的选取等会引入误差。本章主要将对这些误差项进行分析，并对周跳检测和硬件延迟改正方法进行研究。

## 2.1　电离层探测方法概述

电离层的探测方法可归为直接测量和间接测量两大类，直接测量是利用火箭、卫星等空间飞行器，把探测装置（一般是探针，分为电子探针、离子探针和分子探针）带到电离层中，通过对电离层等离子体或者电离层环境对探测装置的直接作用，来获取电离层的参数。间接测量是根据天然辐射的或者人工发射的电磁波通过电离层传播时，与等离子体作用所出现的电磁效应或传播过程中的电波特征，间接反演出电离层特性参数。间接测量的主要方法有垂直探测、高频斜向探测、非相干散射雷达探测以及GNSS接收测量[1]等。

最早用于探测电离层的方法是垂直探测法，假设电离层为等离子体，忽略电子、离子及分子间的碰撞，同时忽略地磁场的影响，电离层介质折射率可表示为

$$n = \sqrt{1 - \omega_{\mathrm{p}}^2 / \omega^2} \tag{2-1}$$

式中，$\omega_{\mathrm{p}}$ 和 $\omega$ 分别表征等离子体和电波的角频率。在电离层介质中，等离子体角频率取决于电离层电子密度，即

$$\omega_{\mathrm{p}}^2 = \frac{4\pi e^2 N_{\mathrm{e}}}{m_{\mathrm{e}}} \tag{2-2}$$

式中，$e$，$m_{\mathrm{e}}$ 和 $N_{\mathrm{e}}$ 依次表征电子电荷、电子质量和电离层电子密度。当 $\omega > \omega_{\mathrm{p}}$ 时，电磁波将穿出电离层而进到宇宙空间中；当 $\omega < \omega_{\mathrm{p}}$ 时，电磁波将被电离层反射回地面。$\omega = \omega_{\mathrm{p}}$ 称为临界角频率，由式(2-1)和式(2-2)可知，此时对应一个最大电子密度 $N_{\mathrm{em}}$，根据信号传播时间可以得出反射高度。电离层数字测高仪就是利用这一原理研制的，测高仪向电离层垂直发送脉冲调制信号，利用扫频方式测出信号频率随时间的变化。频率不等的电波信号分别从电离层不同高度处反射，从而能够得到电离层电子密度随高度的分布，从电离层的高频反射回波的多普勒频移还可以得到电离层的运动参数。

电离层反射斜向探测是在垂直探测的基础上衍生出的探测方法，具体又分为收发点斜向探测和斜向返回探测。收发点斜向探测是从地面斜向上发送无线电波，然后在一定距离处的接收点接收被电离层反射的回波，斜向返回探测主要利用了天波后向散射传播效应，是从地面

斜向上发送无线电波并在同一点接收反射回波。斜向探测的仪器也是在垂直探测仪器的基础上改装得到的。值得注意的是,垂直探测和斜向探测都是地基利用反射传播效应测量的,因此,它们只能得到反射高度以下电离层的分布情况,不能得到整个电离层的分布。

非相干散射雷达是目前地基探测电离层参数最强大的设备[2],它具有探测参数多、空间范围广、时空分辨率高等优点。例如,它可以直接测量电离层电子密度、电子或离子温度和等离子体径向飘移速度等各种参数,也能够间接获取电离层的导电率、离子碰撞频率、电离层电场和热层风等参数。然而,非相干散射雷达同时存在设备庞大、技术相对复杂、建设维护费用较高以及操作比较复杂等缺点。

随着全球导航卫星系统GNSS的快速发展,GNSS双频信标接收观测越来越成为一种广泛应用的观测、研究电离层结构与变化和电离层空间天气的重要手段。利用GNSS探测电离层,具有实时性强、分辨率高、测量精度高、覆盖面广、可连续观测且简单方便以及不受天气影响等突出优点。GNSS系统泛指全球的、区域的和增强的所有卫星导航系统,如图2-1所示。全球的GNSS系统有美国的GPS、俄罗斯的GLONASS、欧洲的Galileo和中国的BDS(COMPASSS)等4个。自20世纪80年代末,GPS在全球性和区域性的地球科学研究中扮演了重要角色,随着GPS应用日益增多并趋于多样化,全球很多科学组织都贡献力量来提高GPS数据获取和分析的国际标准,于是成立了一个全球性公共的跟踪系统国际GNSS服务组织(International GNSS Service,IGS)。

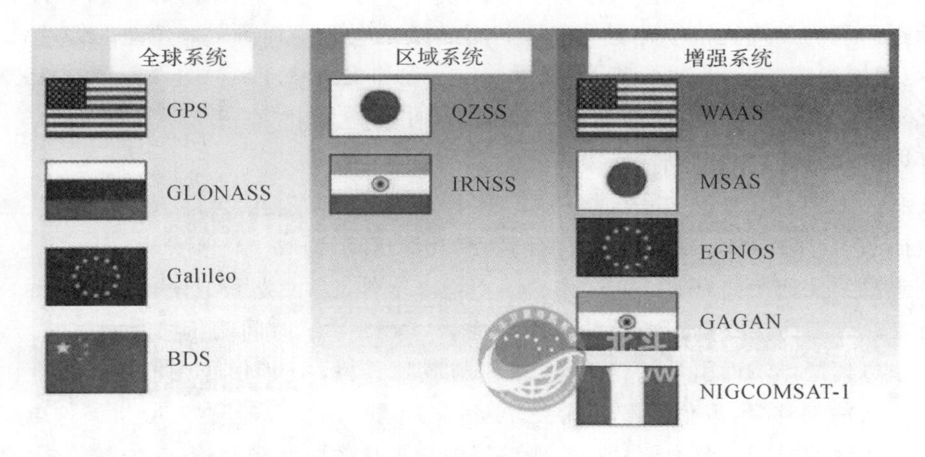


图2-1 GNSS组成(引自北斗卫星导航网 http://www.beidou.gov.cn)

IGS前身为国际GPS服务组织,是一个在1994年就被国际大地测量联合会批准的组织,同时也是于1996年加入天文和地球物理数据分析服务联合会的组织。IGS在全球范围内布设观测站,用于探测和研究电离层动态结构,太阳耀斑及地磁对电离层的影响,电离层行扰的物理特性等。IGS收集、归档GNSS观测数据,并生成一系列产品,如GPS和GLONASS卫星星历表,地球转动参数,IGS跟踪站坐标、速度和时钟信息,以及全球电离层图等。虽然IGS能够给出实时性很好的全球电离层信息,但是IGS站点在中国区域分布稀少,因此在区域小尺度,比如战时我们可能只关注数千米乃至百米范围内的电离层在一段时间内的连续变化情况,IGS并不能提供很好的电离层参考。随着我国BDS的建立与不断完善,目前中国地区的用户可以在同一时刻同时接收到超过30颗以上GNSS卫星的信号,特别是我国BDS在亚澳区域分布着5颗静止地球轨道同步卫星(GEO)和5颗倾斜地球轨道同步卫星(IGEO),为增强卫星观测点数,开展不同空间固定点电离层参量连续观测,提供了十分有益的技术手段。具有北斗信号接收功能的多系统GNSS观测站的建设运行,将在电离层研究和卫星导航定位、电波修正等方面发挥重要作用,同时为我国更好地开展电离层空间天气预报和军事预警工作奠定坚实的观测基础。

## 2.2 GNSS探测电离层原理

电离层总电子含量TEC是表征电离层的重要参数,无线电波穿过电离层传播,其幅度闪烁指数$S_4$和相位闪烁指数$\sigma_\phi$是反映电离层不均匀结构的重要参数。当前,利用GNSS双频信号测量电离层参数已成为电离层测量的主要方法。

### 2.2.1 GNSS测量电离层TEC原理

1. GNSS观测方程

GNSS信标由载波、伪距码(伪随机码)和数据码(导航电文)三部分组成。GNSS的基本观测量是卫星与测站间距,定义为$P_r^s=c(t_r-t_s)=c\tau_r^s$,其中$t_r$,$t_s$分别为信号到达接收机的时间和卫星发射信号时间,$\tau_r^s=t_r-t_s$为信号传输时间,$c$为光速。距离观测量有两种获取方式,分别为伪距码观测和载波相位观测。实际中,由于存在接收机时钟差和卫星时钟差,以及对流层影响、电离层影响、多径传播影响、接收机硬件延迟和卫星硬件延迟等误差项,距离观测量的表示要比定义式复杂得多,因此称距离观测量为伪距,用码测得的伪距称为码伪距。

实际的测距码伪距观测方程可表示为

$$P_i=\rho-c\Delta t_r+c\Delta t_s+I_i+I_{tro}+cb_i^r+cb_i^s+M_i+\varepsilon_P \tag{2-3}$$

式中,$i$表征不同载频;$P_i$为载频$i$对应的码伪距观测值;$\rho=\sqrt{(x_r-x_s)^2+(y_r-y_s)^2+(z_r-z_s)^2}$为测站到卫星的几何距离,$(x_r,y_r,z_r)$和$(x_s,y_s,z_s)$分别表示测站和卫星在地心坐标系中的坐标;$\Delta t_r$和$\Delta t_s$分别为接收机和卫星的时钟相对于GNSS系统时间的偏移量;$I_i$为信号在传播路径上由于电离层影响而引入的延迟量,取值与载频有关;$I_{tro}$为信号在传播路径上由于对流层影响而引入的偏移量,取值与载频无关;$b_i^r$和$b_i^s$分别为载波信号在接收机硬件电路和卫星硬件电路中传输的时延;$M_i$为信号在传播过程中受多径效应影响的量;$\varepsilon_P$为随机观测噪声。

与码伪距观测方程类似,载波相位观测方程可表示为

$$L_i=\lambda_i\phi_i=\rho-c\Delta t_r+c\Delta t_s-I_i+I_{tro}+cb_i^r+cb_i^s+M_i+\lambda N_i+\varepsilon_L \tag{2-4}$$

式中,$L_i$为载频$i$对应的相位伪距观测量;$\lambda_i$为载波波长;$\phi_i$为载波相位;$N_i$为载波相位的整周模糊值;$\varepsilon_L$为随机观测噪声。

因为载波频率较高,波长较短,调制码的频率低,码元宽度较长,一般载波频率是调制码频率的百倍以上,所以载波相位观测量的精度相对于调制码观测量的精度更高。目前地基GPS接收机的伪码测量精度一般为米级,而相位测量精度一般为1~2 mm,有的精度更高。但是,载波相位测量方式中存在整周数模糊的问题,相位测量只能测定不足整周数的部分,因而称伪码观测为绝对测量,但精度较低,而相位观测为相对测量,但精度较高,实际中常将它们进行组合,形成载波相位平滑伪距的组合测量。

2. GNSS 观测方程提取 TEC

电离层受太阳活动和地磁场的影响，同时还和高层大气及磁层相互耦合，它的粒子组成成分非常复杂，所以不是理想的等离子体介质，但在实际中可近似作为等离子体处理。考虑地磁场的作用及粒子的热运动，忽略电子和离子的速度分布，只对电子平均飘移速度进行考虑时，从粒子运动方程结合等离子体结构方程可以推出著名的 Appleton-Hartree 相折射指数公式[3]：

$$n^2 = 1 - \frac{X}{1 - \mathrm{i}Z - \frac{Y_T^2}{2(1-X-\mathrm{i}Z)} \pm \sqrt{\frac{Y_T^4}{4(1-X-\mathrm{i}Z)^2} + Y_L^2}} \tag{2-5}$$

其中，

$$X = \frac{f_p^2}{f^2} = \frac{N_e e^2}{4\pi^2 \varepsilon_0 m f^2} = \frac{80.6 N_e}{f^2}$$

$$Y_L = \frac{f_H}{f}\cos\theta = \frac{\mu_0 H_0 |e|}{2\pi m f}\cos\theta$$

$$Y_T = \frac{f_H}{f}\sin\theta = \frac{\mu_0 H_0 |e|}{2\pi m f}\sin\theta$$

$$Z = \frac{v_e}{\omega}$$

$$\mathrm{i} = \sqrt{-1}$$

式中，$f$ 为电波频率；$f_p$ 为等离子体频率；$f_H$ 为电子磁旋频率；$v_e$ 为电子有效碰撞频率；$N_e$ 为电子密度；$e$ 为电子电荷；$m$ 为电子质量；$\varepsilon_0$ 为自由空间介电常数；$\mu_0$ 为自由空间磁导率；$H_0$ 为地磁场强度；$\theta$ 为地磁场与波法线方向夹角。

GNSS 载波频率在 L 波段(1 000 MHz 量级)，而 $f_p$ 在 1～10 MHz 量级，$f_H$ 在 1 MHz 量级，$v_e$ 则在 0.1 MHz 以下量级，因此，通常处理中可直接忽略地磁场影响和电子的碰撞效应，然后将式(2-5)泰勒展开到一阶项，可得 GNSS 载波在电离层中的相折射指数为

$$n = 1 - \frac{X}{2} = 1 - \frac{f_p^2}{2f^2} = 1 - \frac{40.3 N_e}{f^2} \tag{2-6}$$

由式(2-6)可以看出，电离层的折射率 $n$ 是随频率而变化的，所以电离层实际上是一种色散介质。被调制的无线电波在电离层内传播时，因为组成信号的频率成分的传播速度不同，经过一段时间之后，集中在 $\omega \pm \Delta\omega$ 频带内的各频率分量之间的相对相位会发生改变，波形畸变。如果在传播过程中信号失真不严重，则将信号的包络波在电离层中的传播速度定义为群速度，而等相位面移动的速度定义为相速度。设分别有两个振幅均为 $A$ 的电波，其频率分别为 $\omega + \Delta\omega$ 和 $\omega - \Delta\omega$，$\Delta\omega \ll \omega$。两个波在色散的电离层介质中传播的相移常数相差不大，可表示为

$$\left.\begin{aligned} E_1 &= A\cos[(\omega + \Delta\omega)t - (\beta + \Delta\beta)z] \\ E_2 &= A\cos[(\omega - \Delta\omega)t - (\beta - \Delta\beta)z] \end{aligned}\right\} \tag{2-7}$$

合成波为

$$E = E_1 + E_2 = 2A\cos(\omega t - \beta z)\cos(\Delta\omega t - \Delta\beta z) \tag{2-8}$$

式中，$\beta$ 表示波数，其与波长 $\lambda$ 的关系是 $\lambda = 2\pi/\beta$；$z$ 为空间距离变量。

相速是指高频波上某一恒定相位点移动的速度，用 $v_p$ 表示，显然有

$$v_p = \omega/\beta = c/n \tag{2-9}$$

群速则是包络波上某一恒定相位点移动的速度，用 $v_g$ 表示，则有

$$v_g = \Delta\omega / \Delta\beta \tag{2-10}$$

对式(2－10)取极限并应用式(2－9)可得

$$v_g = \frac{d\omega}{\frac{d\omega}{v_p} - \frac{\omega}{v_p^2} dv_p} = \frac{v_p}{1 - \frac{\omega}{v_p}\frac{dv_p}{d\omega}} = v_p\left(1 - \frac{f}{n} \cdot \frac{dn}{df}\right) = c \cdot n \tag{2-11}$$

式(2－11)最后一个等式用到了电离层相折射指数的级数展开与合并。

在进行伪距测量时，调制码是以群速度在电离层中传播，不考虑其他误差时，星站间距是速度的积分，即

$$\rho = \int v_g dt = \int c\left(1 - \frac{40.3N_e}{f_i^2}\right) dt = P_i - \frac{40.3}{f_i^2}\int N_e ds \tag{2-12}$$

载波相位测量时，电磁波的相速度将以大于光速的速度传播，从而使得载波相位超前到达，相位为

$$\phi = \int n f_i dt = \int \left(1 - \frac{40.3N_e}{f_i^2}\right) f_i dt = \rho \frac{f_i}{c} - \frac{40.3}{c f_i}\int N_e ds \tag{2-13}$$

对载波相位的测量，考虑到整周模糊度，则有

$$\rho = (\phi + 2\pi n)\frac{c}{f_i} + \frac{40.3}{f_i^2}\int N_e ds = L_i + \frac{40.3}{f_i^2}\int N_e ds \tag{2-14}$$

于是得到伪距观测和载波相位观测中电离层的延迟项 $I_i = \frac{40.3}{f_i^2}\int N_e ds$。注意到$\int N_e ds$ 就是沿传播路径的电离层总电子含量，即 STEC，通过不同载频间的观测量差分可得

$$\text{STEC} = \frac{f_i^2 f_j^2}{40.3(f_j^2 - f_i^2)}(P_i - P_j) = \frac{f_i^2 f_j^2}{40.3(f_j^2 - f_i^2)}(L_j - L_i) \tag{2-15}$$

由前文所述，载波相位测量的 STEC 的精度比调制码群时延测量的 STEC 的精度更高，但是因为有整周模糊度的存在，它含有一未知的初值，不能得到 STEC 的绝对大小。结合这两种观测量，可采用载波相位平滑伪距方法获取最终更好的 STEC 值[4]，则有

$$\left.\begin{aligned} &\text{STEC}_1 = \text{TECP}_1 \\ &\text{STEC}_i = \frac{1}{N}\text{TECP}_i + \frac{N-1}{N}[\text{STEC}_{i-1} + (\text{TECL}_i - \text{TECL}_{i-1})] \end{aligned}\right\} \tag{2-16}$$

式中，STEC 表示最终获取的高精度的绝对观测量；$i$ 表示时刻；$N$ 表示弧段长度；TECP 表示伪距观测得到的 STEC 值；TECL 表示相位观测得到的 STEC 值。STEC 是电子密度沿各卫星信号传播路径积分，此积分值与电子密度和路径的长短直接相关，为便于分析和比较全球范围内的电子密度分布，通常引入电离层薄层模型，即把电离层等效成与地球同心的一个薄壳层，薄层位于电子密度峰值区域，离地面的高度 $h$ 会随着地理位置、昼夜时间和太阳活动情况等因素发生变化，常用值一般为 350～450 km，如图 2－2 所示。据此模型可以将 STEC 转换为卫星和测站的连线与等效薄层交点(IPP)处的 VTEC。

假设接收机 $R$ 处经度为 $\lambda_0$、纬度为 $\varphi_0$、仰角为 $e$，卫星 $S$ 的方位角为 $a_z$，则接收机和 IPP 在地心 $O$ 处构成张角 $\alpha = \arcsin\left(\frac{r_e}{r_e + h}\cos e\right) - e$，IPP 处仰角为

$$\chi = \frac{\pi}{2} - \arcsin\left(\frac{r_e}{r_e + h}\cos e\right) \tag{2-17}$$

IPP 处大地纬度为

$$\varphi_{\mathrm{IPP}} = \arcsin(\sin\varphi_0 \cos\alpha + \cos\varphi_0 \sin\alpha \cos a_z) \tag{2-18}$$

IPP 处大地经度为

$$\lambda_{\mathrm{IPP}} = \lambda_0 + \arcsin\left(\frac{\sin\alpha \sin a_z}{\cos\varphi_{\mathrm{IPP}}}\right) \tag{2-19}$$

STEC 到 VTEC 转换公式为

$$\mathrm{VTEC} = \mathrm{STEC} \cdot \sin\chi \tag{2-20}$$

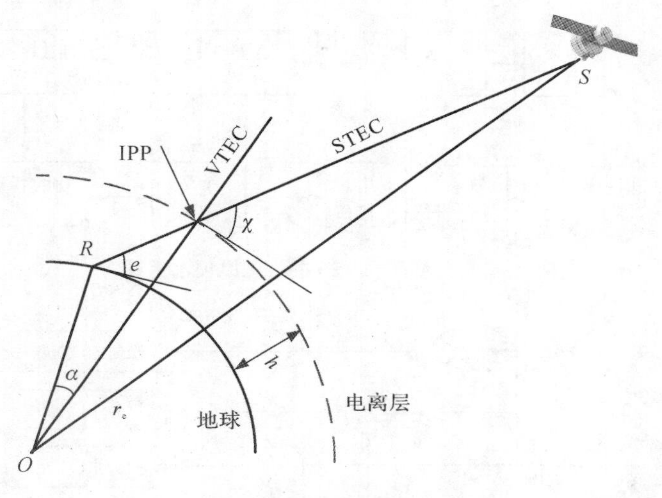


图 2-2　STEC 到 VTEC 的转换

### 2.2.2　GNSS 信标提取闪烁信息原理

GNSS 信号穿过电离层传播的过程中，受电离层中不均匀结构的影响，电波的幅度和相位以及时延等发生快速的抖动，也即所谓电离层闪烁现象，幅度闪烁指数 $S_4$ 和相位闪烁指数 $\sigma_\phi$ 是表征电离层闪烁现象的两个常用重要参数，分别定义为[5]

$$S_4 = \sqrt{\frac{E[\mathrm{SI}^2] - E[\mathrm{SI}]^2}{E[\mathrm{SI}^2]}} \tag{2-21}$$

$$\sigma_\phi = \sqrt{E[\phi^2] - E[\phi]^2} \tag{2-22}$$

式中，SI 表示信号强度，即接收信号的功率；$\phi$ 表示载波相位；$E[\cdot]$表示期望。

通过高采样率、高质量的接收机硬件抽取 GNSS 信号的强度和相位信息，代入式(2-21)和式(2-22)即可得到闪烁指数。图 2-3 所示为典型的 GNSS 接收机原理示意图，GNSS 卫星的射频(Radio Frequency，RF)信号由接近于半球增益覆盖的右旋圆极化(Right-Handed Circular Polarization，RHCP)天线接收，这些 RF 信号通过低噪声前置放大器放大，在天线和前置放大器之间还有一个无源带通滤波器，以使带外 RF 干扰减至最小。经前置放大且被限制的 RF 信号与来自本地振荡器(Local Oscillator，LO)的信号混频下变频至模拟中频，A/D 转换和自动增益控制(Automatic Gain Control，AGC)均在中频进行。数字中频信号同时送至 $N$ 个数字接收通道进行处理。

图 2-4 所示为接收机中数字接收通道原理方框图。数字中频被复现的载频从接收的载频中剥离，从而产生同相($I$)和正交相($Q$)采样数据，复现的载频是由载频数字控制振荡器

(Numerically Controlled Oscillator, NCO)和离散的正、余弦映射函数合成得到。然后将 $I$,$Q$ 分量分别与超前(E)、即时(P)和滞后(L)的复现码相关,再经积分累加产生3个同相分量 $I_E$,$I_P$,$I_L$ 和3个正交相分量 $Q_E$,$Q_P$,$Q_L$,复现码则是由码发生器、三位移位寄存器和码NCO组成。

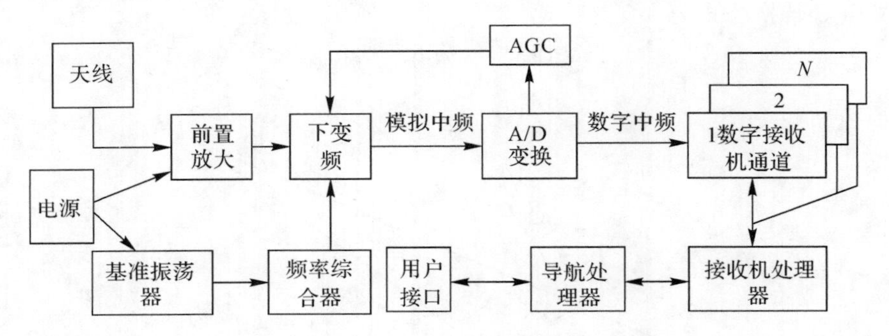


图2-3　典型的GNSS接收机原理示意图[6]

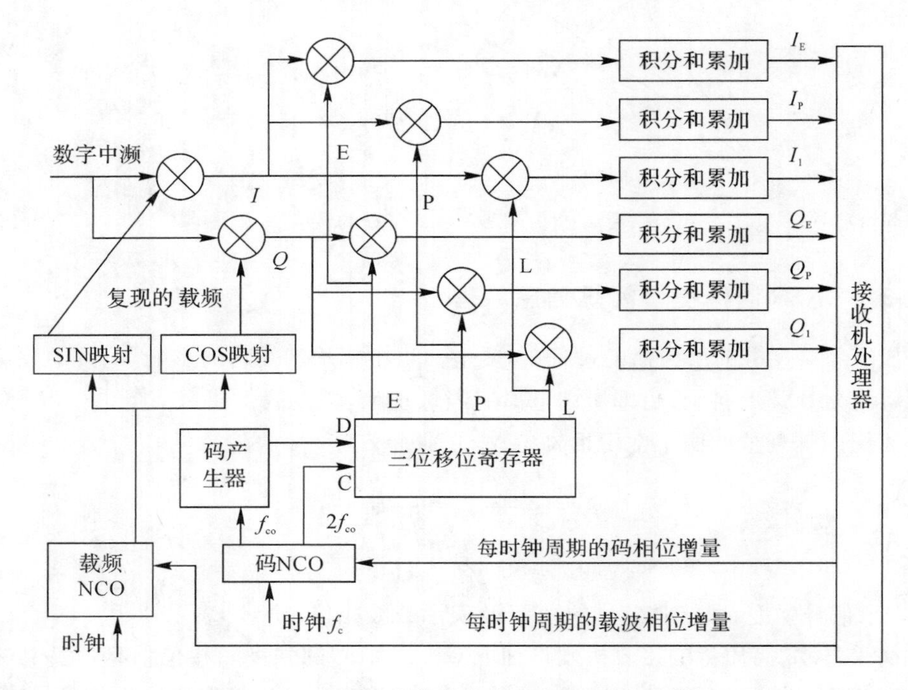


图2-4　接收机中数字接收通道原理方框图[6]

对于振幅闪烁测量,一般以1 kHz的抽样率从数字接受通道中抽取 $I_P$,$Q_P$ 采样数据,然后以特定间隔 $N$(典型值20 ms)计算NBP和WBP:

$$\left.\begin{aligned}\mathrm{NBP} &= \left(\sum_{j=1}^{N} I_j\right)^2 + \left(\sum_{j=1}^{N} Q_j\right)^2 \\ \mathrm{WBP} &= \sum_{j=1}^{N}\left(I_j^2 + Q_j^2\right)\end{aligned}\right\} \tag{2-23}$$

假设在20 ms内不包含噪声的 $I_P$ 和 $Q_P$ 数据分别为常量 $I$ 和 $Q$,噪声分别表示为 $\omega_{Ij}$ 和 $\omega_{Qj}$,则

$$\left.\begin{aligned}NBP &= (N^2 I^2 + \sum_{j=1}^{N}\omega_{Ij}^2 + 2NI\sum_{j=1}^{N}\omega_{Ij} + \sum_{N}\omega_{Ij}\omega_{Ik}) + (N^2 Q^2 + \sum_{j=1}^{N}\omega_{Qj}^2 + 2NQ\sum_{j=1}^{N}\omega_{Qj} + \sum_{j=1,k=1,j\neq k}^{N}\omega_{Qj}\omega_{Qk}) \\ WBP &= (NI^2 + \sum_{j=1}^{N}\omega_{Ij}^2 + 2I\sum_{j=1}^{N}\omega_{Ij}) + (NQ^2 + \sum_{j=1}^{N}\omega_{Qj}^2 + 2Q\sum_{j=1}^{N}\omega_{Qj})\end{aligned}\right\} \tag{2-24}$$

用式(2-24)中上式减下式，可以消去噪声平方项，同时成倍地减少了其他含噪声项，大幅度削弱了噪声影响，从而能够更准确地估计出信号强度，最终可得到接收信号功率为

$$\begin{aligned}SI &= \frac{1}{N^2-N}(NBP - WBP) = (I^2 + Q^2) + \frac{2}{N}(I\sum_{j=1}^{N}\omega_{Ij} + Q\sum_{j=2}^{N}\omega_{Qj}) \\ &+ \frac{1}{N^2-N}(\sum_{j=1,k=1,j\neq k}^{N}\omega_{Ij}\omega_{Ik} + \sum_{j=1,k=1,j\neq k}^{N}\omega_{Qj}\omega_{Qk})\end{aligned} \tag{2-25}$$

在数字接收通道中，载频NCO模块产生一个阶梯函数，阶梯函数的周期为期望的复现载频加多普勒的周期，正、余弦映射函数将阶梯状函数的每个离散幅度各自变化为相应的正、余弦离散幅度 $\sin(\phi')$，$\cos(\phi')$，如图2-5所示。然后对 $\sin(\phi')/\cos(\phi')$ 求反正切得到相位 $\phi'$，再减去 $f_0 t$ 后可得载波相位，有

$$\phi = \phi' - f_0 t \tag{2-26}$$

式中，$f_0$ 为信号载频。

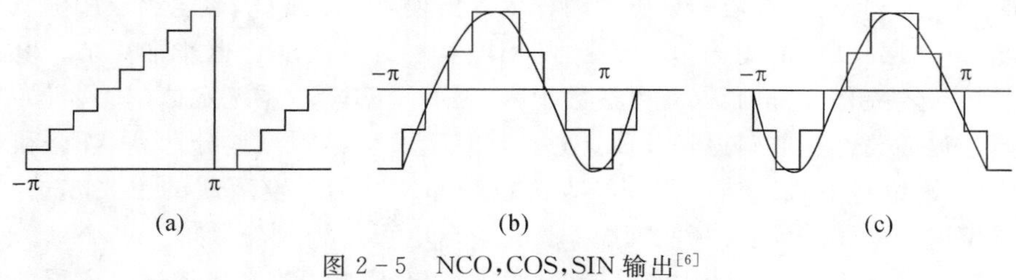


图2-5　NCO，COS，SIN输出[6]
(a)NCO输出；(b)COS映射输出；(c)SIN映射输出

## 2.3　GNSS探测电离层TEC误差分析

### 2.3.1　观测误差

根据2.2节中对GNSS测量原理的介绍可知，GNSS测量误差项主要有卫星星历误差、卫星钟差、卫星硬件延迟误差、接收机天线相位中心位置偏差、接收机硬件延迟误差、电离层扰动延迟误差、对流层延迟误差、多径效应误差和随机噪声误差。

卫星广播星历是用于描述卫星运行轨道的信息，简单地说就是描述对应某一时刻运行轨道及其变化率的一组参数，根据导航电文中的这些星历信息可以计算出卫星的几何位置。卫星星历误差即是这些星历参数的误差，主要是位于地面的监控站在对卫星星历进行计算和预报的过程中引入，这些误差由地面监控站位置确定误差、监控站位置分布、监测站数据采集精度、计算所用卫星受摄动力模型精度、计算精度以及卫星钟的稳定性所决定。星历误差对于一个卫星而言是稳定的，通过不同载频观测量差分可有效削减。

卫星钟差,是指卫星上的原子钟因频率发生飘移而产生的误差,主要来源是振荡器的缓慢变化和相对论效应引起的中频飘移,其中中频飘移产生的钟差更大一些。地面卫星监控站通过对卫星钟差连续监测,并至少每天一次上行发射卫星钟差校正信息至卫星,卫星再通过广播星历播发,经校正后卫星钟差的残余误差可以被减小到理想水平。

卫星硬件延迟误差,同接收机硬件延迟误差一样,是卫星载频信号在硬件电路上传输过程中的延迟。卫星硬件延迟主要指射频天线上的延迟,而接收机硬件延迟则包括接收天线上产生的延迟和接收机射频/中频电离部分产生的延迟,这些延迟对于不同的载频是不同的,因此在电离层延迟和电离层 TEC 的解算过程中也不能通过差分消去。接收机的硬件延迟一般可以由硬件定标的方式得到,一般在 ±10 ns 范围内(对 GPS 来说,1 ns = 2.86 TECU,1 TECU=$10^{16}$ $m^{-2}$),但是由于测站环境及使用时间等因素的影响,接收机硬件延迟往往随机偏离定标值。卫星硬件延迟会不定期在广播星历中提供,范围一般在±3 ns 之间,个别可能达到 5 ns 的量级。接收机和卫星的硬件延迟都符合随机游走过程,且在短期内的变化不是很大。

电离层延迟误差是由于电离层中的自由电子和等离子体对电磁波产生作用,无线电波穿越电离层传播时发生散射和折射,而且同时也改变了电波传播速度,导致电波到达接收机的时间不等于真空中以光速传播的时间,从而使星站距离观测量不等于真实的几何距离。由公式(2-13)可以看出,电离层延迟正比于电离层 TEC,且与载波频率的平方成反比。电离层随地方时、不同季节、地理位置、太阳和地磁活动程度等出现复杂的变化,且电离层中随机存在不均匀结构,导致电离层 TEC 的变化非常复杂,从而电离层延迟的变化也非常复杂。电离层扰动剧烈时,电离层延迟引发的测距误差可达数十米,是利用 GNSS 系统定位的主要误差源之一。改正电离层延迟的关键是准确得到 TEC,主要有 GNSS 双频观测差分计算 TEC 和基于电离层经验模型解算 TEC 两种方法。前一种方法也是 GNSS 研究电离层的主要方式,该方法可校正电离层延迟 90%以上,后一种方法基于的全球电离层模型主要有 IRI,NeQuick,Bent,Klobuchar 和 JPL-GIM 等,由于电离层形态变化复杂,模型很难精确描述电离层的变化。因此,基于电离层模型的延迟改正精度并不理想。

对流层延迟误差也是 GNSS 信号在对流层中传播时与以光速在真空中直线传播不同引起的误差,对流层的延迟引起的定位误差在低仰角时可达 20 m 左右。对流层延迟又可以分成干大气成分延迟(80%~90%)和湿大气成分延迟(10%~20%)两部分,干大气成分的延迟用已有的对流层模型可以校正 95%以上,湿大气成分则很难准确改正而成为对流层延迟的主要部分。对流层延迟与 GNSS 信号载频无关,其在频间差分解算 TEC 过程中可以完全消去。

GNSS 测量值均以接收机的天线相位中心位置作为基准,天线的相位中心和它的几何中心理论上应保持一致,然而实际上天线的相位中心会随 GNSS 信号输入的强度和信号方向的变化而变化,导致测量时天线相位中心的瞬时位置和理论上的相位中心位置不同,这种差别即为接收机天线相位中心的位置偏差。一般这种偏差可达数厘米,且对不同的载频,其取值也各不相同,但对于 GPStation-6 选用的大地测量天线,这种偏差可被限制在 1 cm 以内。

在 GNSS 测量中,若观测站周围的高大建筑物、高山、丛林等反射的卫星信号进入接收机的天线,会与直接来自卫星的信号产生干涉现象,使得观测值偏离真值,从而导致了所谓的多路径误差。多路径误差在 GNSS 测量中是一种重要误差源,会严重损害测量精度,特别严重时甚至引起信号的失锁。多路径误差对于不同的载频是不同的,从而导致在频间差分获取

TEC 的过程中存在偏离，而且随机码测量要比载波相位测量对多径效应的响应更灵敏，尤其是在仰角较低的情况下。降低多路径误差的基本要求是选择合适的观测地点和环境来削弱多路径误差，比如选取测站要避免大面积山谷、盆地和水面等地形，且要离高层建筑物远一些。在接收数据时，也要设置截止高度角(一般取 15°左右)，以过滤掉含有较大误差的低高度角观测数据。

随机噪声误差主要是源于接收机的热效应以及其他一些干扰源，这些噪声使得接收信号的载噪比降低，从而出现测量误差。GPStation－6 接收机电路中通过增加窄带宽延迟锁相环电路可以有效削减噪声误差，在 TEC 测量中通过载波平滑进一步减小噪声误差的影响，如图 2－6 所示。在提取幅度闪烁指数的测量过程中，通过窄带功率和宽带功率差分的技术获取信号功率也可以有效去除噪声干扰项。

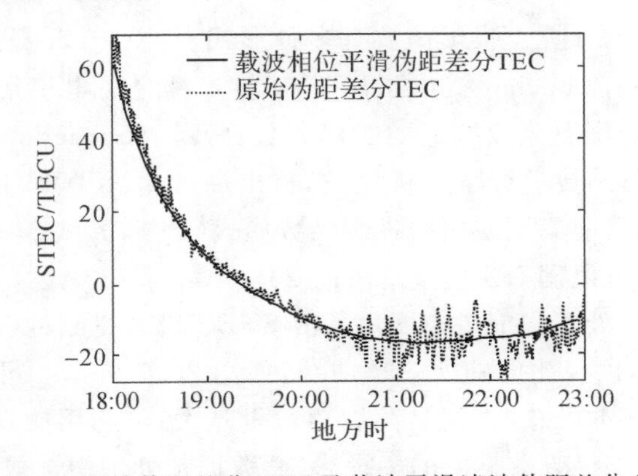


图 2－6　原始伪距差分 TEC 及载波平滑滤波伪距差分 TEC

除以上误差因素外，还有一种卫星双向时间频率传递中的 Sagnac 效应误差。Sagnac 效应，也叫 Sagnac 干涉，是以法国物理学家 Georges Sagnac 的名字命名的。对同一光源发出的两束光，让它们在同一环路内沿相反方向传播一周后汇合，会产生干涉，而如果在传播的过程中，环路平面内存在旋转角速度时，产生的干涉会发生移动，这就是 Sagnac 效应。GNSS 信号传播过程中，卫星相对于地面的接收站不是静止的，因此卫星、信号传播路径和地面接收站点构成的平面会发生旋转，直接导致了 GNSS 信号测量过程中出现了 Sagnac 效应。Sagnac 效应是与卫星和地面站的位置密切相关的，由 Sagnac 效应引起的时延值大小可达到几百皮秒的量级[7]。

### 2.3.2　数据处理误差

数据处理误差，顾名思义是指用观测量计算所需量的过程中引入的误差，一般是在数据处理过程中做等效假设或计算结果的约取而引入的误差。电离层闪烁指数的计算过程中，直接将观测数据代入公式计算，因此，数据处理误差主要是数据计算精度误差，此处不予考虑。获取 TEC 的过程是基于电离层薄层假设进行的，计算时通常假定电离层薄层高度为常数，而实际的等效电离层高度应该由电子密度的剖面形状来计算，在电子密度实际分布未知的情况下进行估计是相当复杂的。目前，IGS 的电离层分析中心欧州定轨中心(Center for Orbit Determination in Europe，CODE)和欧州空间运行中心(European Space Operations Center，ESOC)以及喷气推进实验室(Jet Propulsion Laboratory，JPL)采用的电离层高度为 450 km；中国科学院测量与地球物理研究所提出的 IGGDCB 方法采用的电离层高度为 375 km；而中国科学院地质与地球物理研究所开发的我国首个覆盖全国的 TEC 现报系统 IGGCAS 系统采用的电离层高度为 400 km；Titheridge 根据理论分析的电子密度剖面值进行大量计算，得出电离层高度选择 420 km 时对于同步卫星由法拉第旋转得到的 TEC 较为合适[7]。王晓岚等利用全球 60 个 IGS 站点的 GPS 双频接收机观测数据，基于电离层薄层假设和球谐模型反演电离层 TEC 得出，电离层高度对 GPS－TEC 有一定影响，电离层高度取 350～450 km 之间的值，反演得到 TEC 最大相差不超过 1 TECU(TEC 单位，1 TECU＝$10^{16}$ $m^{-2}$)，而高度值取在这个范围之外时，得到 TEC 相差超过了 3 TECU[8]。因此，为减小电离层高度带来的误差，数据处理中选择电离层高度为 400 km。

此外，根据差分得到的 STEC 转换到 IPP 处的 VTEC 过程中，需要用到投影函数，投影函数的选择也会影响 TEC 的计算。投影函数有多种形式[3]：Clynch 提出了利用最小二乘拟合求解的 $Q$ 因子投影函数；Klobuchar 提出了用于 GPS 广播星历电离层模型的投影函数；欧吉坤提出了一种随高度角变化而分段取值的投影函数；等等。Schaer[9] 分别在不同电离层高度取值下对几种常用的投影函数进行了分析比较，得出高度角大于 15°时无明显差别，大于 20°时基本等价。简单起见，目前广泛使用的投影函数如式(2－17)、式(2－20)所示，为 SLM 模型中的三角投影函数。另外，根据 IRI 模型给出的 2014 年 4 月 22 日 8 时的电离层电子密度分布，仿真得到 120°E，30°N 处不同卫星高度角下由 STEC 投影得到的 TEC 和直接天顶方向计算的 VTEC 的比值曲线，以及比值的变化率曲线，如图 2－7 所示。可以看出，当高度角大于 40°时，投影函数的影响基本可忽略，但是高度角取得越大，可利用的观测数据也越少，兼顾数据量与准确度，并尽量减小接收数据中的多径影响，数据预处理中选取高度截止角为 30°。

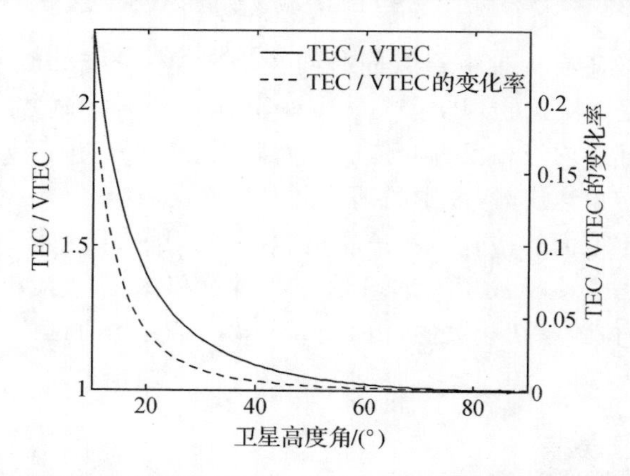


图 2－7　不同高度角投影的 TEC 与天顶 VTEC 的比值曲线及其变化率曲线

## 2.4　周跳检测

利用双频载波相位可以得到高精度的电离层 TEC，但是在载波相位测量中经常会出现周跳，使载波相位发生偏差，导致计算所得相对 TEC 的突变。因此，周跳检测是高精度 TEC 计算中必须要进行的数据预处理过程。在电离层的研究中，还可以通过对周跳的检测和统计来研究周跳与电离层活动的相关性[10]。

### 2.4.1　周跳的产生

GPS 载波相位以周数来衡量。GPS 接收机锁定卫星信号后，通过计算卫星发送的载波相位与接收机产生的相位之差来得到相位变化观测值，这部分是不足一周的，用 Fr($\phi$)表示；而传播过程中的相位整周数变化是未知的，称为整周模糊度 $N_0$；在跟踪过程中，当相位从 $2\pi$ 变化为 0 时，接收机的整周计数器自动累计计数 Int($\phi$)。载波相位可以表示为

$$\phi = N_0 + \mathrm{Int}(\phi) + \mathrm{Fr}(\phi)$$

在任一历元，载波相位的测量值为 Int($\phi$)＋Fr($\phi$)，当没有发生周跳时，测量值连续变化，但是一旦发生周跳，整周计数器重新计数，导致载波相位测量值发生跳变，且这个跳跃会持续叠加在后续的测量值中。周跳不仅会引起载波相位变化，也会造成相对 TEC 的变化，如图 2－8 所示。

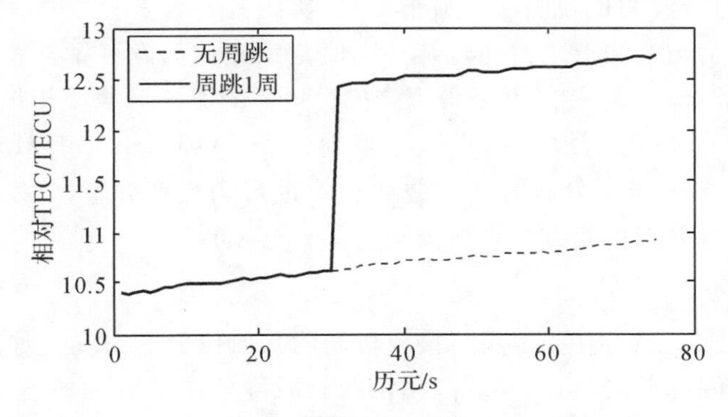


图 2－8　周跳引起相对 TEC 变化

载波相位的一个周跳对经度、纬度、高程的影响可达分米级[11]，对于 L1 载波，一周的周跳可以造成约 20 cm 的测距误差，对电离层 TEC 的计算约为 1.9 TECU，因此，在 GPS 载波相位精密定位中，应对周跳进行检测和修复，便于整周模糊度的求解。在电离层 TEC 计算中，主要是对双频 GPS 测距码进行非差处理，通过载波相位求得相对 TEC，再将连续观测弧段内的某一卫星和接收机对应的绝对 TEC 与相对 TEC 进行组合，得到高精度的斜向 TEC，无须求解整周模糊度，只需对周跳发生点进行检测并剔除，将无周跳的连续观测值进行分段处理。

造成周跳的原因主要有以下 3 种：①卫星信号受到障碍物(树木、建筑物等)的阻挡，导致卫星信号的暂时中断；②卫星信号受到外部环境的影响，例如多径效应、电离层扰动、卫星的高度角过低、接收机受到强烈振荡等，导致信噪比过低；③接收机自身故障导致信号跟踪中断，包括软件错误和硬件故障。

在低纬度地区，电离层扰动是造成周跳的一个主要因素，电离层的变化造成了无线电波幅度衰减和相位起伏，接收机对信号的跟踪失锁，导致周跳的发生率更高。张东和等对中国低纬度地区的周跳事件进行了统计分析，研究结果表明，周跳的发生次数存在明显的地方时依赖特性，主要发生在夜间地方时 19:00～24:00，与电离层不均匀结构出现的地方时依赖性一致。此外，周跳发生率还存在与电离层 TEC 变化相似的季节变化和年变化特点[10]。

### 2.4.2　周跳检测方法分类

载波相位的周跳检测方法可以分为直接检测法和组合检测法两大类。

1. 直接检测法

载波相位观测值在没有周跳发生时可以表示为随时间变化的光滑曲线，而周跳的发生导致相位观测值突变，破坏了曲线的光滑性，因此，可以利用载波相位观测值对周跳的敏感性来检测周跳，即所谓的直接检测方法，这一类方法主要包括高次差法、多项式拟合法和多尺度分析法。

高次差法是通过差分的方法检验一段时间内相邻历元间的载波相位观测值有没有发生突变。GPS 卫星的径向运动速度可达 0.9 km/s，每一秒整周数变化可能达到数千周，在相邻观测历元之间的一次差分可能难以检测到小的周跳，通过多次求差的方法可以将突变凸显出来，提高检测效果，这种高于 3 次以上的差分称为高次差法[12]，是一种常用的周跳探测方法，适用于探测大周跳。

多项式拟合法将载波相位观测值用最小二乘、切比雪夫等多项式进行拟合，预估下一时刻的载波相位值，预估值与实测值之差超过某一阈值范围则认为发生了周跳。为了降低观测噪声的影响，采用 Kalman 滤波、神经网络等拟合能力更强的方法对载波相位建模来探测周跳。

多尺度分析方法是用小波方法[13]、经验模态分解(Empirical Mode Decomposition, EMD)[14]等多尺度、多分辨率分解方法对载波相位进行多尺度分解，将发生周跳的位置看作信号的奇异点，通过奇异点检测方法来探测周跳。

2. 组合检测法

直接检测的方法会受到钟差、卫星与接收机间的几何位置、电离层、对流层、随机噪声等的影响，尤其是电离层闪烁期间，幅度和载波相位的衰减降低了拟合的精度，进而影响了周跳的探测精度。

为了减弱或消除这些影响，通常将各种观测量进行线性组合，形成虚拟观测量，较为典型的包括电离层残差组合(Geometry-Free 组合，简称“G-F”，又称几何无关组合)、无电离层组合(Iono-Free 组合)、宽巷组合(Wide Lane 组合，简称“W-L”)、窄巷组合(Narrow Lane 组合，简称“N-L”)、宽巷相位减窄巷伪距组合(Melbourne-Wübbena 组合，简称“M-W”)等。

各种组合虚拟观测量也存在各自的优缺点，为了互补，将各种组合互相综合进行周跳检测，具有代表性的综合方法是 TurboEdit 方法[15]。TurboEdit 方法联合使用宽巷线性组合和电离层残差组合，这里的宽巷组合是宽巷载波相位组合减去窄巷伪距组合，消去了电离层影响；电离层残差组合是载波相位电离层残差组合减去伪距电离层残差组合，消去了电离层残差。该方法引入了观测噪声较大的伪距，为了提高伪距精度，采用多项式对伪距进行拟合。多项式模型和阶数的选择均依靠经验，因此引入了人为的拟合误差。王振杰等针对 TurboEdit 方法的局限性提出了一种改进的 GPS 双频观测值周跳探测方法——两步法。该方法先基于 M－W 组合滑动前后向窗口来进行宽巷周跳探测，然后用经过宽巷周跳修正的电离层残差组合观测值，基于一阶差商滑动窗口来探测 L1 载波上的周跳[16]。李慧茹对 TurboEdit 方法中的宽巷组合用滑动窗口进行了平均[17]。关于 TurboEdit 方法及相应的改进方法见文献[15][16][18]。

### 2.4.3 G－F 组合周跳检测

对于单个接收站的单颗卫星，双频载波相位伪距观测方程为

$$L_1(t)=\lambda_1\phi_1(t)=\rho(t)+\lambda_1 N_1+c\Delta\delta(t)+\frac{40.28\times \mathrm{TEC}(t)}{f_1^2}+b_{r1}^{s} \quad (2-27)$$

$$L_2(t)=\lambda_2\phi_2(t)=\rho(t)+\lambda_2 N_2+c\Delta\delta(t)+\frac{40.28\times \mathrm{TEC}(t)}{f_2^2}+b_{r2}^{s} \quad (2-28)$$

式中，$\rho(t)$为站星间的几何距离；$\Delta\delta(t)=\Delta t_s-\Delta t_r$ 为钟差；$N_1$ 和 $N_2$ 分别为两个频率载波相位的整周模糊度；$\frac{A(t)}{f^2}$为电离层延迟量；$b_r^s$ 为接收机和卫星的硬件延迟项。

式(2-27)与式(2-28)相减可以消去几何距离、钟差等与频率无关的项，得到

$$\lambda_1\phi_1(t)-\lambda_2\phi_2(t)=\lambda_1 N_1-\lambda_2 N_2+\frac{40.28\times \mathrm{TEC}(t)}{f_2^2}-\frac{40.28\times \mathrm{TEC}(t)}{f_1^2}+\Delta b_r^s \quad (2-29)$$

式中，$\Delta b_r^s=b_{r1}^s-b_{r2}^s$，为频间硬件延迟差，在相邻两历元间隔时间内基本不会发生变化。

G-F 观测组合的表达式为

$$\begin{aligned}L_{G\text{-}F}(t)&=\lambda_1\phi_1(t)-\lambda_2\phi_2(t)\\&=\lambda_1 N_1-\lambda_2 N_2-\left[\frac{40.28\times \mathrm{TEC}(t)}{f_1^2}-\frac{40.28\times \mathrm{TEC}(t)}{f_2^2}\right]+\Delta b_r^s\\&=\lambda_1 N_1-\lambda_2 N_2+\frac{40.28\times \mathrm{TEC}(t)}{f_1^2}\left(1-\frac{f_1^2}{f_2^2}\right)+\Delta b_r^s\end{aligned} \quad (2-30)$$

令 $\Delta_{\mathrm{ion}}(t)=\frac{40.28\times \mathrm{TEC}(t)}{f_1^2}\left(1-\frac{f_1^2}{f_2^2}\right)=0.104\,99\mathrm{TEC}(t)$，为双频电离层延迟差，则有

$$L_{G\text{-}F}(t)=\lambda_1 N_1-\lambda_2 N_2+\Delta_{\mathrm{ion}}(t)+\Delta b_r^s \quad (2-31)$$

进行历元间求差，可得

$$\begin{gathered}\Delta L_{G\text{-}F}=L_{G\text{-}F}(t+\Delta t)-L_{G\text{-}F}(t)=\\\lambda_1 N_1(t+\Delta t)-\lambda_2 N_2(t+\Delta t)+\lambda_1 N_1(t)-\lambda_2 N_2(t)+\Delta_{\mathrm{ion}}(t+\Delta t)-\Delta_{\mathrm{ion}}(t)=\\\lambda_1\Delta N_1-\lambda_2\Delta N_2+\Delta_{\mathrm{ion}}(t+\Delta t)-\Delta_{\mathrm{ion}}(t)\end{gathered} \quad (2-32)$$

式中，$\Delta_{\mathrm{ion}}(t+\Delta t)-\Delta_{\mathrm{ion}}(t)$为相邻两历元间的电离层延迟之差，即所谓的电离层残差，在电离层比较稳定、采样间隔较小的情况下，电离层残差变化趋于零，$\Delta L_{G\text{-}F}$也在0附近波动。当周跳发生时，$\Delta L_{G\text{-}F}$的值就会发生跳变，从而可以根据电离层残差检测量 $\Delta L_{G\text{-}F}$ 的变化来检测周跳是否存在。电离层残差检测量为

$$\Delta N_{G\text{-}F}=\Delta L_{G\text{-}F}/\lambda_1\approx\Delta N_1-\frac{\lambda_2}{\lambda_1}\Delta N_2=\Delta N_1-\frac{77}{60}\Delta N_2 \quad (2-33)$$

G-F 组合只能得到两个载波相位的周跳值组合，不能分别确定 L1 和 L2 上的周跳值。

假设 L1 和 L2 的载波相位测量误差均为 $\varepsilon_N=\pm 0.01$ 周，则由误差传播定律，可得 $\Delta N_{G\text{-}F}$ 的测量误差为

$$\varepsilon_{\Delta N_{G\text{-}F}}=\sqrt{\varepsilon_N{}^2+\left(\frac{77}{60}\right)^2\varepsilon_N{}^2+\varepsilon_N{}^2+\left(\frac{77}{60}\right)^2\varepsilon_N{}^2}=2.3\varepsilon_N=\pm 0.023\text{ 周}$$

根据 $3\sigma$ 准则来确定周跳发生的检测阈值，则 $|\Delta N_{G\text{-}F}|\geqslant 0.07$ 周，判定有周跳发生；$|\Delta N_{G\text{-}F}|<0.07$ 周，判定无周跳发生。

G-F 组合方法消除了钟差、对流层延迟和硬件延迟等的影响，仅含有电离层残差，在电离层稳定且采样率较高的情况下，可以得到较高精度的周跳探测结果。G-F 组合检测方法的一个突出问题是，当 $\frac{\Delta N_1}{\Delta N_2}=\frac{77}{60}\approx 1.283$ 时，无法检测。

### 2.4.4 M－W组合周跳检测

Melbourne－Wübbena组合（简称“M－W组合”）是一种综合方法，它将宽巷相位与窄巷伪距结合，消除了观测值中的站星几何距离、电离层、对流层、钟差和硬件延迟等影响。

定义载波相位的宽巷组合（W－L）为

$$L_{\text{W-L}}=\lambda_{\text{W-L}}(\varphi_1-\varphi_2)=\frac{f_1}{f_1-f_2}L_1-\frac{f_2}{f_1-f_2}L_2 \tag{2-34}$$

式中，宽巷波长$\lambda_{\text{W-L}}=\dfrac{c}{f_1-f_2}=0.8625\ \text{m}$，设$\varepsilon_\phi=\pm 0.01$周，则宽巷组合的观测噪声为

$$\varepsilon_{\text{W-L}}=\pm 0.01\sqrt{2}\lambda_{\text{W-L}}=\pm 1.22\ \text{cm}$$

定义载波相位的窄巷组合（N－L）为

$$L_{\text{N-L}}=\lambda_{\text{N-L}}(\phi_1-\phi_2)=\frac{1}{f_1+f_2}(f_1L_1+f_2L_2) \tag{2-35}$$

式中，窄巷组合波长为$\lambda_{\text{W-L}}=\dfrac{c}{f_1+f_2}=0.11\ \text{m}$，设$\varepsilon_\phi=\pm 0.01$周，则窄巷组合的观测噪声为

$$\varepsilon_{\text{N-L}}=\pm 0.01\sqrt{2}\lambda_{\text{N-L}}=\pm 0.16\ \text{cm}$$

类似地定义窄巷伪距组合为

$$L_{\text{N-P}}=\lambda_{\text{N-L}}(\frac{P_1}{\lambda_1}+\frac{P_2}{\lambda_2})=\frac{f_1}{f_1+f_2}P_1+\frac{f_2}{f_1+f_2}P_2$$

M－W组合的表达式为

$$L_{\text{M-W}}=\lambda_{\text{W-L}}(\phi_1-\phi_2)-\lambda_{\text{N-L}}\left(\frac{P_1}{\lambda_1}+\frac{P_2}{\lambda_2}\right)=$$

$$\frac{f_1}{f_1-f_2}L_1-\frac{f_2}{f_1-f_2}L_2-\left(\frac{f_1}{f_1+f_2}P_1+\frac{f_2}{f_1+f_2}P_2\right)$$

代入码伪距和相位伪距的观测方程，可得

$$L_{\text{M-W}}=\frac{c}{f_1-f_2}(N_1-N_2)=\lambda_{\text{W-L}}(N_1-N_2)$$

对$L_{\text{M-W}}$作历元间的差分，可得

$$\Delta L_{\text{M-W}}=L_{\text{M-W}}(t+\Delta t)-L_{\text{M-W}}(t)=\lambda_{\text{W-L}}(\Delta N_1-\Delta N_2)$$

可见，如果没有周跳发生，则$\Delta L_{\text{M-W}}$在0值附近波动，而如果发生周跳，则$\Delta L_{\text{M-W}}$会发生突变。

M－W组合的周跳检测量为

$$\Delta N_{\text{M-W}}=\Delta L_{\text{M-W}}/\lambda_{\text{W-L}}=\Delta N_1-\Delta N_2 \tag{2-36}$$

M－W组合消除了电离层的影响，但是用到了码伪距观测量，由于码伪距的多路径影响和噪声远大于相位观测值，M－W组合周跳检测量的观测噪声为

$$\varepsilon_{\Delta N_{\text{M-W}}}=\frac{1}{\lambda_{\text{W-L}}}\sqrt{2\left(\frac{f_1}{f_1+f_2}\right)^2+2\left(\frac{f_2}{f_1+f_2}\right)^2}\varepsilon_{\text{P}}=\sqrt{2}\frac{\sqrt{f_1{}^2+f_2{}^2}}{\lambda_{\text{W-L}}(f_1+f_2)}\varepsilon_{\text{P}}=1.1691\varepsilon_P\ 周$$

其中，码伪距的观测噪声$\varepsilon_P$与GPS接收机的C/A码测距精度有关，以NovAtel的DL－V3双频GPS接收机为例，其C/A码测距精度为0.04 m，则

$$\varepsilon_{\text{P}}=\frac{0.04m}{\lambda_1}=\left(\frac{0.04}{0.1903}\right)周=0.21\ 周$$

对应的M－W组合的周跳检测量观测噪声为±0.2455周，因此，根据3$\sigma$准则来确定周

跳发生的检测阈值，可以进行周跳判断：$|\Delta N_{\text{M-W}}| \geqslant 0.7365$，有周跳发生；$|\Delta N_{\text{M-W}}| < 0.7365$，无周跳发生。

可见，M－W 组合引入码伪距，虽然消除了电离层残差，但是也降低了检测量的精度，此外，当 $\Delta N_1 = \Delta N_2$，即载波 L1 和 L2 同时发生相同周数的跳变时，采用 M－W 组合方法无法检测。

### 2.4.5　综合 G－F 组合与 M－W 组合的周跳检测

由上述分析可知，G－F 组合与 M－W 组合的周跳检测方法各有优缺点。G－F 组合能够检测小周跳，但是包含电离层残差项，在电离层 TEC 扰动较大的情况下，不能再忽略其残差的影响，对于双频周跳比为 77/60 的情况无法检测。M－W 组合去除了电离层残差项，但是引入了码伪距，增加了观测量的噪声误差，对于双频周跳数相同的情况无法检测。因此，本节考虑将这两种组合进行综合，分别用这两种方法进行周跳检测，再将所有检测出来的周跳综合，作为最终的周跳检测结果，达到两种方法互补的效果。

为了检验 G－F 组合与 M－W 组合的周跳检测性能，在载波相位测量值中人为加入周跳，分别设定了小周跳、连续周跳、特殊组合周跳等情况，图 2－9 和图 2－10 分别为 G－F 组合与 M－W 组合的检测结果，两种组合综合的检测结果见表 2－1。

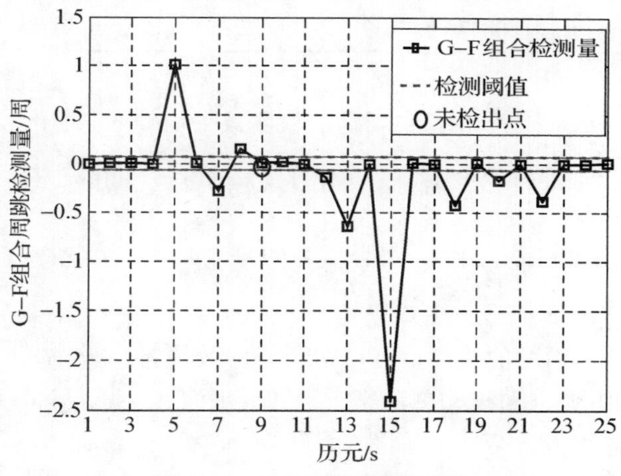


图 2－9　G－F 组合周跳检测

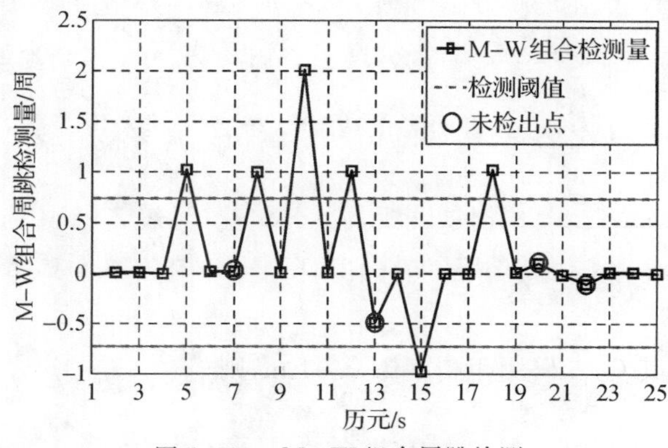


图 2－10　M－W 组合周跳检测

表2-1 G-F组合与M-W组合的周跳检测结果综合

| 历元/s | $(\Delta N_1,\Delta N_2)$ | G-F检测量 | G-F检测结果（阈值±0.07） | M-W检测量 | M-W检测结果（阈值±0.735 6） |
|---|---|---|---|---|---|
| 5 | (1,0) | 1.010 4 | 有周跳 | 1.012 1 | 有周跳 |
| **7** | **(1,1)** | **−0.281 9** | **有周跳** | **0.013 9** | **无周跳** |
| 8 | (4,3) | 0.160 5 | 有周跳 | 0.989 9 | 有周跳 |
| **10** | **(9,7)** | **0.020 9** | **无周跳** | **2.003 2** | **有周跳** |
| 12 | (5,4) | −0.134 5 | 有周跳 | 1.002 7 | 有周跳 |
| **13** | **(0,0.5)** | **−0.641 7** | **有周跳** | **−0.490 0** | **无周跳** |
| 15 | (4,5) | −2.406 1 | 有周跳 | −0.987 9 | 有周跳 |
| 18 | (6,5) | −0.421 0 | 有周跳 | 1.016 3 | 有周跳 |
| **20** | **(1.1,1)** | **−0.175 1** | **有周跳** | **0.100 7** | **无周跳** |
| **22** | **(0.9,1)** | **−0.378 0** | **有周跳** | **−0.104 5** | **无周跳** |

可见G-F组合方法对连续周跳、小周跳的检测效果均较好，大于0.1周的小周跳均可检测，但是当$\frac{\Delta N_1}{\Delta N_2}=\frac{77}{60}\approx1.283$时，无法检测。通过统计实验，得出可以有效进行G-F检测的范围为$\frac{5}{4}<\frac{\Delta N_1}{\Delta N_2}<\frac{4}{3}$，因此$(\Delta N_1,\Delta N_2)$组合值为(9,7)(13,10)(14,11)(17,13)(18,14)(19,15)(31,24)…时，采用G-F组合方法难以检测。

M-W组合对于连续周跳的检测也可以达到好的效果，但是小周跳（低于0.5周）无法检出，$\Delta N_1=\Delta N_2$的特殊组合也无法检测出来。通过统计实验，得出NovAtel的DL-V3双频GPS接收机可以有效进行M-W组合周跳检测的范围为$-0.2<\Delta N_1-\Delta N_2<0.2$，此范围与接收机的码伪距测量精度有关。

由此可见，G-F组合在小周跳和双频周跳差较小的情况下检测能力高于M-W组合，而M-W组合恰好可以检测$\frac{5}{4}<\frac{\Delta N_1}{\Delta N_2}<\frac{4}{3}$的特殊组合周跳，弥补G-F组合的不足。G-F组合和M-W组合的检测范围互为补充，将两者的检测结果合并起来可以防止漏检，得到较为全面的检测结果。

在G-F组合和M-W组合同时检测到周跳的情况（见表2-1中未加粗字体所在行）下，可以根据式(2-33)和式(2-36)列出方程，解出$\Delta N_1$和$\Delta N_2$，由于观测噪声和电离层残差的影响，得到的仅为近似解。

### 2.4.6 基于TEC变化率指数的自适应阈值周跳检测

在上述2.4.5中，G-F组合和M-W组合的周跳检测阈值均是固定的，且都是在假设电离层残差很小、对检测结果没有影响的情况下设定的。事实上，在电离层扰动较大的情况下，电离层残差项是不能忽略的，而且电离层变化也会加大码伪距的观测噪声水平，那么，固定的检测阈值必然会造成周跳检测的误差，当阈值过大时，会产生漏检，当阈值过小的，造成虚检，如图 2－11 和图 2－12 所示。

图 2－11 表示的 G－F 组合周跳检测结果显示，800 个历元中有 380 个历元发生了周跳，周跳检测量总体保持在 0.1 以下，而图 2－12 显示 M－W 组合没有检出周跳。在历元 180 s 处，在 L1 的载波相位上加入了 0.2 周的周跳值，被 G－F 方法检出，其检测量远大于原始数据的检测量，可见原始数据中 380 个历元的载波相位变化非常微小，并不是周跳引起，很可能是电离层残差项引起的，而 M－W 组合依然不能检测 0.2 周的小周跳。

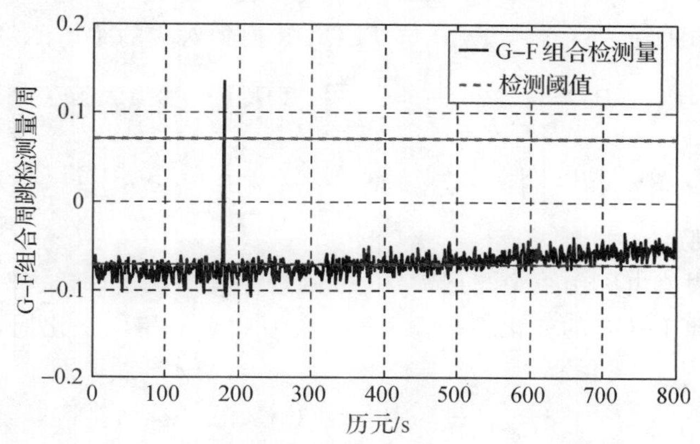


图 2－11　电离层扰动情况下 G－F 组合周跳检测结果

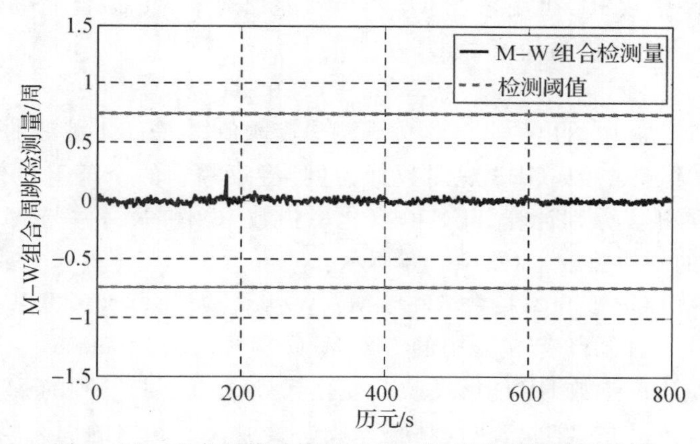


图 2－12　电离层扰动情况下 M－W 组合周跳检测结果

为了改善由于 TEC 扰动造成的周跳检测不准确问题，本节提出用反映 TEC 变化率的指数(Rate of TEC Index，ROTI)来表示周跳检测量的阈值，得到检测阈值随着 TEC 自适应变化的周跳检测方法。

电离层 TEC 变化率指数 ROTI[19] 用于描述 TEC 的变化，其定义为

$$\mathrm{ROTI}=\sqrt{\langle \mathrm{ROT}^2\rangle-\langle \mathrm{ROT}\rangle^2} \tag{2-37}$$

式中，$\mathrm{ROT}=\mathrm{TEC}(t+\Delta t)-\mathrm{TEC}(t)$，是 TEC 采样点之间的差分，用于反映 TEC 的变化，采样间隔为 1 s，〈 〉表示取平均。因此，按式(2－37)，ROTI 表示 ROT 的标准差，其单位为 TECU/s。

ROTI 指数实质上是 TEC 变化率相对于均值的偏差，用 TECP 表示绝对 TEC，TECL 表

示相对 TEC。TECP 的变化率指数用 RP 表示，TECL 的变化率指数用 RL 表示，其计算如下：

$$RP=\sqrt{\langle[\mathrm{TECP}(t+\Delta t)-\mathrm{TECP}(t)]^2\rangle-\langle[\mathrm{TECP}(t+\Delta t)-\mathrm{TECP}(t)]\rangle^2} \quad (2-38)$$

$$RL=\sqrt{\langle[\mathrm{TECL}(t+\Delta t)-\mathrm{TECL}(t)]^2\rangle-\langle[\mathrm{TECL}(t+\Delta t)-\mathrm{TECL}(t)]\rangle^2} \quad (2-39)$$

在 G－F 组合和 M－W 组合中也是通过对观测组合值的时间差分得到周跳检测量的，结合检测量的表达式(2－38)和式(2－39)可以看出，RP 可用于反映 M－W 组合中码伪距的观测量的变化起伏，RL 可用于反映 G－F 组合中的电离层残差。下面讨论 RP 和 RL 与周跳检测量阈值之间的关系。

根据式(2－3)和式(2－6)，将 TECP 与 TECL 转换为对应的距离测量值，有

$$P_1-P_2=40.28\left(\frac{1}{f_1^2}-\frac{1}{f_2^2}\right)\cdot \mathrm{TECP}=0.105\mathrm{TECP} \quad (2-40)$$

$$\lambda_1\phi_1-\lambda_2\phi_2=40.28\left(\frac{1}{f_1^2}-\frac{1}{f_2^2}\right)\cdot \mathrm{TECL}+\Delta n=0.105\mathrm{TECL}+\Delta n \quad (2-41)$$

式中，$\Delta n$ 为整周模糊度。

M－W 组合的阈值由码伪距观测量 $P_1$ 和 $P_2$ 的观测噪声决定，与式(2－40)中 TECP 的噪声水平一致，因此，将 TECP 的变化率指数 RP 转换为对应的相位变化周，M－W 组合的周跳检测阈值 $\xi_{\Delta N_{\text{M-W}}}$ 为

$$\xi_{\Delta N_{\text{M-W}}}=0.105\cdot \mathrm{RP}\cdot \lambda_{\text{N-L}}/\lambda_{\text{W-L}} \quad (2-42)$$

式中，$\lambda_{\text{N-L}}$ 为载波窄巷波长；$\lambda_{\text{W-L}}$ 为载波宽巷波长。

TECL 的变化率指数 RL 可用来表示电离层残差项对 G－F 组合周跳检测量中的噪声贡献值，则 G－F 组合的周跳检测阈值 $\xi_{\Delta N_{\text{G-F}}}$ 为

$$\xi_{\Delta N_{\text{G-F}}}=0.07+0.105\mathrm{RL}/\lambda_1 \quad (2-43)$$

式中，0.07 为上述 3.2.3 中给出的载波相位观测噪声阈值；$\lambda_1$ 为 L1 载波的波长。

以周至台 2015 年第 67 天 GPS 观测数据为例，将跟踪到的全部卫星信号取截止高度角 20°，对各个连续观测弧段分别计算 TEC 的变化率指数 RP 和 RL，并与 M－W 组合和 G－F 组合的周跳检测量的均值比较，如图 2－13 所示。

图 2－13(a)为 TECP 变化率指数 RP 与 M－W 组合检测量均值，可以看出 M－W 组合检测量均值总体低于 0.2，3.2.3 节实验中的 M－W 固定阈值为 0.735 6，导致小周跳的检测能力差，而 TECP 的变化率指数 RP 能够反映其变化趋势，根据 RP 得到的 M－W 组合周跳检测阈值 $\xi_{\Delta N_{\text{M-W}}}$ 是自适应变化的，实验表明，对所有数据段加入 0.5 周的周跳均可以被检出，说明这种自适应阈值可以提高 M－W 组合的小周跳检测能力。

图 2－13(b)是 TECL 变化率指数 RL 与 G－F 组合检测量均值，可以看出 TECL 的变化率指数 RL 与 G－F 组合检测量均值的变化范围和变化趋势均一致，有一部分数据段高于 3.2.3 节实验中的 G－F 固定阈值 0.07。

造成 G－F 组合检测量较高的原因可能是周跳，也可能是电离层残差，如图 2－11 中周至台 GPS 接收机于 2015 年 3 月 8 日(年积日第 67 天)跟踪的 PRN16 号卫星前 800 个历元中，载波相位 G－F 组合检测量抖动较大，有 380 个历元被检测出有周跳，检测量大部分低于 0.1 周，可见这种连续的微小扰动应该是由电离层残差项的变化引起的，将反映电离层残差的 TECL 变化率指数 RL 变换得到的相位变化加入固定阈值中，检测结果如图 2－14 和图 2－15

所示，可见虚检情况得到改善，G－F 组合与 M－W 组合均检测出 0.5 周的小周跳。

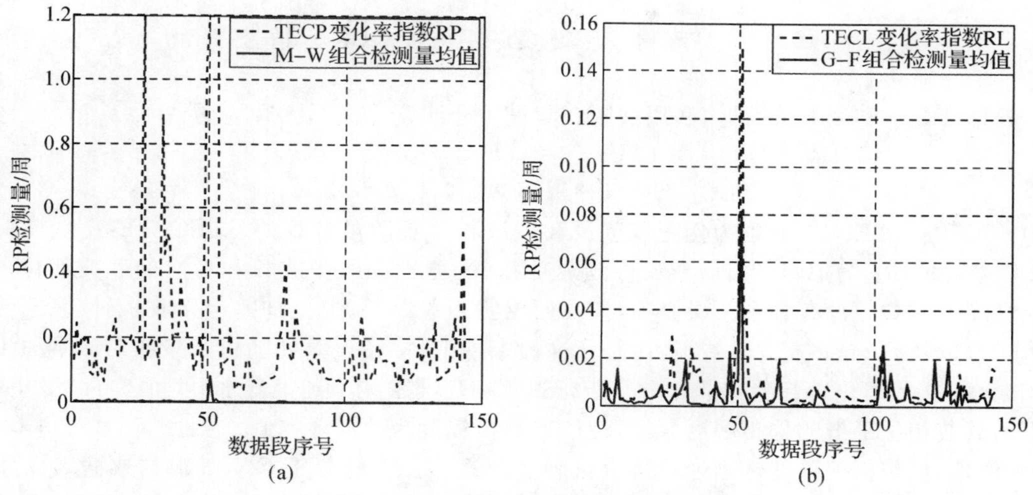


图 2－13　TEC 变化率指数与周跳组合检测量均值比较

（彩图见彩插图 2－13）

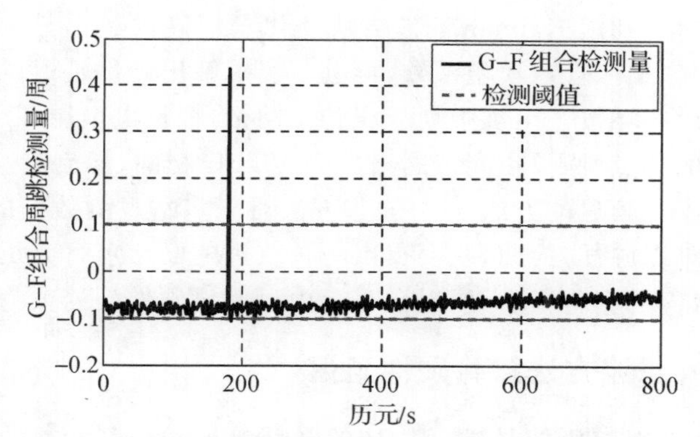


图 2－14　基于 RL 检测阈值的 G－F 组合周跳检测

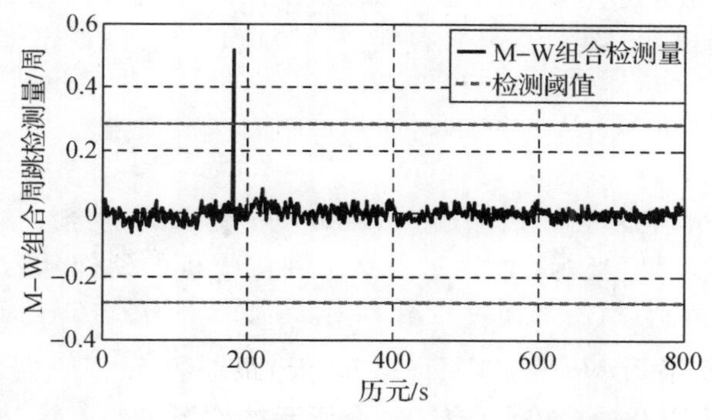


图 2－15　基于 RP 检测阈值的 M－W 组合周跳检测

因此，采用基于 TEC 变化率指数的自适应阈值进行周跳检测，可以改善 G－F 组合在电离层残差较大情况下的虚检问题，也可以提高 M－W 组合的小周跳检测能力。

## 2.5 硬件延迟估计与 TEC 标定

根据 2.2 节和 2.3 节所述，利用载频观测量差分计算 TEC 最终可表示为

$$\mathrm{TEC}_{P_1P_x} = \mathrm{TEC}_{\mathrm{abs}} + \delta_{\mathrm{diff}} \tag{2-44}$$

$$\mathrm{TEC}_{L_1L_x} = \mathrm{TEC}_{\mathrm{abs}} + \delta_{\mathrm{diff}} + \lambda_1 N_1 - \lambda_x N_x \tag{2-45}$$

式中，$\mathrm{TEC}_{P_1P_x}$、$\mathrm{TEC}_{L_1L_x}$ 分别为伪距观测量和载波相位观测量计算的 STEC；$\mathrm{TEC}_{\mathrm{abs}}$ 为实际的 STEC 绝对值；$\delta_{\mathrm{diff}}$ 为卫星和接收机硬件延迟项；$\lambda$、$N$ 分别为载频波长和对应的载波相位的整周模糊度。与载频没有关系的误差项，如几何位置相关误差、卫星钟差与接收机钟差、对流层延迟误差以及 Sagnac 效应误差等，在差分过程中抵消，多径误差和随机背景噪声则通过 GP-Station－6 接收机内部超稳定晶振和窄带延迟锁相环技术减小到很低水平，可不予考虑，选用数据为载波相位平滑的伪距观测数据，相位整周模糊度也可不予考虑。因此，由式(2－44)可知，硬件延迟(包括卫星硬件延迟和接收机硬件延迟，以下均同)是 GNSS 观测数据解算 TEC 中的最主要误差源，忽略硬件延迟项，会导致解算的 TEC 数据为负，最大偏差可达数十个 TECU[20]。

现有的联合求解 TEC 与硬件延迟的方法可归为三类：第一类是用观测数据建立起系统模型和观测模型，列出方程，利用 Kalman 滤波方法迭代求解硬件延迟[21]；第二类是利用局域电离层模型，先通过观测数据拟合出模型系数，再进一步求解出硬件延迟；第三类是格网方法，即将接收机上空的电离层区域按一定规则划分成若干网格，根据电离层 TEC 在短时间和较小的空间范围内变化缓慢的特点，假设在同一网格内的 VTEC 相同，然后列方程组求解。另外，也有基于神经网络求解硬件延迟的方法[22]。这些方法对于多站观测数据的解算效果比较理想，对于单站观测数据则难以胜任，为此，我们提出一种改进的联合求解方法。因为硬件延迟随时间变化缓慢，连续两日内的变化很小，所以在一天内可假设硬件延迟项为常数。

### 2.5.1 Kalman 滤波方法解算硬件延迟

Kalman 滤波方法是对随机信号进行估计的常用算法，只通过前一时刻估计值和最近时刻的观测值即可用状态方程和递推方法来对当前值进行估计，是以最小均方误差为准则的最佳线性估计。Kalman 滤波应用于电离层 TEC 和硬件延迟的反演问题，一般选用日地坐标系，将 VTEC 在测站天顶方向线性展开且仅保留一阶项，得到 Kalman 滤波方法中的观测方程为

$$\mathrm{STEC}_i^j = \frac{1}{\sin\chi}\left[a_i^j + b_i^j(\lambda_i^j - \lambda_0) + c_i^j(\varphi_i^j - \varphi_0)\right] + \Delta^j + v_i^j \tag{2-46}$$

式中，$(\lambda_i^j, \varphi_i^j)$ 表示在日地坐标系下卫星 $j$ 在历元时刻 $i$ 的 IPP 的经纬度坐标；$(\lambda_0, \varphi_0)$ 表示测站在日地坐标系下的经纬度坐标；$\Delta^j$ 表示卫星 $j$ 和接收机的硬件延迟和。待估计状态量为 $(a, b, c, \Delta)^{\mathrm{T}}$；符合随机游走过程，从而可写出 Kalman 滤波的状态方程为

$$\left.\begin{aligned}
a_i^j &= a_{i-1}^j + b_{i-1}^j(\varphi_i^j - \varphi_{i-1}^j) + c_{i-1}^j(\lambda_i^j - \lambda_{i-1}^j) + \omega_{i-1}^{j,a} \\
b_i^j &= b_{i-1}^j + \omega_{i-1}^{j,b} \\
c_i^j &= c_{i-1}^j + \omega_{i-1}^{j,c} \\
\Delta_i^j &= \Delta_{i-1}^j + \omega_{i-1}^{j,\Delta}
\end{aligned}\right\} \tag{2-47}$$

系统状态方程和观测方程写成矩阵形式为

$$\left.\begin{aligned} \boldsymbol{X}_i &= \boldsymbol{A}\cdot\boldsymbol{X}_{i-1}+\boldsymbol{W}_{i-1} \\ \boldsymbol{Y}_i &= \boldsymbol{C}\cdot\boldsymbol{X}_i+\boldsymbol{V}_i \end{aligned}\right\} \tag{2-48}$$

式中

$$\boldsymbol{A}=\begin{bmatrix} 1 & \lambda_i^j-\lambda_{i-1}^j & \varphi_i^j-\varphi_{i-1}^j & \\ & 1 & & \\ & & 1 & \\ & & & 1 \end{bmatrix}$$

$$\boldsymbol{C}=(\frac{1}{\sin\chi_i^j},\frac{\lambda_i^j-\lambda_0}{\sin\chi_i^j},\frac{\varphi_i^j-\varphi_0}{\sin\chi_i^j},1)$$

$$\boldsymbol{Y}_i=\mathrm{STEC}_i^j$$

$$\boldsymbol{X}_i=(a_i^j,b_i^j,c_i^j,\Delta_i^j)^{\mathrm{T}}$$

如果记动态噪声协方差矩阵为 $\mathrm{var}[\boldsymbol{W}_i]=\boldsymbol{Q}_i$，观测噪声协方差矩阵记为 $\mathrm{var}[\boldsymbol{V}_i]=\boldsymbol{R}_i$，求解过程中需先对 $\boldsymbol{Q}_i$、$\boldsymbol{R}_i$ 进行合理估计，然后按表2-2所示Kalman滤波算法进行迭代计算。

**表2-2　Kalman滤波算法**

| | |
|---|---|
| 递推公式 | $\boldsymbol{X}_i=\boldsymbol{A}_i\boldsymbol{X}_{i-1}+\boldsymbol{H}_i(\boldsymbol{Y}_i-\boldsymbol{C}_i\boldsymbol{A}_i\boldsymbol{X}_{i-1})$ |
| 增益方程 | $\boldsymbol{H}_i=\boldsymbol{P}'_i\boldsymbol{C}_i^{\mathrm{T}}(\boldsymbol{C}_i\boldsymbol{P}'_i\boldsymbol{C}_i^{\mathrm{T}}+\boldsymbol{R}_i)^{-1}$ |
| 均方误差阵 | $\boldsymbol{P}'_i=\boldsymbol{A}_i\boldsymbol{P}_{i-1}\boldsymbol{A}_i^{\mathrm{T}}+\boldsymbol{Q}_{i-1}$<br>$\boldsymbol{P}_i=(\boldsymbol{I}-\boldsymbol{H}_i\boldsymbol{C}_i)\boldsymbol{P}'_i$ |

对系统噪声和测量噪声进行估计，假设两种噪声均为随机白噪声，对实际观测数据观察发现，除去剧烈的扰动，电离层在60 s内的变化量不超过0.5 TECU，电离层水平面内局域变化远小于垂直向变化，另外硬件延迟在短时间内的变化很小，NovAtel公司的TEC标定技术文档[23]亦建议3～5 d标定一次即可得到比较准确的TEC，因此，考虑实际情况，系统噪声的协方差阵可取为 $\boldsymbol{Q}_i=\mathrm{diag}(0.25,0.05,0.05,0.05)$。文献[3]表明伪距解算出的原始TEC的随机误差一般在2.69 TECU，经过载波平滑伪距以及滤波平滑技术，随机误差可被大大降低，可以设定测量噪声协方差 $R_i=5$。实际计算时还需确定系统状态初值 $\boldsymbol{X}_0$ 以及初始估计误差阵 $\boldsymbol{P}_0$。多次计算发现，硬件延迟的初值以及其噪声协方差阵是影响解算结果的主要因素，如图2-16(a)所示，初值简单取 $\boldsymbol{0}$，迭代进行4 d依然得不到可靠的解。另外，理论上硬件延迟随时间的变化不受电离层日变化的影响，如图2-16(a)中 $\Delta$ 的迭代结果严重依赖电离层的日变化，说明噪声协方差估计过大，而 $\Delta$ 的值最大不会超过观测TEC序列的最小值，因此，取初值为此最小值可以使Kalman滤波在相对短时间内得到较理想结果[见图2-16(b)]。

文献[24]选择了局域电离层球谐函数模型作为系统模型，然后基于Kalman滤波算法求硬件延迟，同样的，噪声协方差以及迭代初值的选择是方法存在的制约性问题。对 $\Delta$ 的初值选取为原始TEC序列的最小值，使得初值较接近真值，一般在当地时间凌晨4:00—6:00时电离层水平在3～5 TECU[24]，因此，也可取此间适当的一个值与凌晨观测值的差作为迭代初值。总的来说，该方法中参数的确定只能结合先验知识进行估计，并多次实验确定，目前尚无其他较好的方法确定参数。但是，这种方法的实时性在反映硬件延迟的短期突变时具有优势。

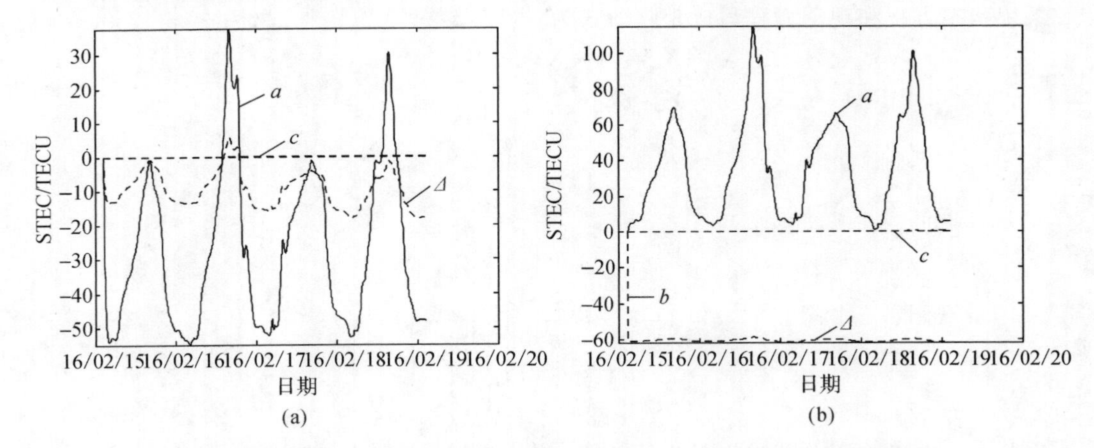


图 2-16　不同初值条件及噪声协方差下 BDS 1 号卫星 Kalman 解算结果

(a)$\boldsymbol{X}_0=\boldsymbol{0}$，var(Δ)=0.05；(b)$\boldsymbol{X}_0=(0,0,0,\min)^{\mathrm{T}}$，var(Δ)=0.005；

### 2.5.2　模式拟合方法解算硬件延迟

通常所用的局域电离层模型主要有低阶球谐函数模型[25]、多项式拟合模型[26]和三角级数拟合模型[27]等。

1. 低阶球谐函数模型

低阶球谐函数模型为

$$\mathrm{VTEC}(\varphi,\lambda)=\sum_{n=0}^{n\mathrm{MAX}}\sum_{m=0}^{n}\widetilde{P}_n^m(\sin\varphi)[C_n^m\cos(m\lambda)+S_n^m\sin(m\lambda)] \tag{2-49}$$

式中，$\lambda$，$\varphi$ 分别表征 IPP 的地磁经纬度弧度值；$n$，$m$ 分别表征伴随 Legendre 多项式的阶和次，在局域模型中阶次一般取到 5 左右即可；$C_n^m$，$S_n^m$ 均为待定的展开系数；$\widetilde{P}_n^m$ 为标准化的伴随 Legendre 方程，标准化因子为$(-1)^m\sqrt{(2n+1)(n-m)!\ /(n+m)!}$。

2. 多项式拟合模型

电离层的多项式拟合是通过将 VTEC 视为纬度差 $\varphi-\varphi_0$ 和太阳时角差 $S-S_0$ 的函数，则有

$$\mathrm{VTEC}=\sum_{i=0}^{n}\sum_{j=0}^{m}E_{ij}\ (\varphi-\varphi_0)^i\ (S-S_0)^j \tag{2-50}$$

式中，$(\lambda_0,\varphi_0)$表示测站中心地理经纬度；$S_0$ 表示测区中心在测区时段中间时刻 $t_0$ 的太阳时角；$S-S_0=(\lambda-\lambda_0)+(t-t_0)$；$\lambda$ 为 IPP 的地理经度；$t$ 为观测数据时刻；$n$，$m$ 为展开阶数，一般在区域模型中 $n$ 取 1～2，$m$ 取 3～4 即可。

3. 三角级数拟合模型

电离层具有日、月、季、年、11 年等时间周期变化特点，电离层 TEC 周日变化特点大致为：白天随地方时的变化呈近似余弦形，一般在 15:00 左右达到峰值，夜晚则趋于平稳且值相对较小。由这一变化特点，可将 VTEC 表示为

$$\mathrm{VTEC}=A_1+\sum_{i=1}^{n}B_i\varphi_m^i+\sum_{i=1}^{m}C_ih^i+\sum_{i=1}^{n}\sum_{j=1}^{m}D_{i,j}\varphi_m^ih^j+\sum_{i=1}^{k}[E_i\cos(ih)+F_i\sin(ih)] \tag{2-51}$$

式中，$h=2\pi(t-15)/T$，$T=24$，$t$ 为穿刺点的地方时；$A_1$ 表示与地方时和纬度以外因素有关的综合变化；$\sum_{i=1}^{n} B_i\varphi_m^i$ 为仅依赖于纬度的变化项；$\sum_{i=1}^{m} C_i h^i$ 为仅依赖于地方时的变化项；$\sum_{i=1}^{n}\sum_{j=1}^{m} D_{i,j}\varphi_m^i h^j$ 为依赖于纬度及地方时的综合变化项；$\sum_{i=1}^{k}[E_i\cos(ih)+F_i\sin(ih)]$ 为依赖于地方时的周期变化影响项，$\varphi_m=\varphi_i+0.064\cos(\lambda_i-1.617)$，$(\varphi_i,\lambda_i)$ 为穿刺点的纬经度。

模式拟合方法是利用某历元时刻若干颗卫星的观测数据将测区内的电离层用一个曲面来拟合。卫星观测数据越多，拟合的模型参数越准确，从而解算的硬件延迟也越接近实际值。然而，对于单站观测而言，数据越多要求观测时间区间越长，时间区间长就不满足电离层变化不明显的假设，因此，需要合理选择时间窗长。IGS 电离层分析中心提供每 2 h 进行更新的大尺度模式参数，中国科学院地质与地球物理研究所 IGGCAS 利用多站数据开发的中国区域电离层现报每 15 min 进行更新，我们考虑到单站数据量少，故选用 1 h 间隔的观测数据进行拟合。研究表明，电离层平静期拟合的结果更准确[28]，图 2-17 所示为分别利用 BDS1 号卫星在当地时间凌晨(平静期)和中午(非平静期)的数据进行拟合校正的结果。对电离层 TEC 序列分析可知，在地方时 4:00-6:00 期间电子密度最低，因此，用这段时间的数据解算的结果更为可靠。3 种模式解算出的卫星对应的组合硬件延迟与长时间 Kalman 滤波结果对比如图 2-18 所示，由图可知，3 种常用模式解算结果总体一致，但是相互之间还是有差别的。在本书选定的模型阶数的情况下，多项式的结果较大，低阶球谐函数的结果较小，因此，在用这类方法解算时，选用能准确表示局域电离层的模型是准确解算的保证，而这一点又需要以长期的观测分析为基础。

接收机每天可以接受 42 颗卫星(GPS30+BDS12，高度截止角为 25°)数据，但是注意到因卫星的周期不同，同一时刻在接收机上空仅能看到几颗卫星，如图 2-19 所示，从而可知模式拟合方法不能在满足准确性的情况下求解出所有卫星对应的延迟。

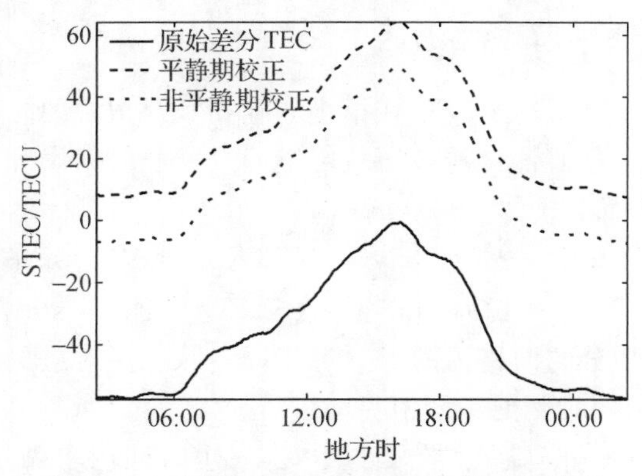


图 2-17 不同时间段进行 TEC 校正的结果

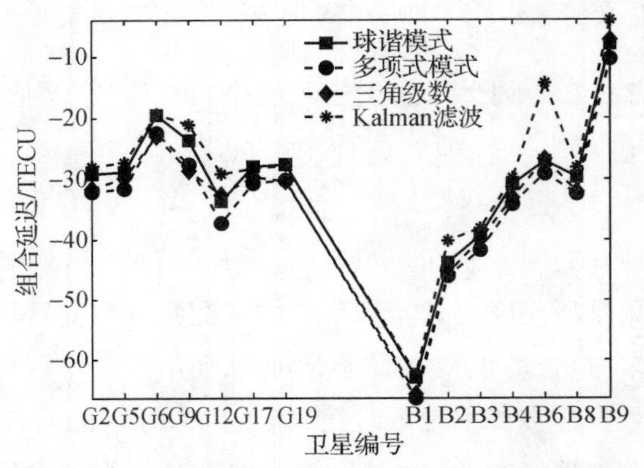

图 2-18　三种模式拟合方法及 Kalman 滤波解算结果

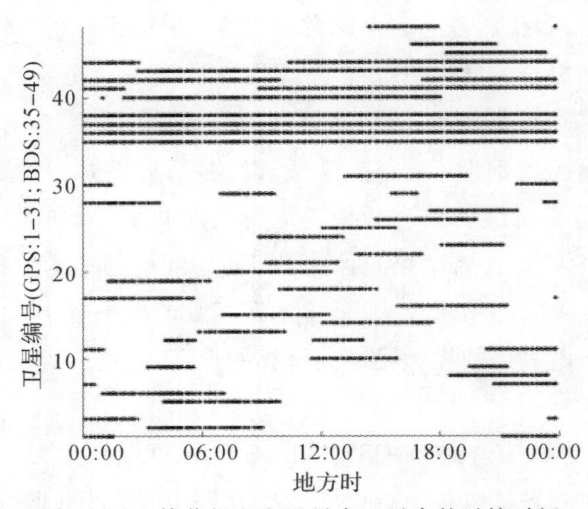

图 2-19　接收机上空卫星在一天内的过境时间

### 2.5.3　网格划分法求解硬件延迟

网格划分的方法是基于电离层 TEC 在很小的空间域及很短的时间段内变化不大的特点，其基本思路是，将接收机上空观测区域按照一定空间尺度和时间尺度划分成若干网格，假设同一网格内 VTEC 相等，从而由式(2-20)可得

$$\left.\begin{aligned}(\mathrm{STEC}_i^j-\Delta^j)\cdot\sin\chi_i^j&=(\mathrm{STEC}_k^j-\Delta^j)\cdot\sin\chi_k^j\\(\mathrm{STEC}_i^j-\Delta_i^j)\cdot\sin\chi_i^j&=(\mathrm{STEC}_i^k-\Delta_i^k)\cdot\sin\chi_i^k\end{aligned}\right\}\tag{2-52}$$

式(2-52)中的上式表示划分的网格内的 IPP 源于同一颗卫星对应的不同时刻，下式表示落在相同网格内的 IPP 源于相同时刻的不同卫星。

网格法的核心是网格内电离层背景几乎不变，在短时间内单站卫星数据是很稀疏的，因此，在空间小尺度划分的一个网格内的穿刺点，必然是同一卫星不同时刻对应不同的穿刺点，所以解算时需选用式(2-52)中的上式。我们提出单颗卫星数据的滑动网格算法，先对被跟踪的单颗卫星数据进行筛选，选择连续跟踪 20 min 以上，以避免锁定初期的不稳定。滑动时间窗取 1 h，经纬度网格划分为 0.2°×0.2°。这里网格内数据的持续时间远小于时间窗长。实际反演解算过程中容易出现方程组系数奇异或近奇异的情况，解算中采用了 Tikhonov - Gauss 正则化方法对系数方程进行改善[29]。

单颗卫星数据的滑动网格算法实际解算效果并不好，得到的延迟序列波动很大，图 2 - 20 所示为 GPS30 星 TEC 数据用滑动网格法得到的延迟序列，可以看出波动很大且无规律可循，因此，无法通过筛选或平均来确定延迟的最终计算结果。分析认为，有两个原因导致了这种大的波动性：一个是高度角的变化小，特别是卫星运行轨迹与卫星和接收机连线接近垂直时，两个历元时刻的高度角几乎不变，但实际穿刺点不同使得 TEC 值变化明显，从而产生几乎不能改善的奇异，导致了计算结果的波动很大；另一个是受电离层日变化明显的时间段之影响，正常应随高度角增加而减小的 TEC 值反而增加。由此可知，空间小尺度网格法不适合于单站数据，因为单站小尺度网格内只有一颗卫星数据，而单一卫星数据无法确定电离层背景，故小尺度网格较适合多站数据的解算，多站数据密集，对应划分的网格内有多颗卫星的数据可以对电离层背景施加有效约束，从而避免这种大的波动。

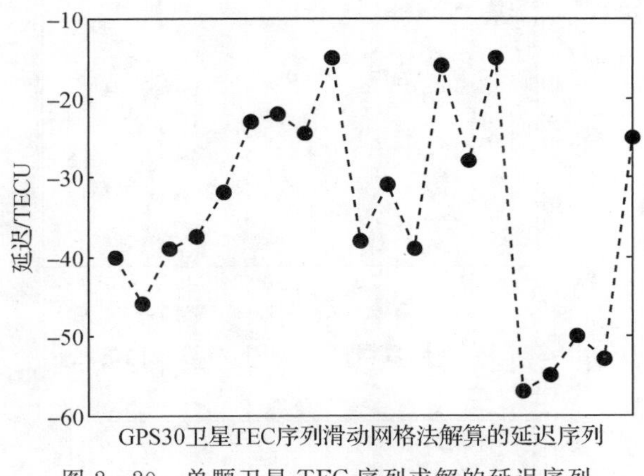


图 2 - 20　单颗卫星 TEC 序列求解的延迟序列

将网格空间尺度限制放大，同时时间尺度缩小，即对应一种针对单站 GNSS 数据的卫星和接收机硬件延迟解算方法——自适应网格法（Self - Calibration Of Range Error, SCORE）[30]。SCORE 通过施加一致性约束来解算硬件延迟项，这种一致性用数学表示即为求变量 $E$ 的极小值，$E$ 构造如下：

$$E=\frac{1}{2}\sum_{\alpha}\sum_{i}\sum_{\beta\neq\alpha}\sum_{j}W_{\alpha i,\beta j}(\mathrm{VTEC}_{\alpha i}-\mathrm{VTEC}_{\beta j}) \tag{2-53}$$

$$W_{\alpha i,\beta j}=\exp\left[-\left(\frac{\lambda_{\alpha i}-\lambda_{\beta j}}{\Delta\lambda}\right)^{2}\right]\exp\left[-\left(\frac{\varphi_{\alpha i}-\varphi_{\beta j}}{\Delta\varphi}\right)^{2}\right]\exp\left[-\left(\frac{T_{\alpha i}-T_{\beta j}}{\Delta T}\right)^{2}\right]\sin(\varepsilon_{\alpha i})^{\eta}\sin(\varepsilon_{\beta j})^{\eta} \tag{2-54}$$

式中，$\alpha,\beta$ 为卫星编号；$i,j$ 为测量值序号；$\lambda,\varphi$ 分别为穿刺点经纬度；$\varepsilon_{(\cdot)}$ 为高度角；$\eta$ 定义了高度角权重的阶；$\Delta\theta$、$\Delta\varphi$ 和 $\Delta T$ 分别为经、纬度间隔和时间间隔。对 $E$ 很难理论上求最小值，通常将电离层按地方时和经纬度划分为 0.1 h×0.5°×0.5°的网格，对每一个有多于一颗卫星数据的网格，得到式（2 - 52）中第二式的一个方程，综合一天的观测数据可得线性超定方程组为

$$\begin{bmatrix} \sin\chi_i^k & \cdots & -\sin\chi_i^l & 0 \\ \vdots & & \vdots & \vdots \\ \sin\chi_j^k & \cdots & 0 & -\sin\chi_j^m \end{bmatrix} \cdot \begin{bmatrix} \Delta_k \\ \vdots \\ \Delta_l \\ \vdots \\ \Delta_m \end{bmatrix} = \begin{bmatrix} \mathrm{STEC}_i^k \cdot \sin\chi_i^k - \mathrm{STEC}_i^l \cdot \sin\chi_i^l \\ \vdots \\ \mathrm{STEC}_j^k \cdot \sin\chi_j^k - \mathrm{STEC}_j^m \cdot \sin\chi_j^m \end{bmatrix} \tag{2-55}$$

用最小二乘法求解式(2-55),即得到一天内各卫星的硬件延迟。然而,此方法联立所有卫星数据求解,会在星数过多时因约束太强而求解不准。如图 2-21 所示,把 GPS 和 BDS 系统联合求解的硬件延迟,比两系统分别求解得到的硬件延迟小。另外,此方法联立了电离层平静期和非平静期的数据,非平静期短时间剧烈变化也会使得求解结果偏小,图 2-22 所示为去掉延迟之后的斜 TEC 仍有小于零值的情况,说明硬件延迟没有被完全减去。

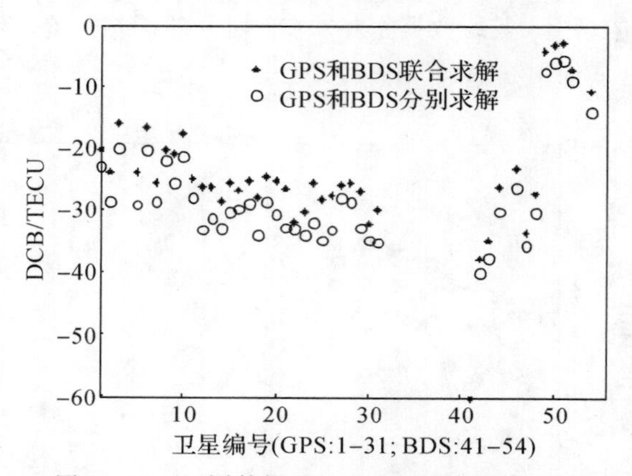


图 2-21 不同数据量 SCORE 解算硬件延迟

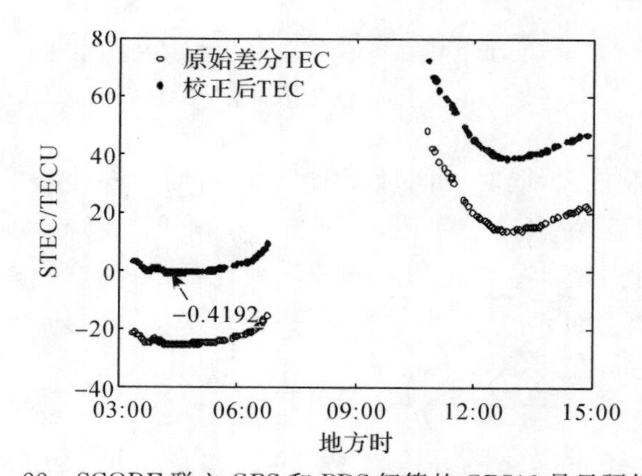


图 2-22 SCORE 联立 GPS 和 BDS 解算的 GPS12 号星硬件延迟

## 2.5.4 改进的单站数据求解硬件延迟方法

由前所述,利用在凌晨电离层比较平静时的观测数据解算出的硬件延迟较为可靠。对于单站而言,仅利用凌晨数据无法解算出全部卫星对应的硬件延迟,同时解算出所有卫星硬件延迟的 SCORE 方法没有充分利用凌晨观测数据,解算出的硬件延迟偏小于真实的硬件延迟。为此,提出一种改进的联合算法,分为两步解算:第一步利用模式拟合方法解算出凌晨时间过境卫星的硬件延迟;第二步同SCORE方法,将一天的电离层数据按照经纬度和地方时以一定的间隔划分为立方体网格,与SCORE法不同,这里不是联立所有网格得到一个很大的超定线性方程组求解,而是对每一个网格内数据按照式(2-53)~(2-55)进行单独求解。划分的每个网格内含有的数据是比较少的,不能保证都能进行求解,比如,网格内的数据都是同一颗卫星的数据时就无法求解,把这样的网格舍弃。可以进行求解的网格,因为卫星数比较少,也不能充分确定电离层背景,所以,这里每个网格内单独计算的延迟值只是卫星间的相对值。对所有满足要求的网格进行计算,可以得到一系列不同卫星间的相对值。根据第一步用电离层平静期解算的若干颗卫星对应的绝对硬件延迟和这些不同卫星间的相对值,可以确定所有卫星的硬件延迟。由于一颗卫星可能跟不同的卫星在不同的时间点确定有硬件延迟的相对关系,因此,一颗卫星会由此得到不同的值。一般来说,这些值会在某一水平波动,但其中也会因电离层不均匀的剧烈变化而出现比较异常的值(见图2-23和图2-24中直线外的部分),需要将其剔除后取延迟的均值作为绝对延迟水平。

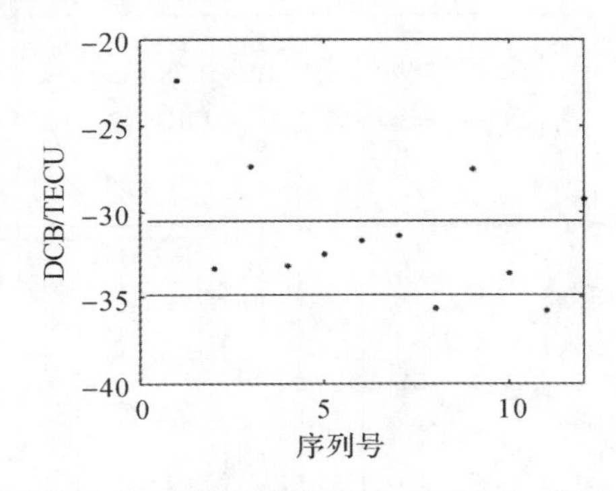


图2-23 由系列相对值得到的GPS12的延迟

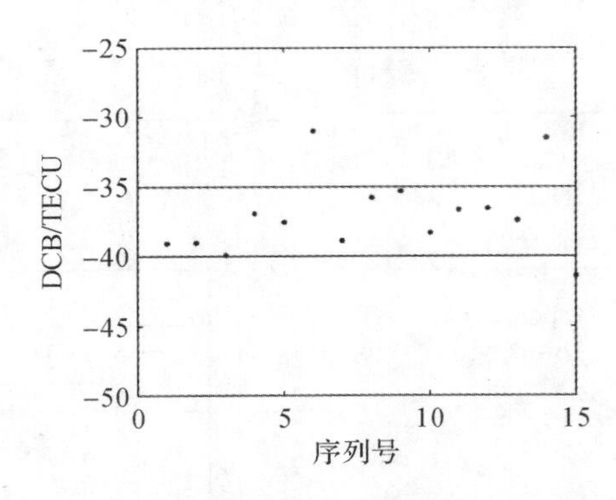


图2-24 由系列相对值得到的BDS7的延迟

对用改进的方法的求解结果与SCORE方法的求解结果进行对比,如图2-25所示,图中星形为改进的方法求得的硬件延迟,菱形标记线为利用局域球谐函数(Spherical Harmonic Function, SHF)拟合凌晨TEC数据得到的硬件延迟。由两种方法解算的结果进行对比可以看出,我们提出的改进联合求解方法解算的延迟比SCORE法解算结果更接近用局域模式拟合法对凌晨观测数据求解得到的延迟值,有理由相信其去延迟改正更充分,结果也更接近真实值。进一步,利用我们在福建地区放置的相距20 km的两接收机TEC数据(两接收机对同一卫星同一时刻的穿刺点经纬度在 0.2°×0.2°网格内，因此，两接收机接收的同一卫星信号得到的 TEC 水平在相同时刻一般应无大的差别）分别采用改进的联合解算方法解算各自对应的硬件延迟，然后对 TEC 数据去延迟标定，对两站数据的标定结果如图 2-26 所示。可以看出，标定比较充分且两站标定后数据一致。由此可见，这种方法是有效的。

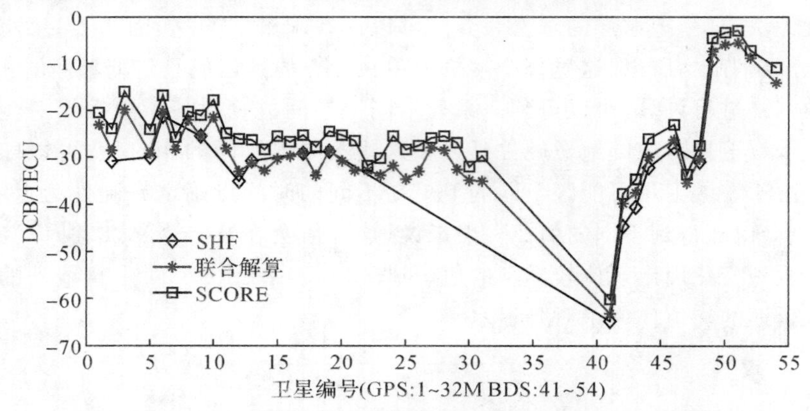


图 2-25　改进的联合解算法与 SCORE 解算结果对比

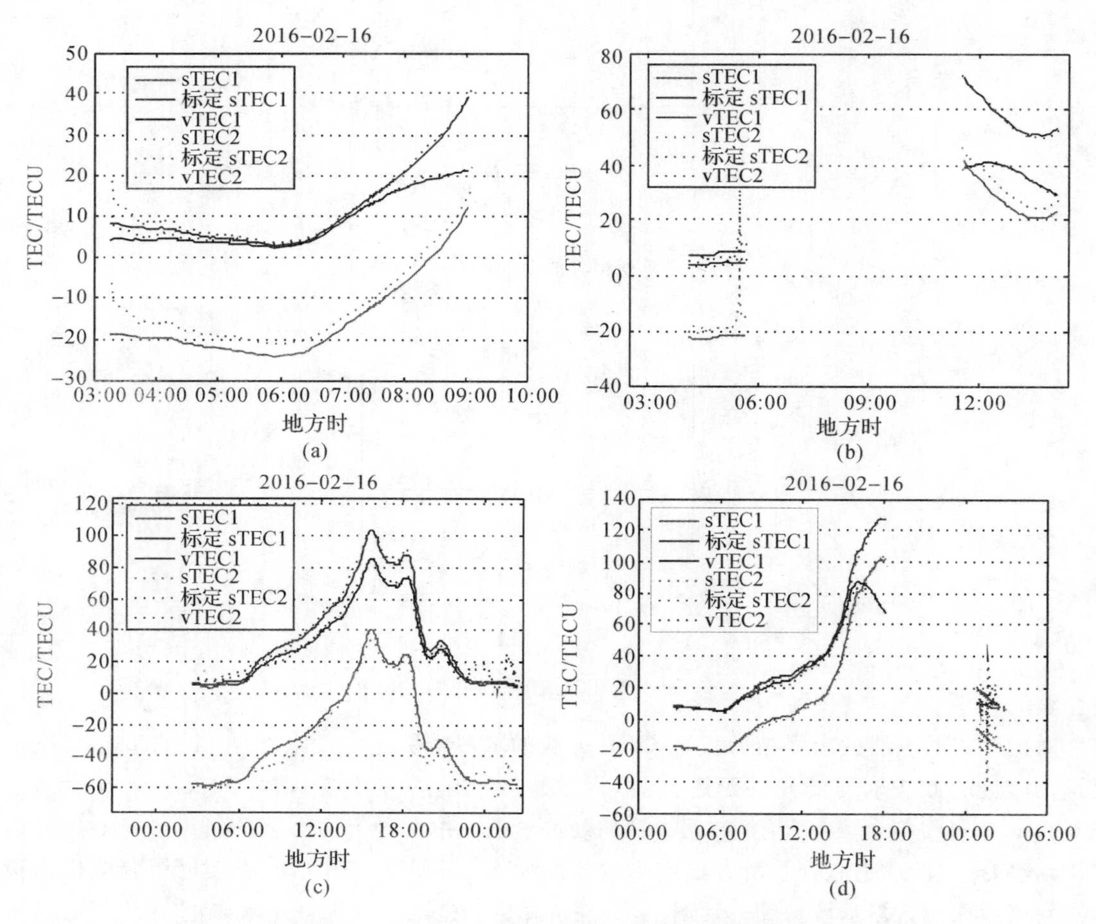


图 2-26　改进方法对短基线同型号两接收机 TEC 数据去延迟标定比对举例

(a)GPS 2 号星；(b)GPS 12 号星；(c)BDS 1 号星；(d)BDS 6 号星

（彩图见彩插图 2-26）

## 2.6 本章小结

本章主要对 GNSS 测量电离层的方法以及测量过程中包含的误差进行了详细分析，并提出了周跳检测、硬件延迟解算等降低误差项影响的预处理方法。对于 GNSS 载频观测量差分解算 TEC 而言，与载频无关的误差项可以通过差分消去，而与载频有关的多路径误差以及随机背景噪声也可通过相应的处理技术及数据预处理措施减小到较低水平，唯有硬件延迟成为解算 TEC 过程中的主要误差项。

要利用载波相位实现 TEC 的高精度计算，在载波相位测量中必须进行周跳检测，并对周跳进行处理。详细分析了 G－F 组合和 M－W 组合两种组合检测方法，综合两种组合对实际观测数据进行了周跳检测，结果表明，两种方法的综合可以互补，从而有效地对连续周跳、小周跳、两种频率特殊周跳组合进行检测。针对 G－F 组合的虚检问题和 M－W 组合不能检测小周跳的问题，提出了基于 TEC 变化率指数的自适应阈值周跳检测方法，改善了电离层残差造成的 G－F 组合虚检问题，提高了 M－W 组合的小周跳检测能力。

利用实际观测数据，详细分析了现有解算硬件延迟方法对单站观测数据硬件延迟的解算性能。分析表明：①因为单站数据稀少，现有的解算方法都有一定的局限性，Kalman 滤波方法对噪声协方差以及测量协方差的估计比较敏感，一般需要很长时间才能得到比较好的校正效果；②区域拟合方法只能比较准确地解算所有在凌晨锁定的卫星；③基于网格划分的 SCORE 方法易受电离层峰值时间段电离层剧烈变化的影响。

在分析现有硬件延迟解算方法的基础上，基于电离层平静期球谐函数拟合与 SCORE 两种方法，提出一种改进的联合算法，对近距离同型号接收机同步观测数据分别进行解算校正，结果对比验证了该方法能够有效地解算单站情况下的硬件延迟。

## 参考文献

[1] 程征伟，史建魁. 电离层的探测方法比较[C]//中国地球物理学会第二十届年会论文集. 北京：中国地球物理学会，2004：1.

[2] 丁宗华，代连东，董明玉，等. 非相干散射雷达进展：从传统体制到 EISCAT 3D[J]. 地球物理学进展，2014，29(5)：2376－2381.

[3] 章红平. 基于地基 GPS 的中国区域电离层监测与延迟改正研究[D]. 上海：中国科学院上海天文台，2006.

[4] 刘广军，郭晶，罗海英. GNSS 最优载波相位平滑伪距研究[J]. 飞行器测控学报，2015，34(2)：161－167.

[5] 李国主. 中国中低纬电离层闪烁监测、分析与应用研究[D]. 武汉：中国科学院武汉物理与数学研究所，2007.

[6] 武文俊，李志刚，杨旭海，等. 卫星双向时间频率传递中的 Sagnac 效应[J]. 宇航学报，2012，33(7)：936－941.

[7] TITHERIDGE J E. Determination of ionospheric electron content from the Faraday rotation of geostationary satellite signals[J]. Planetary & Space Science, 1972, 20(3):

353 -369.

[8] 王晓岚,马冠一.电离层高度对 GPS - TEC 反演影响研究[C]//第五届中国卫星导航学术年会论文集(S8 卫星导航模型与方法).北京:中国卫星导航学术年会组委会,2014:5.

[9] SCHAER S. Mapping and predicting the earth's ionosphere using the global positioning system[D]. Berne: University of Berne, 1999.

[10] 张东和,冯曼,郝永强,等.中国中低纬度地区 GPS 周跳季节依赖特点分析[J].中国科学(E 辑:技术科学),2008(7):1009 - 1015.

[11] 冯曼.中国低纬度地区 GPS 周跳现象统计分析[D].北京:北京大学,2007.

[12] 严新生,王一强,白征东,等.联合使用高次差法和 TurboEdit 法自动探测、修复周跳[J].测绘通报,2007(9):5 - 9.

[13] 林雪原.基于小波分析的载波相位双差周跳检测[J].兵工自动化,2009,28(11):42 - 45.

[14] 胡洪,高井祥,刘超,等.基于经验模态分解的周跳探测[J].测绘科学技术学报,2010,27(5):327 - 331.

[15] BLEWITT G. An automated editing algorihm for GPS data[J]. Geophys Res Lett, 1999, 17(2): 199 - 202.

[16] 王振杰,聂志喜,欧吉坤.一种基于 TurboEdit 改进的 GPS 双频观测值周跳探测方法[J].武汉大学学报,2014,39(9):1017 - 1021.

[17] 李慧茹.基于 Kalman 滤波的近实时电离层 TEC 监测与反演[D].西安:长安大学, 2013.

[18] 刘宁,熊永良,徐韶光.利用改进的 TurboEdit 算法与 Chebyshev 多项式探测与修复周跳[J].武汉大学学报(信息科学版),2014,39(9):1017 - 1021.

[19] 熊波.GPS 信标在电离层研究中的若干应用[D].武汉:中国科学院武汉物理与数学研究所,2006.

[20] MANNUCCI A J, WILSON B D, YUAN D N, et al. A global mapping technique for GPS - derived ionospheric total electron content measurements[J]. Radio science, 1998, 33(3): 565 - 582.

[21] 李强,冯曼,张东和,等.基于单站 GPS 数据的 GPS 系统硬件延迟估算方法及结果比较[J].北京大学学报(自然科学版),2008,44(1):149 - 156.

[22] MA X F, MARUYAMA T, MA G, et al. Determination of GPS receiver differential biases by neural network parameter estimation method[J]. Radio Science, 2005, 40:RS1002.

[23] NovAtel Inc. GPStation - 6 GISTM receiver TEC estimation and calibration technical note[OL].[2015 - 06 - 19]. http://www. novatel. com/support/search/items/Application Note.

[24] 耿长江,章红平,翟传润.应用 Kalman 滤波实时求解硬件延迟[J].武汉大学学报(信息科学版),2009,34(11):1309 - 1311.

[25] JIN R, JIN S, FENG G. M_DCB: Matlab code for estimating GNSS satellite and receiver differential code biases[J]. GPS solutions, 2012, 16(4): 541 - 548.

[26] 安家春,王泽民,屈小川,等.基于单站的硬件延迟求解方法[J].大地测量与地球动力学,

2010,30(2):86 - 90.

[27] 李明,李国主,宁百齐,等.基于三亚 VHF 雷达的场向不规则体观测研究:3.距离扩展流星尾迹回波[J].地球物理学报,2013,56(12):3969 - 3979.

[28] 李灵樨,张东和,郝永强,等.电离层周日变化对解算 GPS 硬件延迟稳定性的影响[J].空间科学学报,2015,35(2):143 - 151.

[29] 曾小牛.重磁位场转换中病态问题的正则化解法研究[D].西安:第二炮兵工程大学,2015.

[30] LIN F C, FIDDY M A. The Born - Rytov controversy: I. Comparing analytical and approximate expressions for the one - dimensional deterministic case[J]. Journal of the Optical Society of America A, 1992, 9(7):1102 - 1110.

# 第3章 电离层TEC时间序列分析

时间序列分析是从时间推移的角度研究动态数据变化特性的统计方法，本章将时间序列分析应用于电离层TEC的变化特性研究中，探究电离层TEC的精细结构和短期波形变化特点。

电离层周日变化属于短期的电离层天气变化，是电离层短期预测和空间天气预报研究的重要内容。大量的研究结果表明，电离层TEC存在重复性的周日变化规律，也存在很强的逐日变化[1]。每天的周日变化趋势相似，但是每天TEC的峰值和峰值附近的变化率都存在明显差异，这种逐日差异变化是TEC短期预测误差的主要来源。周日变化的研究方法多以统计分析为主，主要分析其均值特性随太阳活动、季节和地理位置等的变化，这对于TEC的精细结构分析和短期预测是远远不够的。本章从统计量分析的角度，分析TEC周日变化形态特征，包括TEC周日变化的偏态系数、峰度系数、白天的峰值特点以及夜间抖动等。基于TEC的逐日变化对电离层进行扰动检测，并分析TEC扰动与周日变化波形特点的对应关系。

电离层TEC时间序列是一种复杂的时间序列，其时域波形包含多种不同时间尺度的变化，而且经常受到太阳爆发、地磁扰动等外界因素的影响，发生扰动变化。为了深入和全面地理解TEC的变化特性，本章利用多分辨时频分析方法——HHT变换，分析TEC时间序列的时频特性和非平稳度，并利用样本熵分析了TEC时间序列的复杂性。

本章所用数据为第23太阳活动周、120°E子午线上的TEC测量值，时间分辨率为30 min。选择上升期1997年、峰值年2000年、下降期2004年的中纬度40°N和低纬度20°N的数据，用1月、4月、7月和10月分别代表冬、春、夏、秋四个季节。

## 3.1 TEC周日变化的高阶统计分析

电离层TEC的变化受太阳天顶角影响，与昼夜交替规律相符，具有日周期性，其周期接近于地球自转周期，呈现白天TEC大、夜间TEC小的周日变化规律。但是，由于电离层是一个复杂的开放系统，其自由电子的产生、损失和输运受到太阳、磁层和高层大气的影响，产生逐日变化，因此TEC的周日变化形态会随着太阳活动、季节、纬度等的变化而有所不同。

### 3.1.1 周日变化月均值及标准偏差特点

周日变化的月均值及相对于月均值的标准偏差如图3-1和图3-2所示，月均值衡量TEC变化的集中趋势，用$E_m$表示，标准偏差衡量TEC周日变化相对于月均值的离散程度，用STD表示。

由图3-1可以看出周日变化的一般规律性特点：

(1)TEC具有规律的周日特性，与地球自转周期接近，白天高，夜间低，最大峰值出现在下午15:00左右，最大谷值出现在凌晨4:00左右；

(2)TEC 值随着太阳活动性变化，在峰年 2000 年最高，1997 年为太阳活动上升期，其秋季峰值高于春季，2004 年为太阳活动下降期，其春季峰值高于秋季；

(3)低纬度 TEC 值高于中纬度，低纬度在春秋季节有明显的双峰，太阳活动峰年尤为明显，第二个峰出现在 22：00 左右，符合太阳活动高年日落后向上的 $\boldsymbol{E}\times\boldsymbol{B}$($\boldsymbol{E}$ 为电场强度，$\boldsymbol{B}$ 为磁感应强度)增强这一电动力学规律[2]；

(4)半年异常现象明显，春秋季节高于冬夏季节；

(5)低纬度区域冬季异常现象明显，而中纬度区域夏季略高于冬季；

(6)低纬度峰值出现时间滞后于中纬度，中纬度夏季变化较为平坦。

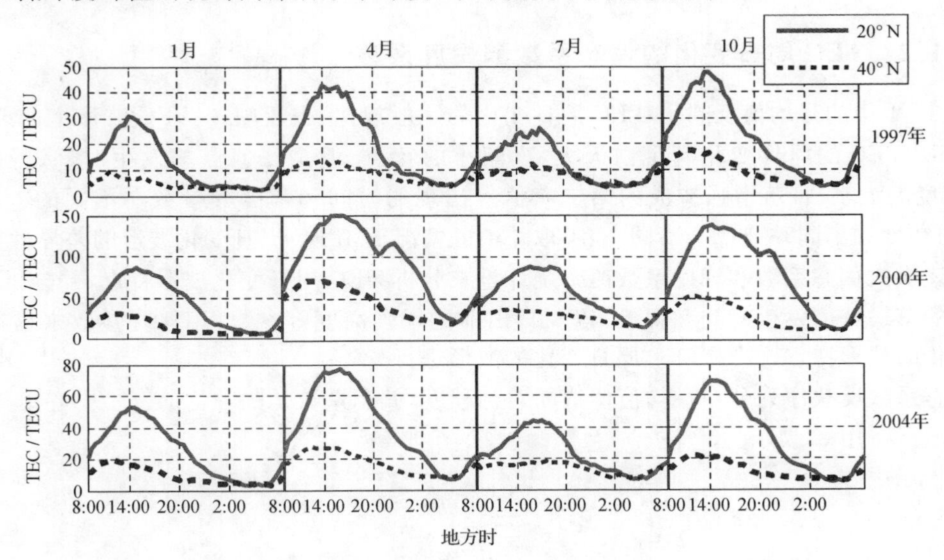


图 3－1　TEC 周日变化月均值 $E_m$

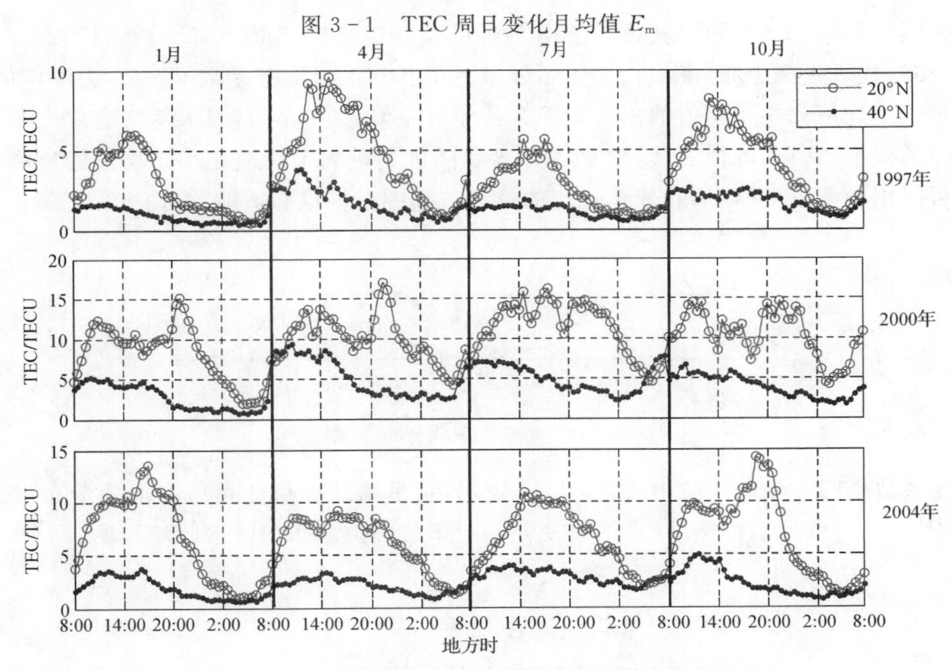


图 3－2　TEC 周日变化相对于月均值的标准偏差 STD

由图 3-2 可以看出：

(1)STD 具有明显的纬度效应，低纬度的 STD 比中纬度高，低纬度区域在太阳活动高年 2000 年和 2004 年的双峰现象明显，即存在日落增强现象，中纬度的 STD 变化较为平缓。

(2)STD 的太阳活动效应也明显，STD 值随着太阳活动性的增强而增大。

(3)STD 的半年异常特征随着太阳活动性的增强而减弱，1997 年的春秋季高于冬夏季，而 2000 年和 2004 年并不明显，这与月均值的季节变化特点差异较大，冬季异常现象也是如此。

可见，纬度背景值和太阳活动背景值仍然对 STD 有较大影响，而季节变化的背景值影响较小。

### 3.1.2 TEC 周日变化的偏态系数和峰度系数

图 3-1 中的月均值反映了 TEC 周日变化的一般规律，也反映了 TEC 波形上的差异性。总体来讲，TEC 的周日变化满足白天大、夜间小的特点，但是峰值点的发生时间、峰值点处 TEC 幅度的大小、日落增强造成的第二峰值点出现的时间和幅度等参数在不同的太阳活动期、不同纬度和不同季节都会不同，在不取均值的情况下，TEC 周日变化波形的差异性更大。

下述引入偏态系数和峰度系数两个统计量来分析 TEC 周日变化波形特点，并分析日落增强造成的第二峰值发生时间和幅度，以及日出前的增强高度等参数，用这些参数来描述 TEC 周日变化的波形特点，并对 TEC 周日变化的波形进行分类。

偏态系数反映序列分布在均值两边的对称程度，偏态系数是归一化的三阶中心矩，是相对量，没有量纲，用 $C_s$ 表示为

$$C_s = \frac{\sum_{i=1}^{n} (x_i - \bar{x})^3}{n\sigma^3} \tag{3-1}$$

式中，$x_i$ 为随机变量；$\bar{x}$ 为随机变量均值；$\sigma$ 为标准差。如图 3-3 所示，$C_s$ 分布以正态分布为参考，图中实线代表正态分布，虚线代表实际分布。正态分布的偏态系数 $C_s=0$，关于均值对称，随机变量大于均值和小于均值的概率相等。若峰值左偏，则 $C_s<0$，表示随机变量大于均值比小于均值的概率小。若峰值右偏，则 $C_s>0$，表示随机变量大于均值比小于均值的概率大。偏态系数可以用来衡量 TEC 周日变化峰值的位置。其中左偏也称负偏，右偏也称正偏。

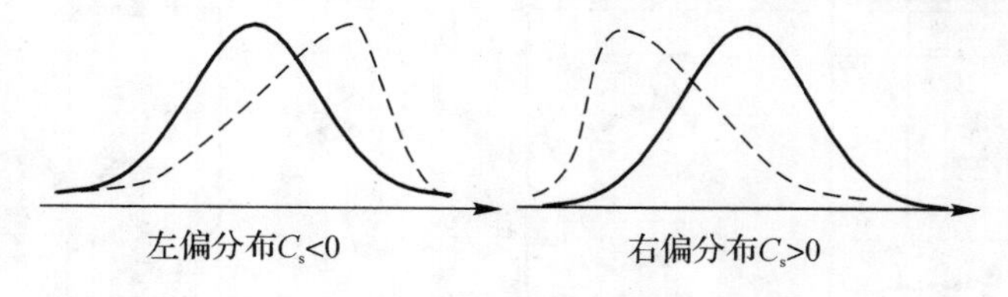


图 3-3　偏态系数 $C_s$ 分布示意图

峰度系数是归一化的 4 阶中心矩，用 $C_k$ 表示，它是描述随机变量所有取值分布形态陡缓程度的统计量，可以用来衡量 TEC 周日变化相对于月均值分布的峰值陡峭程度，则有

$$C_k = \frac{\sum_{i=1}^{n} (x_i - \bar{x})^4}{n\sigma^4} - 3 \tag{3-2}$$

同样以正态分布为参考，峰度系数 $C_k$ 分布如图 3-4 所示。$C_k=0$，实际分布与正态分布

的陡缓程度相同。$C_k<0$，实际分布比正态分布扁平，观测值的分散程度较大。$C_k>0$，实际分布比正态分布的高峰更加陡峭，呈现“尖峰厚尾”形态，即峰度更高，两端的尾部更厚。

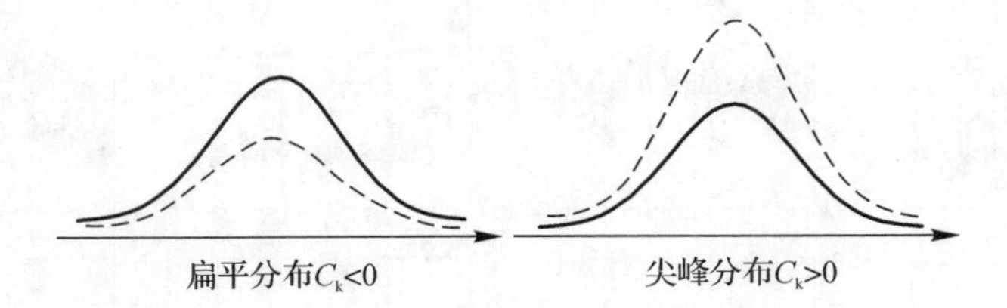


图3-4　峰度系数$C_k$分布示意图

将偏态系数和峰度系数结合，可以画出TEC周日变化的波形状态。图3-5和图3-6是偏态系数$C_s$和峰度系数$C_k$随季节、太阳活动性和纬度变化的结果。可以看出，去除了背景均值之后，$C_s$和$C_k$对季节、纬度和太阳活动等因素的影响不如均值明显，同时也说明了TEC周日化的波形变化复杂。

(1)中纬度的偏态系数$C_s$变化范围季节性明显，1月$0.5<C_s<1.5$，4月$-0.5<C_s<0.5$，7月$-1<C_s<1$，10月除了10月4日外$0<C_s<1$。这说明秋季和冬季的TEC正偏，而春季和夏季的TEC周日变化负偏。

(2)低纬度的偏态系数太阳活动性较为明显，除个别点外，1997年$0<C_s<1$，2000年$-0.5<C_s<0.5$，2004年$0<C_s<0.5$。太阳活动低年正偏，太阳活动高年负偏。

(3)总体上峰度系数$C_k<0$，TEC周日变化波形呈现扁平的形态。少数时段有尖峰$C_k>0$，1997年1月$C_k$在0值附近波动。

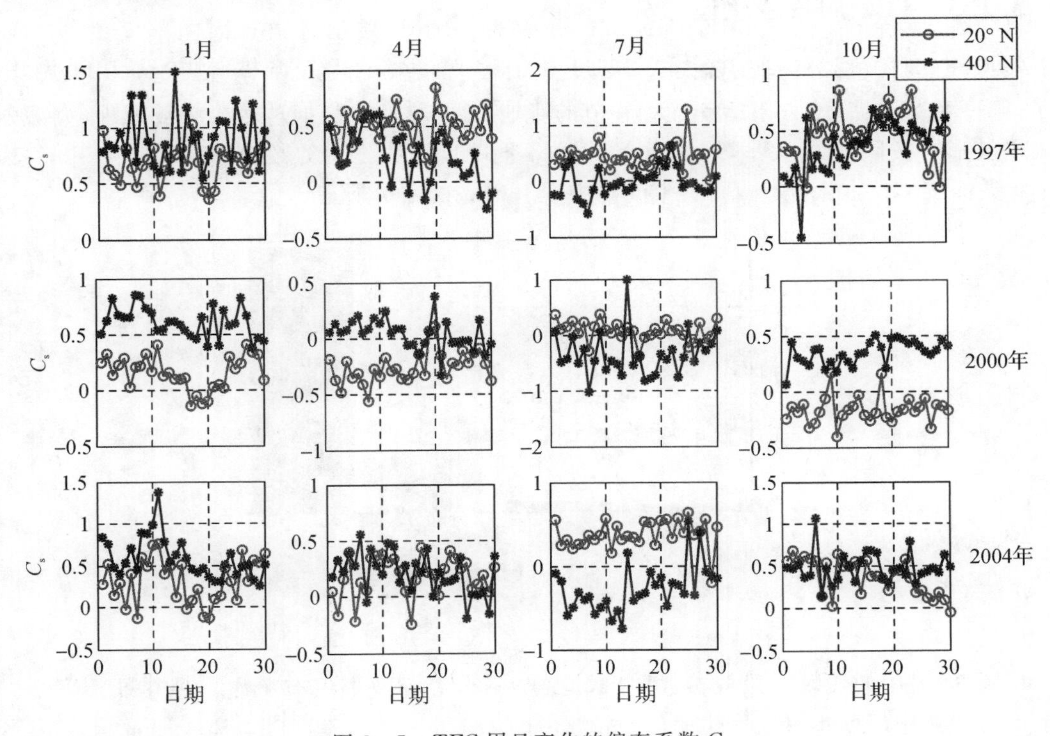


图3-5　TEC周日变化的偏态系数$C_s$

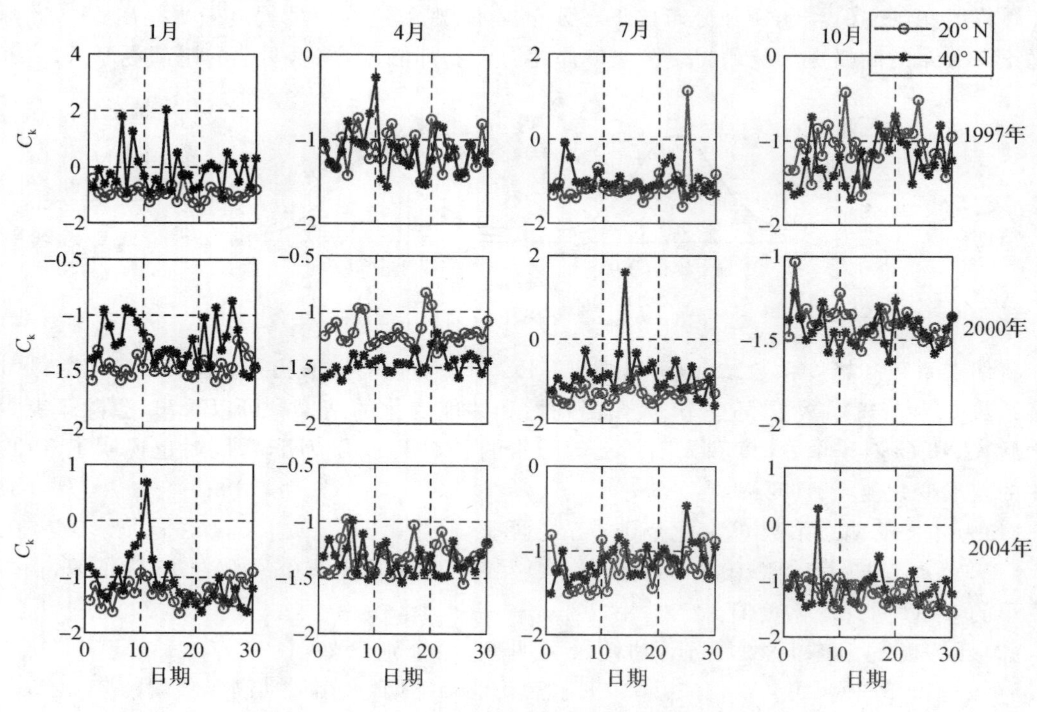


图 3-6 TEC 周日变化的峰度系数 $C_k$

### 3.1.3 TEC 周日变化波形分类

按照峰度将波形分为两类：① $C_k>0$，表示尖峰波形；② $C_k<0$，表示扁平波形。如图 3-6 所示，峰度系数受纬度、太阳活动性和季节的影响不明显，除少数时段为尖峰波形外，大部分均为扁平波形。按照 $C_k$ 的大小，统计图 3-6 中不同峰度系数出现的频数，如图 3-7 所示，其中 $C_k>0$ 尖峰波形仅占 1.94%，而扁平波形中 $C_k\leqslant-1$ 的情况所占比例最大，达到 77.9%。

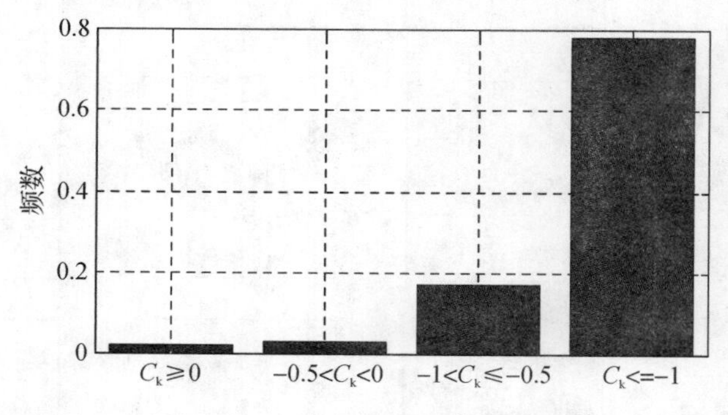


图 3-7 不同峰度波形出现频数

1. 尖峰波形

将图 3-6 中的尖峰时段各参数列出，见表 3-1，尖峰波形仅有 1 次出现在低纬度 20°N，其余均出现在中纬度 40°N，而且所有尖峰波形的偏态系数 $C_s>0$，因此均值以下的尾部拖尾现象明显。

表 3-1　尖峰波形参数

| 序　号 | 日　期 | 纬　度 | 均　值 | 偏态系数 $C_s$ | 峰度系数 $C_k$ |
|---|---|---|---|---|---|
| 1 | 1997-01-06 | 40°N | 3.99 | 1.29 | 1.76 |
| 2 | 1997-01-08 | 40°N | 4.35 | 1.29 | 1.25 |
| 3 | 1997-01-14 | 40°N | 4.49 | 1.49 | 2.03 |
| 4 | 1997-01-16 | 40°N | 4.48 | 1.18 | 0.51 |
| 5 | 1997-01-25 | 40°N | 3.98 | 1.23 | 0.49 |
| 6 | 1997-07-25 | 20°N | 14.14 | 1.26 | 1.14 |
| 7 | 2000-07-14 | 40°N | 25.56 | 0.99 | 1.58 |
| 8 | 2004-01-11 | 40°N | 8.31 | 1.37 | 0.66 |
| 9 | 2004-10-06 | 40°N | 10.89 | 1.07 | 0.27 |

与表 3-1 对应的 TEC 周日变化波形如图 3-8 所示，可以看出，虽然这些波形的 $C_s$ 与 $C_k$ 均大于 0，但是波形上还是有差别，要将其归类，还需要其他特征参数，这里选择波峰个数和日出增强高度作为分类标准。

(1)按大于均值的波峰个数分为单峰和多峰两类，其中单峰为 8 号波形，即 40°N，2004 年 1 月 11 日；其他为双峰或者多峰，但是最高峰出现的时间各不相同，其中 2、3、4、5、6、9 号波形的峰值时间基本一致，两个主峰时间分别为地方时 10:00 和 16:00 左右。

(2)按日出增强的高度分为高于或接近峰值和低于峰值两类，其中 7 号波形的日出增强接近于峰值，而 5 号波形的日出增强远高于峰值，其他低于峰值。

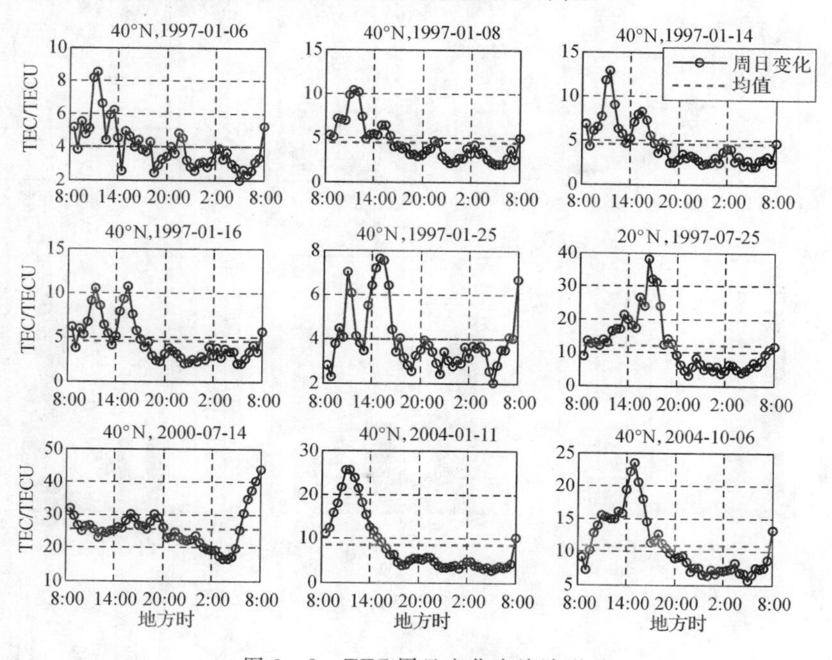


图 3-8　TEC 周日变化尖峰波形

2. 扁平波形

由于扁平波形所占比例较大，而且其中正偏和负偏波形均有，因此，对扁平波形，按照偏态系数的大小进一步分类。统计扁平波形中的不同偏度出现的频数如图 3-9 所示。

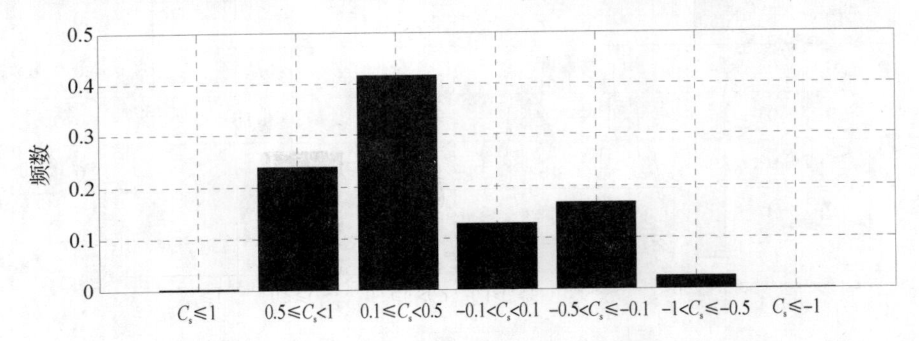


图 3-9 扁平波形中不同偏态系数的出现的频数

可见，偏态系数 $C_s$ 正偏的情况比负偏多，而且 $-1 < C_s < 1$ 的情况占 99.6%，仅有 2 次 $C_s > 1$，有 1 次 $C_s < -1$，其波形和对应的分布频数如图 3-10 所示。可见 TEC 周日变化的正偏波形在低于均值线以下出现的频数较高，夜间“尾巴”低而长，而负偏波形在高于均值线以上出现的频数较高，夜间“尾巴”高而短。该负偏波形还有一个特点是其日出增强较高，但这并不是所有负偏波形的特点。

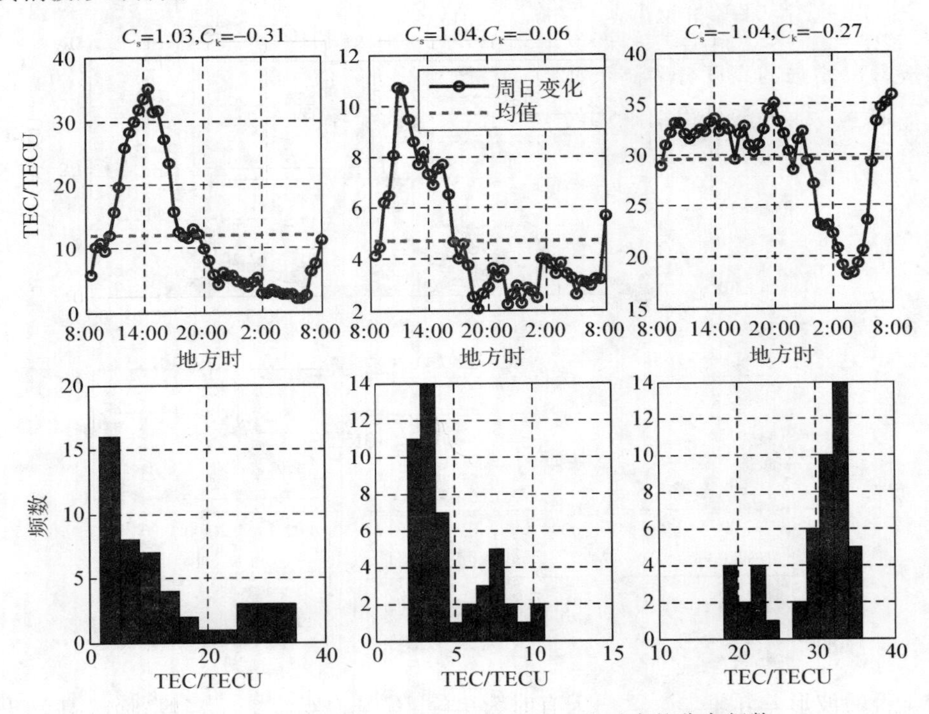


图 3-10 扁平波形($C_s > 1$ 和 $C_s < -1$)和对应的分布频数

现在对 $-1 < C_s < 1$ 的扁平波形进行分析，由于数量巨大，仅给出图 3-11 所示的 3 种情况。

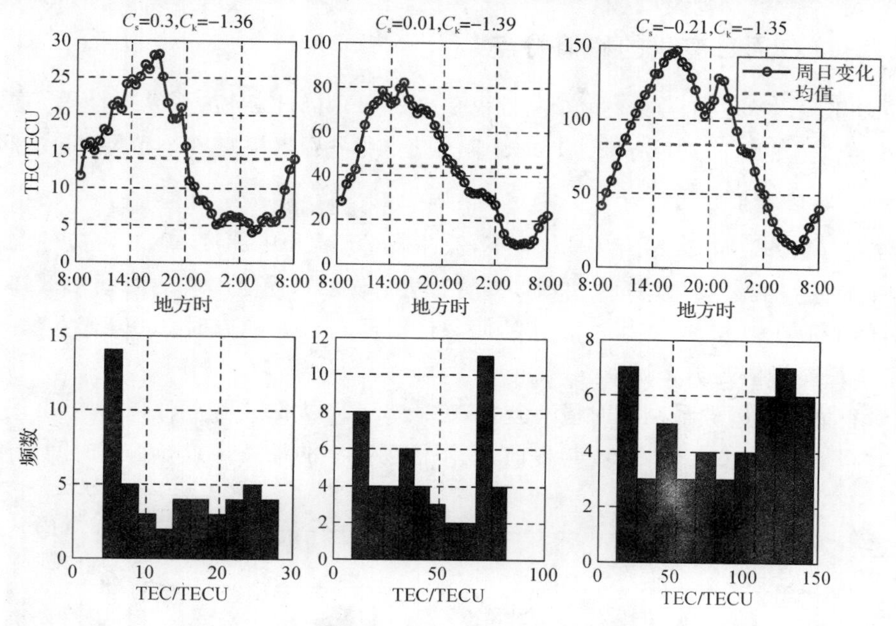


图3-11 扁平波形($-1<C_s<1$)和对应的分布频数

从图3-11可以看出，在$C_s$取0值附近时，拖尾负偏或者正偏的现象并不明显，日出增强较小，而日落增强较大，日落增强的时间在20:00前后。

从以上分析可以得出，偏态系数$C_s$和峰度系数$C_k$可以反映TEC周日变化的波形特点，本节按峰度将波形分为尖峰波形和扁平波形，对于扁平波形，又按照$C_s$的大小分为负偏和正偏(见图3-12)，其特点为：

(1)正偏越大，均值以下拖尾越严重，形成“上窄下宽”的形状；相对于尖峰波形的正偏均值以上稍宽；

(2)负偏越大，均值以下拖尾越少，均值以上所占时间宽度越大，形成“上宽下窄”的形状。

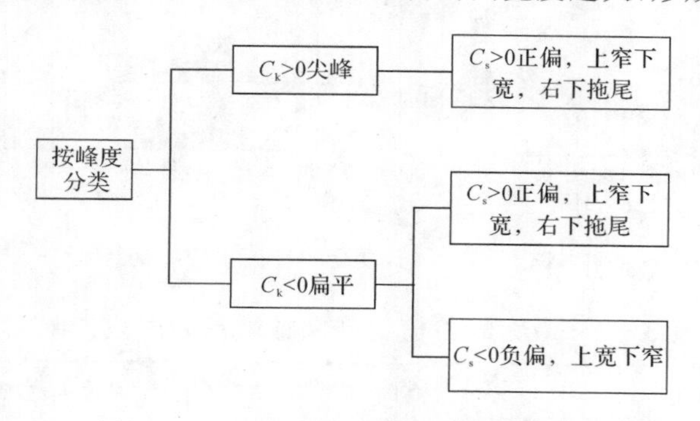


图3-12 TEC周日变化波形分类示意图

然而，$C_s$和$C_k$并不能完全描述TEC周日变化的波形特点，在实际数据中，即使$C_s$和$C_k$参数相近，所得的波形差异也较大。白天有时为单峰，有时为双峰或者多峰；而最高峰出现的时间又不同，有时在上午，有时在下午；夜间的波形并不是平场，也存在形态各异的抖动，陈志宇等研究了一段持续较长时间的夜间抖动现象，认为所观察到的夜间抖动可能为电离层不规则结构导致[2]。图3-8、图3-10和图3-11中均有明显的日出和日落增强现象。

### 3.1.4 TEC周日变化的峰值特点

由3.1.3节的讨论可知，复杂的峰值特性也是造成TEC周日变化波形复杂的一个重要因素，峰值的个数、峰值发生的时间是否有统计上的规律，或者与哪些因素相关，是本节要讨论的问题。

1. 最大峰谷值发生时间统计

分别统计了1997年、2000年和2004年，低纬度20°N和中纬度40°N对应的周日变化的最高峰值和最低谷值的发生时间，如图3-13所示，最大峰谷值出现的时间中低纬度基本一致，峰值时间一般在地方时12:00—16:00，而谷值时间一般在地方时3:00—6:00。季节特征不明显，夏季最高峰值延迟1 h。

最大峰谷值出现频数最高的时段有差别，见表3-2，以20°N为例，1997年出现频数最高的峰谷值时间均比2000年和2004年提前，太阳活动高年的最高频数峰谷值时间最晚。

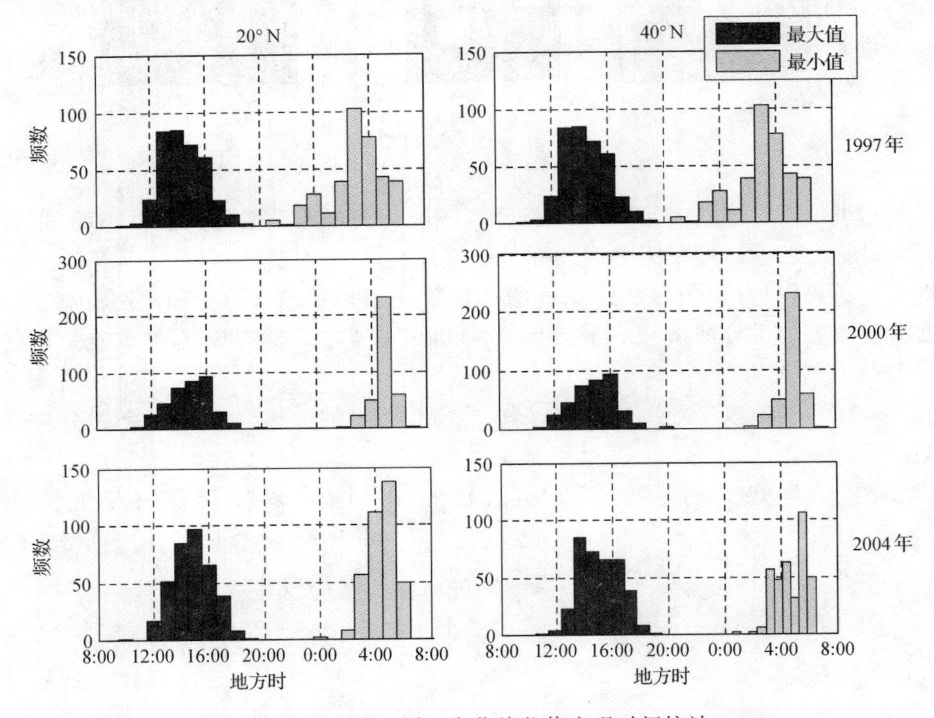


图3-13 TEC周日变化峰谷值出现时间统计

**表3-2 最大峰谷值出现频数最高的时段(20°N)**

| 年 份 | 峰值频数最高时段<br>(地方时12:00～16:00) | 谷值频数最高时段<br>(地方时3:00～6:00) |
|---|---|---|
| 1997 | 14:00 | 3:00 |
| 2000 | 16:00 | 5:00 |
| 2004 | 15:00 | 5:00 |

根据最大峰谷值出现的时段，初步设定统计白天波峰的统计时段截止为17:00，日落增强从17:00—22:00，而日出增强时段为3:00—8:00。

2. 白天峰值的特点

电离层的电子密度受到太阳辐射的调制，因此，TEC呈现白天大、夜间小的特点。分析可知，即使在偏态系数和峰度系数都相近的情况下，周日变化的波形也会呈现出不同的形态，TEC的波峰个数和峰值出现时间是造成白天波形差异的主要因素。

从峰值个数的统计结果来看(见表3-3)，在地方时10:00—17:00之间，相邻峰之间间隔为2 h，峰的高度不低于5 TECU。可以看出，单峰的出现比率高，(2000年7月，20°N)(2004年7月，40°N)(2004年7月，40°N)单峰比率为100%，双峰比率相对较高的是(2000年1月，40°N)，其中(1997年1月，40°N)(1997年7月，40°N)(2004年7月，40°N)的双峰比率高于单峰比率。总体来讲，20°N的双峰比率低于40°N，说明中纬度的波峰形态更为复杂；太阳活动高年2000年的单峰比率比太阳活动低年高，说明太阳活动低年的白天峰值形态更为复杂；春秋季节的单峰比率高于冬夏季节，说明春秋季节的白天峰值形态更为复杂。单峰比率与TEC的周日变化幅度正相关，周日变化幅度高的低纬度、太阳活动高年以及春秋季节单峰比率高，周日变化幅度低的中纬度、太阳活动低年以及冬夏季节的白天多峰，抖动较多。

**表3-3　峰值个数统计[单峰数(多峰数)]**

| 年份 | 1月 | | 4月 | | 7月 | | 10月 | |
|---|---|---|---|---|---|---|---|---|
| | 20°N | 40°N | 20°N | 40°N | 20°N | 40°N | 20°N | 40°N |
| 1997 | 26(4) | 10(20) | 24(6) | 18(12) | 18(12) | 11(19) | 25(5) | 15(15) |
| 2000 | 28(2) | 20(9) | 28(2) | 26(4) | 30(0) | 15(15) | 26(4) | 17(13) |
| 2004 | 28(2) | 22(8) | 28(2) | 20(10) | 24(6) | 13(17) | 29(1) | 20(10) |

与图3-13所示的最高峰值主要发生在下午12:00—17:00不同，考虑到白天TEC存在多峰和双峰的抖动情况，分布时间也比最高峰值时间分散。白天峰值发生时间统计如图3-14所示。可以看出，白天峰值发生时间主要分布在12:00以前和12:00以后两个阶段，将12:00以前的称为上午峰，12:00以后的称为下午峰。其分布的太阳活动依赖性不明显，但是对纬度和季节的依赖性较强。

(1)中纬度40°N的上午峰发生频率高，发生频率最高的时段为上午9:00—11:00；低纬度在午后出现峰值，这种现象在1月和10月较为明显，可能是因为秋冬季节的太阳在上午辐射较为强烈。

(2)低纬度20°N的峰值多发生在下午，发生频率最高的时段为下午13:00—15:00。这种现象在4月和7月较为明显，可能是因为春夏季节的太阳在午后辐射较为强烈，而且日落时间较秋冬季节晚。

(3)上午峰和下午峰出现概率相当的情况发生在太阳辐射上午和下午较为均匀的时段，低纬度的冬夏季节，中纬度春秋季节表现较为明显(4月40°N，10月20°N，7月40°N和1月20°N)。

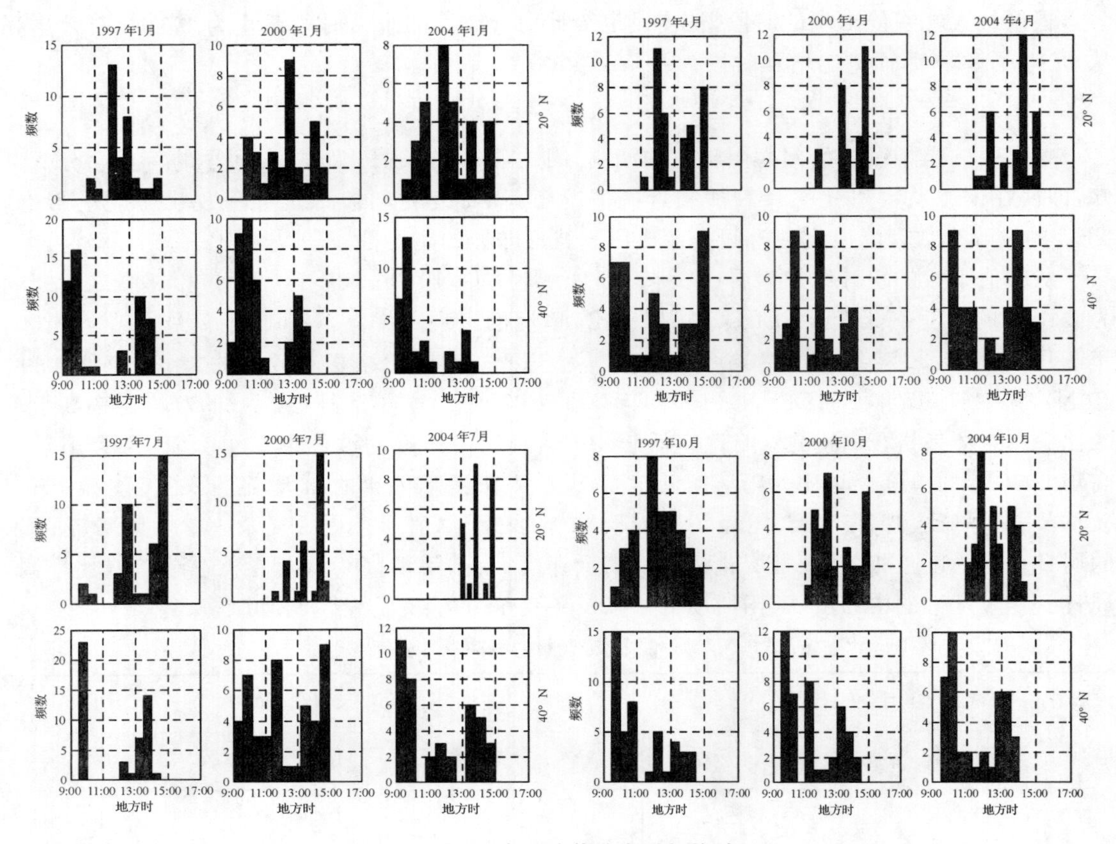


图 3-14　白天峰值分布时间统计

### 3.1.5　TEC 周日变化夜间抖动

为了简化计算，电离层的经验模型，如 Bent 模型、Klobuchar 模型等，将电离层的夜间变化设为平场模型，在 Bent 模型中，将夜间 TEC 变化设定为一个固定的常数。事实上，电离层在夜间也会发生抖动，而且由于不均匀体多在夜间出现，以及日出和日落时段的太阳辐射发生变化等原因，TEC 的夜间抖动和变化现象较为常见。陈志宇等对观测中发现的 TEC 夜间持续抖动现象进行了报道，并针对 TEC 周日变化的夜间也会有抖动的现象，排除了 GPS 接收机周围环境造成的多径影响后，认为是不均匀体导致的电离层不规则结构使得 TEC 的分布在夜间散开，导致出现抖动现象[2]。

章红平等通过分段函数分析了 TEC 的周日变化特性，通过对大量观测资料的统计分析后，指出 TEC 日落增强和日出增强是夜间 TEC 普遍会出现的现象，并给出了日出增强和日落增强的物理解释，认为在日出和日落时段，太阳光与测站上空相切，TEC 受到周围大气的影响，周日变化出现拐点，日落后会出现先抬升然后下降的趋势，TEC 出现平稳状态[3]。在下述 3.2.2 节中的研究表明，这种平稳状态的持续时间根据偏度的差异会有所不同，右偏持续时间长，左偏持续时间短，在达到最低点后，TEC 的变化趋势向上抬升，与后一日衔接，有时后一日的 TEC 较大，则导致日出增强较大，甚至有时会高于白天的最高峰值。毛田认为日落后的夜间增强是太阳活动高年日落后向上的 $\boldsymbol{E}\times\boldsymbol{B}$ 增强这一电动力学规律的作用[4]。

图 3-15 所示为夜间抖动较为明显的 TEC 周日变化波形，左图虚线框中为日落增强部分，右图虚线框中为日出增强部分。

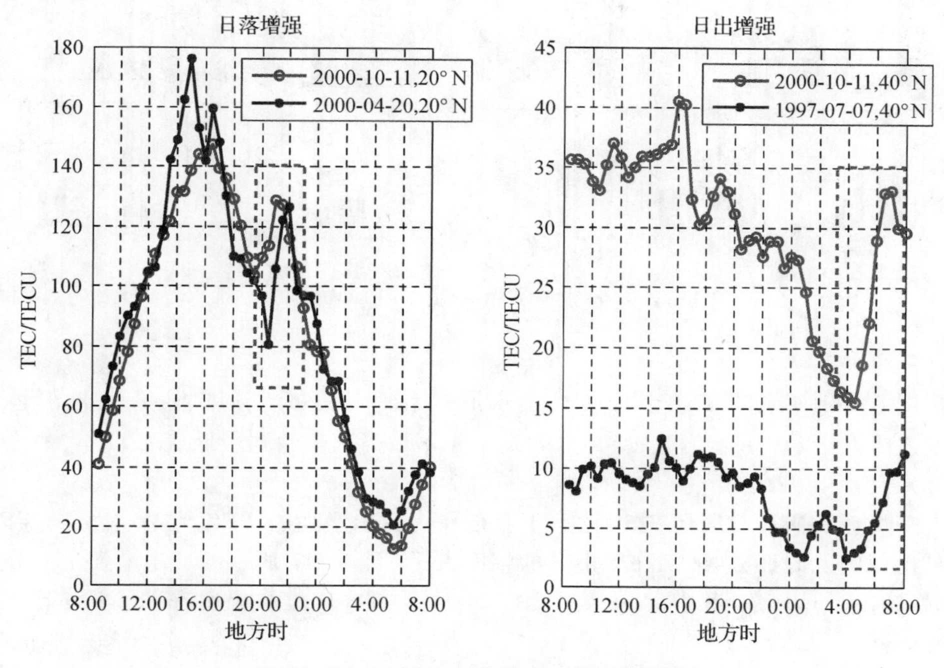


图 3-15　TEC 日出增强和日落增强波形

1. 日落增强

对 17:00—4:00 的夜间 TEC 峰值进行分析，峰值判断标准为，峰值相对高度大于 5 TECU，则认为有明显的日落增强，低于 5 TECU 界限的抖动认为是随机抖动。得到的日落增强发生时段统计如图 3-16 所示，可以看出，并不是每天都有明显的日落增强现象，发生频率较高的季节为夏季，太阳活动高年的发生频率相对较高。从发生时段来看，日落增强发生在 23:00 以前，在 18:00 的发生频率最高，中纬度 1 月的日落增强发生在 22:00—23:00。

由于夜间的 TEC 幅度一般小于日均值水平，日落增强对波形的峰度系数和偏态系数的影响不大。

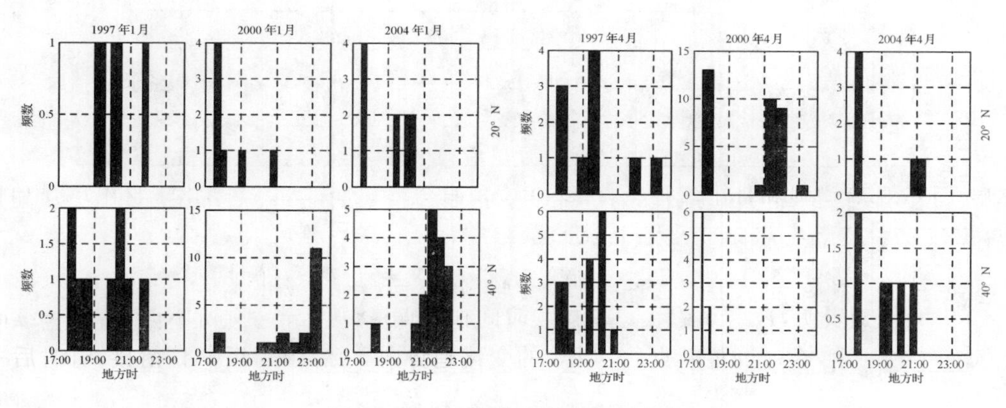


图 3-16　日落增强分布时间统计

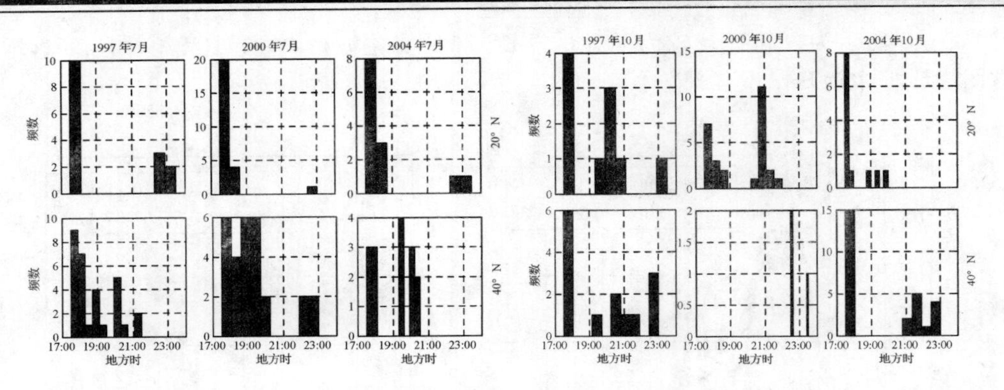


续图 3-16　日落增强分布时间统计

2. 日出增强

根据图 3-11 所示的 TEC 周日变化最小值发生时间分布统计结果，TEC 波形最低谷值出现频率发生在 0:00—6:00，其中 4:00 的发生频率最高。在达到最低点后，TEC 的变化趋势向上抬升，与后一日衔接。

取夜间最低点所在时段到 8:00 之间上升值作为日出增强的 TEC 值，每一天的 TEC 波形都包含日出前的上升部分，区别在于上升的幅度大小，图 3-15 所示的日出增强是上升幅度较大的情况，超出了日均值，其中 1997 年 7 月 7 日 40°N 的日出增强幅度超出了其周日变化白天的最高峰值。

定义一个反映日出增强相对大小的指数 SEI(Sunrise Enhancement Index)：

$$SEI = 日出峰值/日均值$$

其中日出峰值为夜间最低点所在时段到 8:00 之间的最大值。SEI≥1 表示日出增强明显。日出增强指数 SEI 在不同纬度、不同季节和不同太阳活动性下的值如图 3-17 所示。

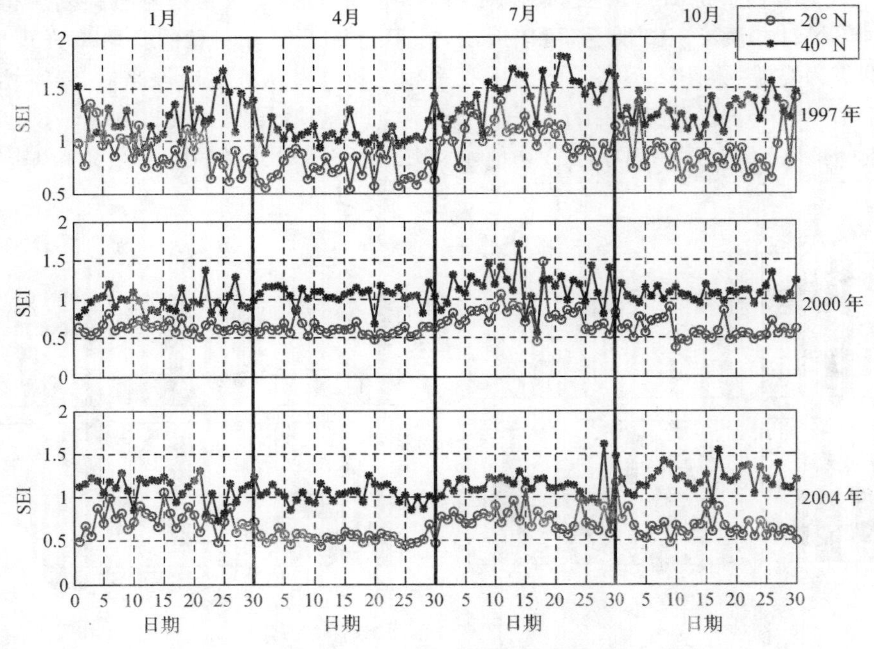


图 3-17　日出增强指数 SEI

从图3-17可以看出：

(1)中纬度的相对日出增强普遍高于低纬度；

(2)中纬度的SEI普遍高于0.5，中纬度1997年1月、4月，2004年10月的SEI高于1，即这些时段的日出增强现象明显，其他时段的中纬度SEI在1附近波动；

(3)除个别时段外，低纬度的SEI大部分低于1，在0.5附近波动；

(4)7月的日出增强高于其他月份，在不同纬度和不同年均存在这种现象；

(5)相同季节比较而言，太阳活动周的上升期1997年的日出增强高于2000年和2004年；

(6)除个别时段外，SEI指数低于1.5。

## 3.2 TEC逐日变化分析

从上述3.1节TEC周日变化的均值、标准偏差、偏态系数、峰度系数、白天峰值特点以及夜间抖动等波形特征来看，TEC的周日变化复杂多变，受多种因素影响，存在着逐日变化。

### 3.2.1 TEC逐日变化定义

电离层的逐日变化是一种随机变化。最初研究逐日变化是为了提高通信中最高可用频率的预报精度，后来有学者尝试通过研究电离层逐日变化受太阳活动性、季节因素、纬度以及地磁活动等因素的影响，给出逐日变化产生来源的物理解释。其中具有代表性的是Mendillo和Rishbeth的工作，他们研究了电离层的F2层峰值电子密度NmF2逐日变化特性随地方时、季节和太阳活动等的变化，结果表明NmF2的逐日变化随太阳活动增强而增强，中高纬度在白天的逐日变化年变化明显，在夜晚的逐日变化具有明显的冬季异常，而低纬度的逐日变化没有明显的季节性，白天比中纬度小，夜间比中纬度大。此外，他们还分析了太阳、地磁活动和低层大气对电离层逐日变化的贡献，认为其主要来源于地磁活动以及低层大气的气象活动，太阳的影响较为微弱[5]。

逐日变化对于电离层的短期预测有重要影响，其变化的多样性是制约电离层预测精度的主要因素。

逐日变化的定义有以下两种：

(1)每一天的各时刻相对于月中值或者月均值的变化，是去除了背景变化趋势的一种相对变化；

(2)每一天的各时刻相对于前一天的变化，反映了连续时间上的逐日不同，既有均值的不同，也有随机变化部分的不同。

本节主要通过逐日变化来检测电离层的周日异常变化，这种幅值上涨或者下落的异常变化达到一定程度、持续一定时间就是TEC暴。基于这种检测，分析TEC周日异常波形的特点，包括的峰度系数、偏态系数和日出增强指数等。最后通过分析每一时段的TEC季节变化和年变化特点，来分析逐日变化的地方时分布特点。

### 3.2.2 基于逐日变化的TEC扰动检测

电离层的扰动会造成TEC周日变化波形的变化，这种变化主要体现在相对于月均值或者月中值的持续增高或者降低，实际上就是逐日变化的持续异常。对TEC异常变化的检测，可用于判别电离层暴[6-7]，也被用于地震前兆电离层异常的研究中[8]。

电离层暴的判断准则一般是限定偏离背景值的程度和这种偏离持续的时间这两种参数的范围，超出范围则认为发生电离层暴，如果为负偏离，则为负暴，如果为正偏离，则为正暴。根据所用数据、扰动类型的不同，选择的判断标准不同。梳理以后认为具有代表性的有以下5种。

(1)Kouris等通过对西欧地区电离层TEC变化特征的分析，提出以连续3 h电离层TEC相对偏差超过0.2作为电离层扰动状态判定依据[9]。

(2)黄庆铭等通过对中国地区多个台站电离层foF2长期观测数据的分析，提出以连续6 h的foF2相对偏差超过15%作为电离层暴事件判定标准[10]。

(3)邓忠新等提出电离层TEC暴扰动事件的判定标准：电离层TEC正(负)相暴扰动事件是连续6 h及以上扰动指数DI>0.35(DI≤−0.30)，且期间DI不满足该值的连续时间超过2 h的事件[5]。

(4)丁鉴海等认为如果一天中连续4 h以上向一个方向偏离中值，且其中至少连续2 h DI>20%为扰动，连续3 d大于20%的扰动或连续2 d大于30%的扰动在电离层资料中是较少见的，称为异常扰动[11]。

(5)王世凯对电离层暴事件进行统计，并制定了电离层暴的等级划分标准，通常统计学上对电离层暴的定义是，foF2偏离月中值15%以上，且持续时间达6 h以上的电离层扰动事件[12]。

总的来讲，偏离背景值的程度有15%，20%，30%几种情况，持续时间一致认为电离层暴应大于4 h以上，有的为6 h。本书采用的检测标准为偏离背景值的程度大于15%以上，且偏离时间持续6 h以上。

电离层扰动检测方法主要有包络检验法和扰动指数检验法。

1. 包络检验法

包络检验法是指取待检验TEC时间序列前后相同一段时间的TEC数据进行滑动平均，取定阈值，将上峰点和下峰点分别连接，构成两条包络线，如果待检验数据超出包络线，则认为异常出现。包络的上下边界点为

$$\mathrm{TEC_E}(t) = \frac{1}{2N+1}\left[\sum_{i=-N}^{N}\mathrm{TEC}(t-i)\right] \pm k\sigma_{\mathrm{E}} \tag{3-3}$$

式中，$\sigma_{\mathrm{E}}$为TEC相对于月中值的标准偏差；$k$为标准偏差的倍数。

滑动中值(中位数法)是将滑动窗口(一般为27 d或一个月)内所有天的TEC进行由小到大排序，取中央的数值作为检测基准值，由于低于或高于此中位数的数值各占一半，即使检测数据中有异常值，只要异常值不超过一半，中位数就不受影响。

选择相对于月中值的标准偏差的±1.5倍作为上下边界，用滑动中值包络检验法得到检测结果，如图3-18所示。其中图3-18(a)为负异常检测结果，发生在2000年4月21日(120°E,40°N)，可以看出，相对于月中值TEC在地方时白天8:30—18:30，和次日凌晨0:00—4:00出现负扰动，按照持续6 h以上的标准，可以判定白天的扰动为电离层TEC负暴；图3-18(b)为正异常检测结果，发生在2000年7月5日(120°E,20°N)，相对于月中值TEC在地方时夜间19:30—次日6:00出现正扰动，可以判断在该时段发生了电离层TEC正暴。

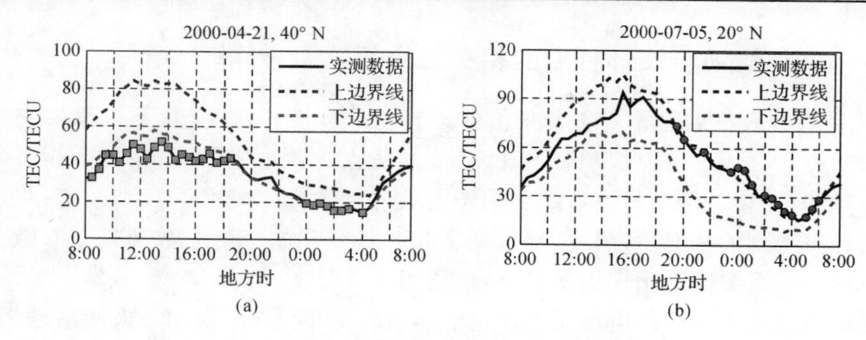


图 3-18　包络检验法 TEC 异常检测

(a)负异常;(b)正异常

(彩图见彩插图 3-18)

2. 扰动指数检验法

电离层 TEC 扰动指数可以量化电离层的扰动程度。常用的扰动指数有地磁指数和电离层暴指数。

地磁指数经常用于表征电离层扰动,最常用的是 Kp 和 Ap 指数。但是用地磁指数表征电离层扰动并不合适,原因有以下 3 方面:①所谓的行星际指数在特殊情况下并不总是适用的;②这些参数的估计并不是实时的;③电离层的活动受到热层和磁层的复杂作用,仅通过地磁指数不能充分描述电离层扰动。

电离层暴常用的扰动指数是相对于背景值的绝对或相对偏离。背景值的计算一般采用滑动均值或者滑动中值,则有

$$\mathrm{DI}(t)=\frac{\mathrm{TEC}(t)-\mathrm{TEC_m}(t)}{\mathrm{TEC_m}(t)} \tag{3-4}$$

式中,$\mathrm{TEC_m}(t)$为 TEC 在一段时间内的平均值。选择 TEC 扰动指数 DI=±15%作为上下边界,用扰动指数检测法得到的检测结果如图 3-19 所示。可以看出,图 3-19 与图 3-18 所示的检测结果基本一致,不同的是在 2000 年 4 月 21 日的夜间扰动发生时间从 22:00 开始至次日凌晨 4:30 结束,比图 3-18 中包络检测法得到的扰动时间长,按照判断标准应为电离层 TEC 负暴。但是,由于在图 3-18 和图 3-19 中 22:00—23:30 以及 4:30 处的扰动指数均接近下边界,因此可以认为两种方法的检测效果是一致的。为了便于 TEC 暴的等级定义,本章采用扰动指数法来检测 TEC 扰动。

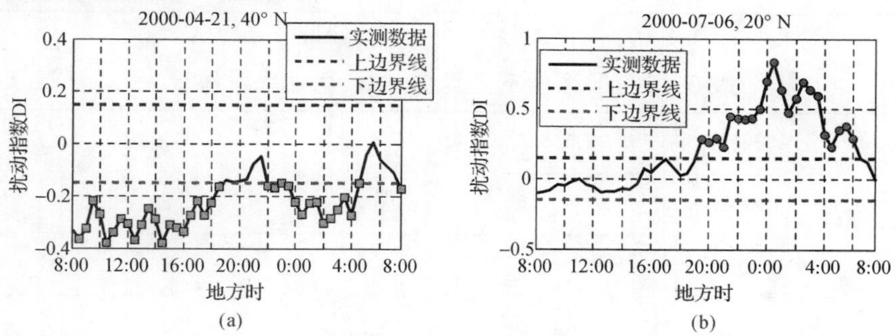


图 3-19　扰动指数法 TEC 异常检测

(a)负扰动;(b)正扰动

(彩图见彩插图 3-19)

### 3.2.3 TEC扰动与波形特点的相关性分析

TEC扰动指数表征的是相对于背景值的逐日变化程度，这种变化不仅反映在幅度上，还反映在波形特点上。为了研究扰动时的TEC波形特点，本节从统计的角度分析了TEC扰动形态与TEC周日变化波形的峰度系数和偏态系数的相关性。峰度系数和偏态系数都是去除背景均值后计算得到的相对值，因此，周日变化和逐日变化的峰度系数和偏态系数是相同的，即这两种波形特征系数既适用于周日变化，也适用于逐日变化。

统计扰动指数大于0.3的电离层TEC扰动，统计时间包括了第23太阳活动周的活动上升期1997年、活动峰年2000年和活动下降期2003年，并按中纬度40°N和低纬度20°N分别进行统计。

按照扰动发生的时间，分为白天扰动、夜间扰动和全天扰动。其中白天扰动指在地方时18:00之前结束的扰动；夜间扰动指在地方时18:00之后开始的扰动；全天扰动指持续时间超过12 h的扰动，包括了白天和夜间。

按TEC扰动相对于背景值的幅值大小，分为正相扰动和负相扰动。

中纬度和低纬度的TEC扰动统计结果分别见表3-4和表3-5。

中纬度和低纬度的TEC扰动共同的特点是：白天扰动发生频次最高，其次是全天扰动，而夜间扰动发生极少；正扰动发生频次高于负扰动；低纬度的扰动发生频次高于中纬度。1997年的TEC扰动发生频次最低，说明其最为平静；而2003年的TEC扰动频次高于太阳活动峰值年2000年，说明除了太阳活动因素以外，引发TEC扰动的可能还有其他因素，同时也说明并不是太阳活动高年的电离层TEC的形态复杂性更大，只是电离层TEC的整体数值水平在太阳活动的高年要更大。

**表3-4 中纬度不同类型TEC扰动次数统计**

| 年　份 | 白天扰动 | 夜间扰动 | 全天扰动 | 正扰动 | 负扰动 |
|---|---|---|---|---|---|
| 1997 | 8 | 0 | 2 | 9 | 1 |
| 2000 | 9 | 0 | 10 | 11 | 8 |
| 2003 | 24 | 1 | 3 | 18 | 10 |

**表3-5 低纬度不同类型TEC扰动次数统计**

| 年　份 | 白天扰动 | 夜间扰动 | 全天扰动 | 正扰动 | 负扰动 |
|---|---|---|---|---|---|
| 1997 | 24 | 0 | 3 | 20 | 7 |
| 2000 | 30 | 0 | 4 | 19 | 15 |
| 2003 | 49 | 1 | 15 | 35 | 30 |

同时，给出TEC扰动形态所对应的TEC周日变化峰度系数和偏态系数。中纬度如图3-20～3-22所示，与表3-4对应；而低纬度如图3-23～3-25所示，与表3-5对应。为了区

别不同类型的TEC扰动，将白天扰动用“1”表示，夜间扰动用“2”表示，全天扰动用“3”表示，正扰动和负扰动的标识符见图例。

从中纬度的TEC扰动与波形系数对应图来看，中纬度TEC扰动与TEC波形都具有明显的季节变化规律，受季节因素调制明显。这里季节的划分为，春季2月、3月、4月，夏季5月、6月、7月，秋季8月、9月、10月，冬季11月、12月、1月。具体季节变化特点为：

(1)中纬度TEC扰动发生频次最高的为夏季，其次为冬季，在春秋季的发生频次很少；

(2)中纬度的TEC峰度系数均在−1上下波动，是扁平波形，6月、7月份的峰度明显高于其他月份，12月、1月的峰度也有抬升，总体上夏季和冬季峰度高且逐日变化大，而春季和秋季峰度低且逐日变化较为平稳；

(3)中纬度的TEC偏态系数的年变化呈现“V”字形，谷底在夏季6、7月，大部分的$C_s$小于0，说明夏季的TEC周日波形主要为负偏，而其他季节的$C_s$基本上都大于0，冬季12月、1月最高，说明春、秋、冬季的TEC周日波形以正偏为主；

(4)中纬度TEC扰动与峰度系数和偏态系数有很好的对应关系，尤其是在夏季这一TEC扰动的高发季节，对应的TEC周日波形的峰度系数最高，偏态系数最低。

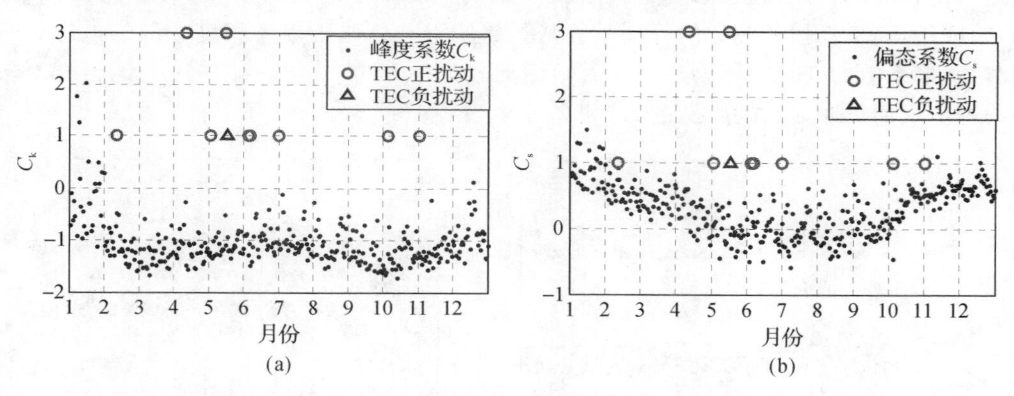


图3-20　中纬度1997年电离层TEC扰动形态与TEC周日波形特征

(a)TEC扰动形态与峰度系数$C_k$；(b)TEC扰动形态与偏态系数$C_s$

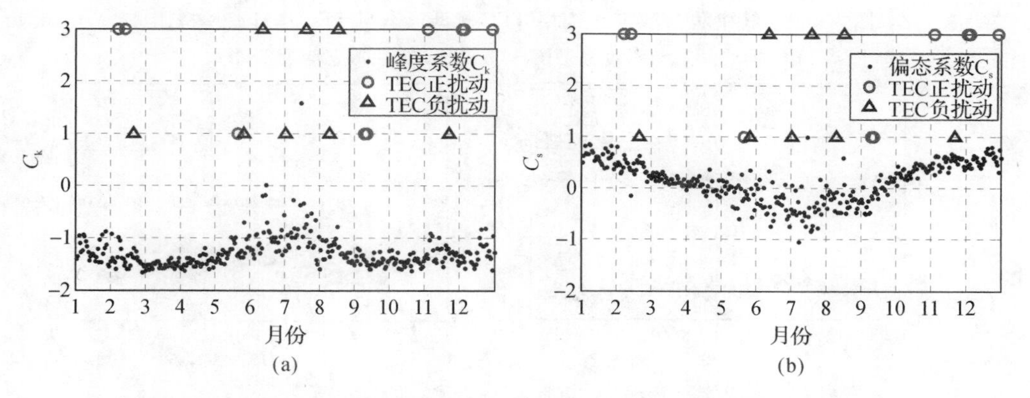


图3-21 中纬度2000年电离层TEC扰动形态与TEC周日波形特征

(a)TEC扰动形态与峰度系数$C_k$；(b)TEC扰动形态与偏态系数$C_s$

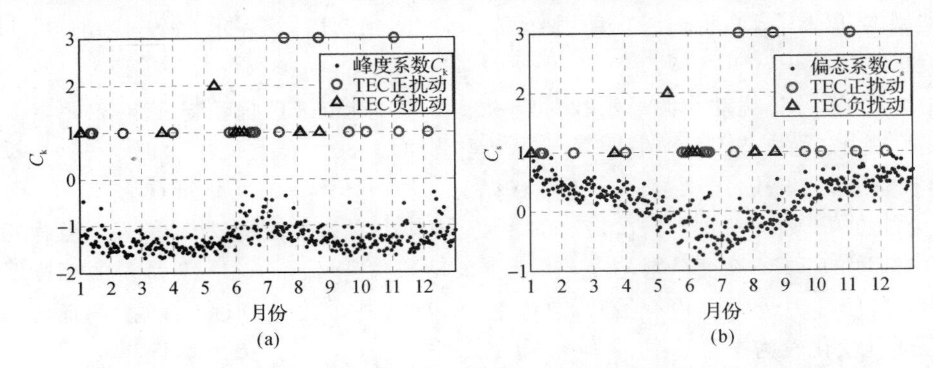


图 3-22　中纬度 2003 年电离层 TEC 扰动形态与 TEC 周日波形特征

(a)TEC 扰动形态与峰度系数 $C_k$;(b)TEC 扰动形态与偏态系数 $C_s$

从图 3-23～图 3-25 可以看出,对于低纬度而言,TEC 扰动与周日变化波形的对应关系没有中纬度明显。这主要是因为低纬度地区的 TEC 整体较高,波形呈现白天的峰值不明显,但是绝对值较高的特点,这就意味着波形扁平正偏。图 3-23 和图 3-24 分别显示,在 2000 年和 2003 年,高于均值的波形的峰度系数基本都低于－1,属于扁平程度较高的波形,在不同的季节,峰度系数的变化并不明显。在太阳活动较低的年份 1997 年,其 TEC 的值相对较低,白天的峰值反而更明显,尤其是在 1 月和 2 月。

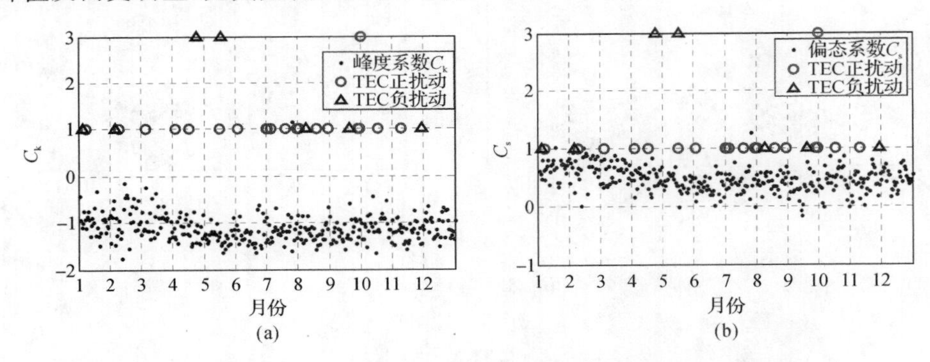


图 3-23　低纬度 1997 年电离层 TEC 扰动形态与 TEC 周日波形特征

(a)TEC 扰动形态与峰度系数 $C_k$;(b)TEC 扰动形态与偏态系数 $C_s$

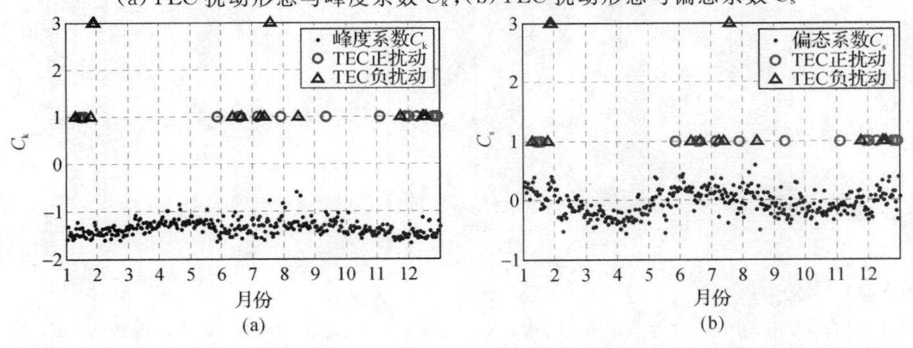


图 3-24　低纬度 2000 年电离层 TEC 扰动形态与 TEC 周日波形特征

(a)TEC 扰动形态与峰度系数 $C_k$;(b)TEC 扰动形态与偏态系数 $C_s$

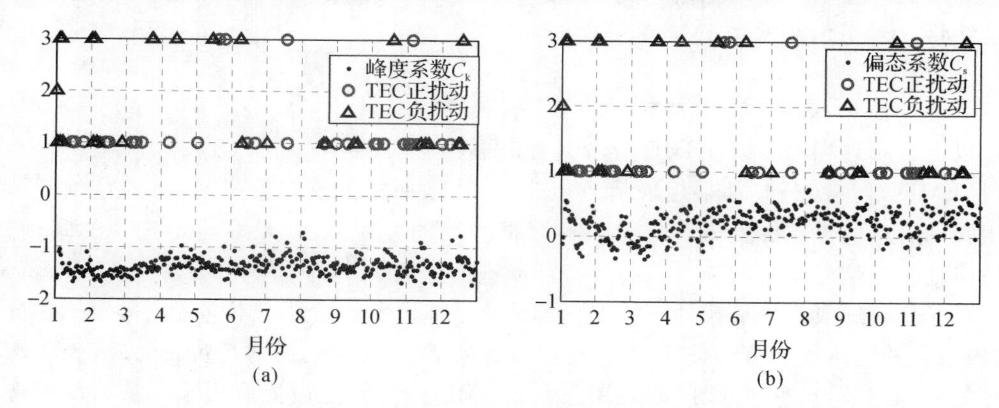


图3-25　低纬度2003年电离层TEC扰动形态与TEC周日波形特征

(a)TEC扰动形态与峰度系数$C_k$；(b)TEC扰动形态与偏态系数$C_s$

低纬度的偏态系数在1997年较高，除个别值外，$C_s$都大于0，为正偏波形。2000年和2003年的偏态系数在夏季高于春秋季，与中纬度相反。

## 3.3　基于HHT的TEC时间序列时频分析

HHT(Hilbert-Huang Transform)变换[13]是一种针对非线性、非平稳信号的时频分析方法，由华人科学家Huang等于1998年提出。HHT变换的核心为经验模态分解(Empirical Mode Decomposition，EMD)。EMD根据信号本身的时间尺度特征，自适应地将复杂信号分解为若干个简单的固有模态函数(Intrinsic Mode Function，IMF)和一个余项，然后再对各IMF做Hilbert变换，得到信号的多分辨时频谱。HHT方法的主要创新在于通过EMD分解得出的IMF反映信号的局部时间尺度特性，使瞬时频率有意义。

### 3.3.1　经验模态分解EMD

为了使Hilbert变换得到的瞬时频率有意义，定义IMF必须满足的条件为：

(1)极点个数和零点个数相差不超过1，即要求IMF具有窄带振荡特性；

(2)由局部极大值点确定的包络线和由局部极小值点确定的包络线的均值接近于0，即要求信号关于时间轴局部对称。

依据这两个条件，对分解的信号进行筛选，得到满足条件的IMF。对于一个给定的信号$x(t)$，Huang给出的EMD分解步骤为：

(1)找出$x(t)$的所有局部极大值点和极小值点；

(2)用三次样条函数分别对极大值点和极小值点进行插值，得到$x(t)$的上包络线$e_+(t)$和下包络线$e_-(t)$；

(3)计算平均包络线$m(t)=[e_+(t)+e_-(t)]/2$，提取出信号的细节$d(t)=x(t)-m(t)$；

(4)判断$d(t)$是否满足IMF的条件，如果不满足，则记$x(t)=d(t)$，重复步骤(1)～(4)，直至满足条件，得到的$d(t)$为一个IMF，记为$\mathrm{imf}_1$，余项记为$r_1(t)=x(t)-d(t)$；

(5)将余项按上述过程进行分解，重复步骤(1)～(4)，得到其他分量$\mathrm{imf}_i$，直到余项$r_i(t)$为一个单调信号或者小于某个阈值，结束分解。

最终将 $x(t)$ 分解为多个 IMF 和一个余项：

$$x(t)=\sum_{i=1}^{I}\mathrm{imf}_i+r_I(t)$$

从以上分解过程，总结出 EMD 分解具有以下特点。

(1)EMD 每一次分解都采用极值点拟合包络线，而极值点与信号的局部紧密联系，因而具有很强的自适应性。因此，EMD 是一种数据驱动的分解方法，没有给定先验的基函数，而是自适应地根据信号本身的细节和趋势特点来进行分解。

(2)EMD 分解具有多分辨性，每一个 IMF 分量都代表了信号的不同变化尺度。在分解过程中，极值点的包络线均值 $m(t)$ 反映的是信号的局部趋势特征，而将趋势去除后，提取的 $d(t)$ 是信号的局部细节，尺度越小、瞬时频率越高的 IMF 分量越先被提取出来。从信号处理的角度来看，这种层层筛选的过程相当于一个重复的高频滤波过程。与传统滤波不同的是，这种滤波不需设定滤波参数，而是由数据驱动自适应地进行。严格来讲，这种滤波并不是传统的选频滤波，而是一种时间尺度滤波，而 EMD 的分解过程，相当于构建了一个时间尺度滤波器组，得到的 IMF 具有各自的时间尺度特征，这种时间尺度与瞬时频率对应。

(3)EMD 分解还具有时移不变性，即 EMD 的分解结果与起始时间无关。

(4)EMD 分解不改变信号的非平稳特性，即分解出来的 IMF 可能是非平稳的。

### 3.3.2 时间-尺度-HHT 谱

对 TEC 进行 EMD 分解，得到的各 IMF 和对应的时频二维分布，如图 3-26 所示。图 3-26 中所用数据为 2000-6-27—6-30，120°E，40°N 的 TEC 时间序列。

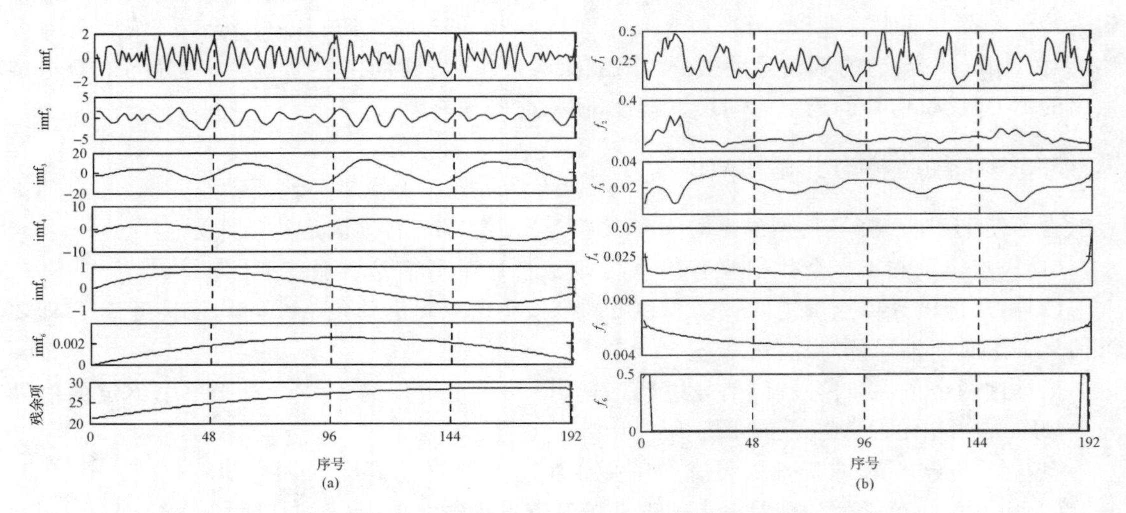


图 3-26 TEC 时间序列 EMD 分解及时频分布

(a)IMF 分量和残余项；(b)各 IMF 对应的时频分布

在图 3-26 中，图(a)显示了经 EMD 分解得到 6 个 IMF 分量和 1 个残余项，而图(b)显示了各 IMF 所对应的频率随时间的变化。可以看出，第一个固有模态分量 $\mathrm{imf}_1$ 所对应的频率变化信息最为丰富，$\mathrm{imf}_2$ 到 $\mathrm{imf}_6$ 分量所包含的频率依次降低，而且频率随时间的变化较慢。其中 $\mathrm{imf}_4$ 和 $\mathrm{imf}_6$ 的两端出现高频，是 EMD 分解的端点效应所致。端点效应是筛选过程中数据两端的发散现象导致端点处的包络插值误差，为了避免端点效应，此处采取的措施是在进行 Hilbert 变换时舍弃 IMF 分量的端点值，一般前后端点各舍弃 4 个数据点。关于端点效应请参考文献[14]，此处不做讨论。图 3-26(b)中的瞬时频率为相对于信号采样频率的归一化频率。

将各 IMF 分量作 Hilbert 变换，得到的三维的时频谱如图 3-27(b)所示，其中 TEC 的数据采样间隔为 30 min，相当于采样频率为 1/1 800 Hz，低的频率分量重叠在一起，难以辨认。

在电离层 TEC 的分析研究中，多以时间尺度为变量衡量 TEC 的变化，而 EMD 本身是根据信号的局部时间尺度来进行分解的。因此，本书提出将瞬时频率转换为时间尺度，其中归一化最高频率对应的是两倍的采样间隔，所以采样间隔为 30 min 的数据，其变化的最小时间尺度为 1 h。

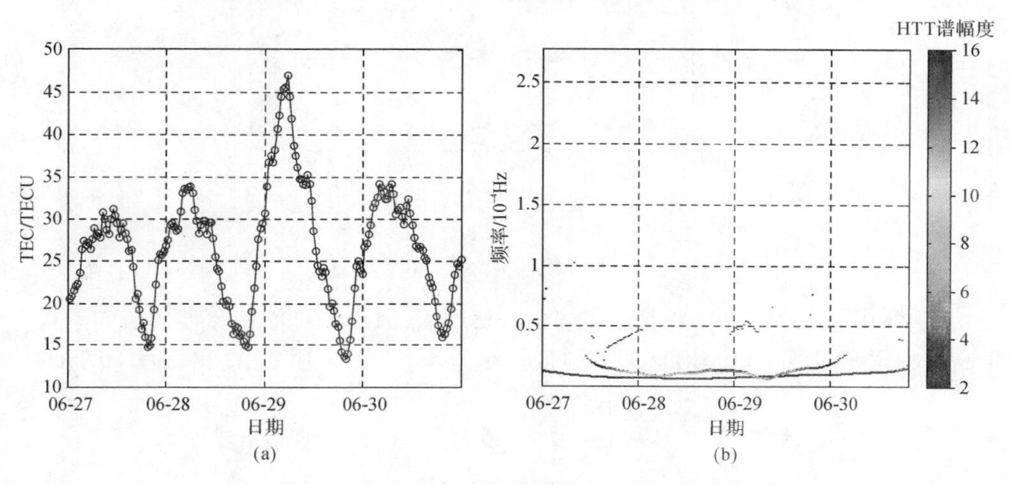


图 3-27　三维 HHT 谱图(2000 年，40°N)

(a)TEC 时间序列；(b)时间-频率-HHT 谱图

(彩图见彩插图 3-27)

与图 3-27 对应的时间-尺度-HHT 谱图如图 3-28 所示。可以看出，时间-尺度-HHT 谱更为清晰地反映了 TEC 时间序列的三维信息。时频能量主要集中在 48 h 时间尺度附近，且这种 48 h 的尺度并不是固定的，而是随时间呈现周日变化的。在白天表现出大于 48 h 的变化尺度，有的达到了 120 h，而夜间的主要尺度在 48 h 以下。此外还存在能量较小的尺度，如 6 月 28 日的 96 h 尺度；6 月 29 日有四段阶梯上升分布的尺度，分别对应的尺度约为 84 h、96 h、108 h 和 120 h；而 6 月 30 日则含有四段呈阶梯下降分布的尺度，从 120 h 下降至 48 h。低于 24 h 的尺度所占的能量很低。

### 3.3.3　TEC 时间序列的时间-尺度特性

图 3-28 所示的时间-尺度-HHT 谱图显示了 TEC 时间序列蕴含着丰富的时间-尺度信息，这些局部的尺度信息是在时域波形分析中难以得出的。理论上，TEC 时间序列受纬度、季节、太阳活动性等各种因素的影响，其时间-尺度-HHT 谱图十分复杂。

图 3-29 所示为低纬度 20°N 下 2000 年 6 月 27 日—6 月 30 日的时域波形和时间-尺度-HHT 谱图。与图 3-28 中纬度 40°N 的情况比较，时间-尺度信息有较大差别，并没有呈现出尺度随时间周期变化的特点。低纬度的时间-尺度特性主要表现为：

(1)6 月 27 日—6 月 29 日的时间-尺度信息较为丰富，6 月 27 日和 6 月 28 日均同时含有 3 种明显不同的变化尺度，并且 3 种尺度均随时间变化，6 月 28 日达到最高水平 150 h，从 6 月

29 日开始逐渐降低，而 6 月 30 日的时间-尺度信息较为单一，体现了 48 h 附近的尺度；

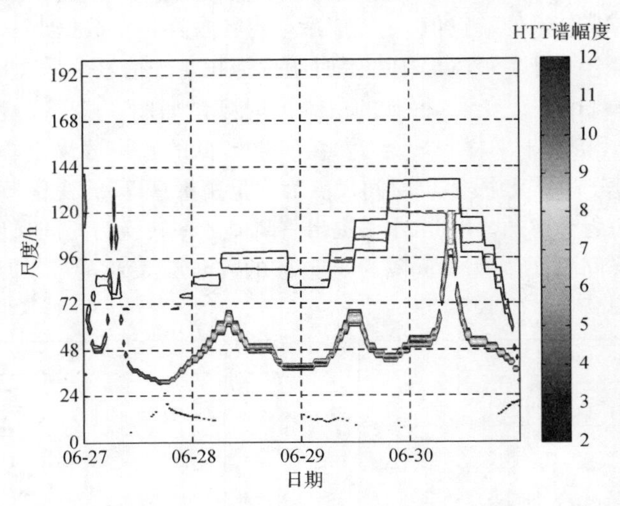


图 3-28　时间-尺度-HHT 谱图(2000 年，40°N)

(彩图见彩插图 3-28)

(2)6 月 27 日和 6 月 28 日的变化尺度呈阶梯增大，即每一尺度持续一段时间之后突然增大到更高阶梯水平，尺度越大，对应的阶梯持续时间越长，而 6 月 29 日和 6 月 30 日的变化尺度呈阶梯降低趋势；

(3)50 h 附近的尺度以较快的频率抖动，在 6 月 29 日所占的能量最高。

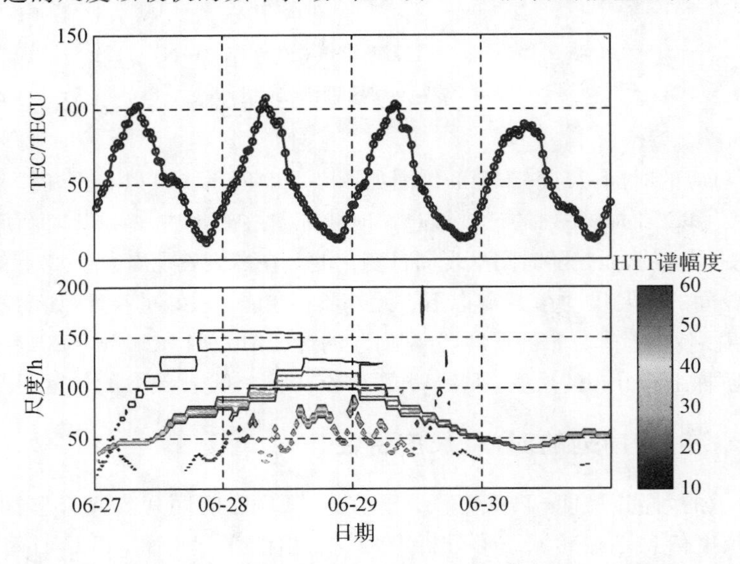


图 3-29　TEC 时间序列时间-尺度-HHT 谱图(2000 年，20°N)

(彩图见彩插图 3-29)

选择太阳活动较低的 1997 年，并增加时间序列的长度为 11 d，分析太阳活动性对 TEC 的时间-尺度特性的影响。图 3-30 和图 3-31 分别表示低纬度和中纬度两种不同的情况。可以看出，处于太阳活动低年的 1997 年，其 TEC 的时域幅度和时间-尺度-HHT 谱的幅度都远远低于太阳活动峰值年 2000 年，但其所含的时间-尺度信息却非常丰富。图 3-30 所示的

1997 年 6 月 27 日—7 月 7 日的时间-尺度特性有以下几点：

(1)都含有明显的 50 h 附近的尺度，而且该尺度在所有的时间都存在，并且随时间小幅波动，在低纬度情况下呈现周日周期变化特性，而中纬度波动很少；

(2)低于 50 h 的尺度在中纬度较为明显，主要是 12 h 和 24 h 尺度上波动，与 50 h 尺度类似，均呈现周日周期变化；

(3)在 TEC 出现扰动时，其尺度特征也发生扰动，产生尺度上的突变。在中纬度 6 月 29 日、7 月 4 日和 7 月 5 日发生扰动，6 月 29 日所包含的多种尺度均增大，并且在大尺度上持续了 12 h 左右，在低纬度的 6 月 28 日和 7 月 1 日 TEC 发生扰动，其尺度特征也产生突变；

(4)低纬度所包含的大尺度变化特征较为丰富，在 6 月 27 和 7 月 1 日表现明显，而恰好是在 6 月 28 日和 7 月 1 日的扰动发生之前。

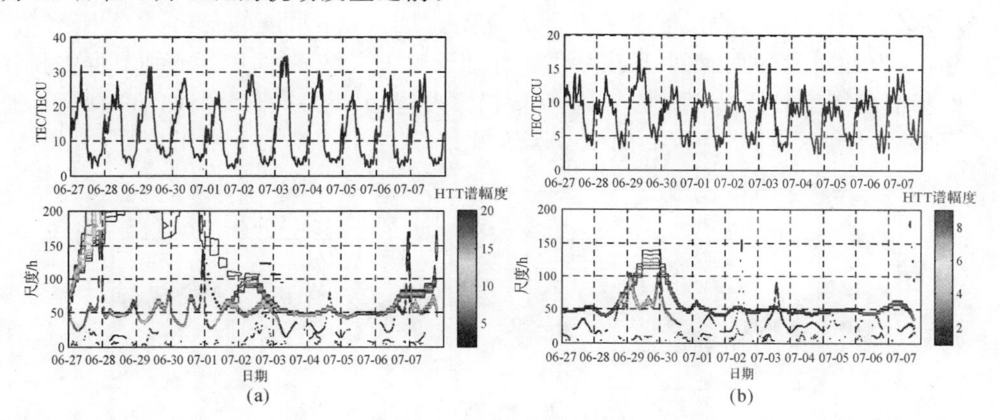


图 3-30　不同纬度的时间-尺度-HHT 谱图

(a)1997 年，20°N；(b)1997 年，40°N

(彩图见彩插图 3-30)

根据以上分析可得：TEC 时间序列的时间-尺度-HHT 谱是时变的，从尺度上来看，主要能量分布在 50 h 附近，表现出两日的准周期变化；而 24 h 附近的周日准周期特性则能量很小；50 h 和低于 50 h 的尺度表现出随时间周期变化的特点。

将 TEC 的时域波形与其时间-尺度特性结合起来，可以认为小尺度体现的是 TEC 的细节扰动，而大尺度变化反映的是背景值扰动。因此，虽然低纬度的时间-尺度能量高，但是并不是幅度大就变化大。

TEC 变化所蕴含的尺度信息丰富，说明其复杂性或者非平稳度较强。TEC 变化的尺度所对应的不是周期，而是近似的准周期，在一定范围内波动变化。

### 3.3.4　TEC 年变化的时间-尺度特性

从物理上认为 TEC 变化的时间尺度以天(d)最为显著，而通过时间-尺度分析发现 TEC 变化最为显著的尺度为两日准周期尺度。还有小的尺度，从 1 h 到 12 h 不等，以 12 h 较为明显，因为受到太阳照射的调制，白天和夜晚的 TEC 值有明显的不同形态，其他小的尺度可以看作是小的抖动。以小时为单位的尺度中，有时会出现异常的大尺度(数天到一个月)，这种情况通常为较明显的 TEC 扰动，幅度发生了明显的正异常变化或者负异常变化，即出现了 TEC 正暴或者负暴，而这种大尺度反映了 TEC 产生类似扰动的时间间隔。常规情况下，大于 1d 的尺度,有月变化尺度,从 1d 到超过 40 d 不等,此外还有半年变化、季节变化和年变化尺度。

图 3-31 和图 3-32 分别是 1997 年和 2000 年 TEC 日均值在一年中的时序变化和时间-尺度-HHT 谱变化,由于时域的采样间隔为 1 d,因此,将对应的归一化瞬时频率转换为时间尺度时,最小的尺度为 2 d。可以看出,太阳活动低年 1997 年的时间-尺度-HHT 谱图中所显示的时间-尺度变化信息更为丰富,尤其是在中纬度,包含了几天到数百天的尺度,主要能量分布在半年尺度和年尺度。1997 年的日均值的背景值小,但是其细节部分抖动多,即日均值的逐日变化明显。波形上的细节变化在时间-尺度特性上表现为小尺度的变化,如 1997 年小于 100 d 的小尺度信息较为丰富,而 2000 年的小尺度信息较少,主要是大尺度变化。大尺度变化反映了波形上的背景变化,如低纬度的半年尺度明显和季节尺度明显,对应其波形的半年异常,即春秋季 TEC 高于冬夏季,而中纬度的 TEC 没有明显的半年异常,1997 年中纬度 TEC 分布较为平均,因此,其时间-尺度表现出年尺度和接近于 2 年尺度的变化,冬季略有抬升,冬季尺度为半年尺度。这说明时间-尺度特性很好地反映了 TEC 时间序列的细节变化和背景变化。2000 年的中纬度和低纬度都是春季 TEC 幅度大,即上半年高,下半年低,因此,其上半年的时间-尺度为半年尺度,下半年的低纬度秋季幅度高,而中纬度的下半年较平,因此,中纬度的下半年表现出更为丰富的大尺度变化。

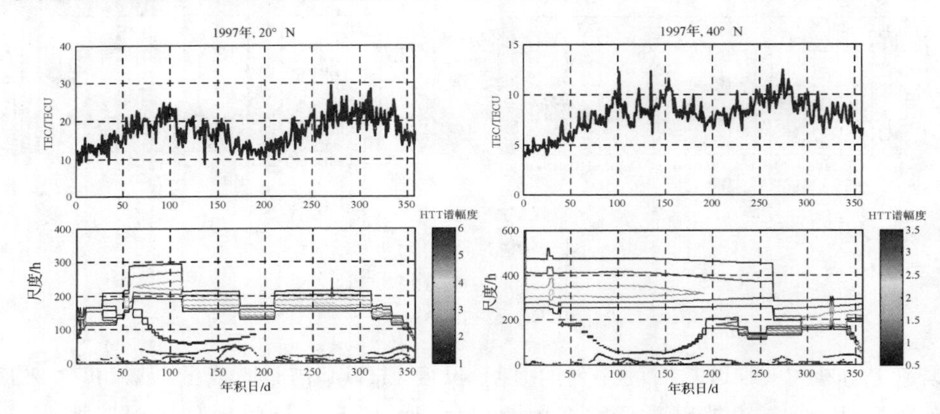


图 3-31　1997 年的时间-尺度-HHT 谱年变化图

(彩图见彩插图 3-31)

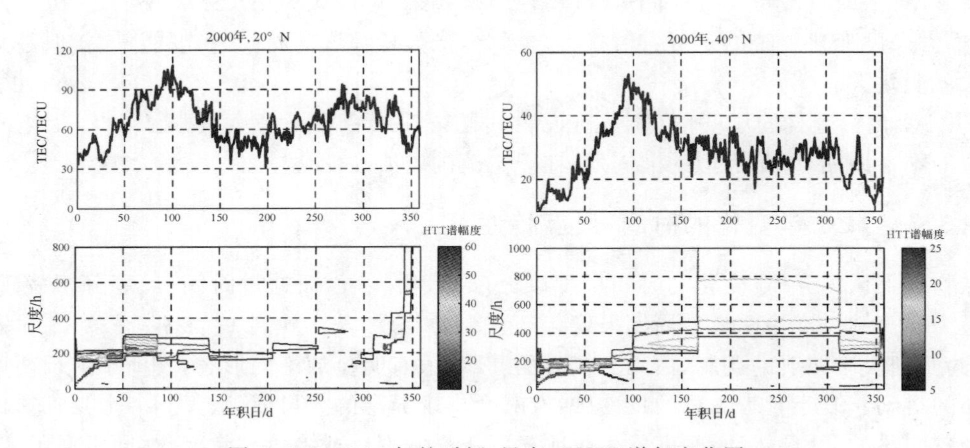


图 3-32　2000 年的时间-尺度-HHT 谱年变化图

(彩图见彩插图 3-32)

可以看出，时间-尺度- HHT 谱反映了 TEC 能量随时间-尺度的变化，得到了从时域波形难以得到的尺度变化信息。TEC 的 HHT 谱是时变的，而且具有很强的逐日变化性，因此，TEC 时间序列是一种不稳定的时间序列，其不稳定度可以通过边际谱来衡量。

## 3.4　基于 HHT 的 TEC 时间序列非平稳性度量

在对时间序列进行分析和建模时，需要对其平稳性进行度量和验证，才能选择合适的分析方法。在上述 3.3 节对 TEC 时间序列的时间-尺度特性分析中，已经得出其尺度或者频率特性是时变的，这也说明 TEC 时间序列是非平稳的。本节利用 HHT 方法对其非平稳程度进行度量，进一步分析 TEC 时间序列的非平稳特性。

随机信号的二阶矩宽平稳满足两个条件，一是均值为常数，二是方差只与时延有关。对应到频域，自协方差函数与功率谱密度或者能量谱密度是一对 Fourier 变换，功率谱密度函数是频域上的二阶统计量。对于非平稳信号，其功率谱是时间的函数。Huang 等人提出利用 HHT 的边际谱来对信号的非平稳度进行衡量。

时间序列经过 EMD 分解和 Hilbert 变换后，得到时频谱 $H(\omega,t)$，边际谱为 $H(\omega,t)$ 在时间和频率上的边缘分布。

时域边际谱是某一时刻的所有频率的能量总和，等于该时刻的瞬时功率，即

$$H(t)=\int H(\omega,t)\mathrm{d}\omega=|h(t)|^2 \tag{3-5}$$

频域边际谱则是某一特定频率的能量总和，等于信号的能量谱密度，即

$$H(\omega)=\int H(\omega,t)\mathrm{d}t=|h(\omega)|^2 \tag{3-6}$$

根据频域边际谱定义频域非平稳度为

$$\mathrm{DN}(\omega)=\frac{1}{T}\int_0^T\left[1-\frac{H(\omega,t)}{n(\omega)}\right]^2\mathrm{d}t \tag{3-7}$$

式中，$T$ 为数据长度；$n(\omega)=\frac{1}{T}H(\omega)=\frac{1}{T}\int_0^T H(\omega,t)\mathrm{d}t$，为频域平均边际谱。由边际谱定义的频域非平稳度反映了时频联合谱偏离频域平均边际谱的程度。

根据频域非平稳度的定义，文献[15]给出了时域非平稳度的表示：

$$\mathrm{DN}(t)=\frac{1}{W}\int_0^W\left[1-\frac{H(\omega,t)}{n(t)}\right]^2\mathrm{d}\omega \tag{3-8}$$

式中，$n(t)=\frac{1}{W}h(t)=\frac{1}{W}\int_0^W H(\omega,t)\mathrm{d}\omega$，$W$ 为瞬时频率最大值；以 $\mathrm{DN}(t)$ 作为该时间序列在时间 $t$ 时刻的时域非平稳度。

以 120°E 子午链上的 TEC 测量数据为研究对象，按照式(3－8)计算 TEC 日均值对应的时域非平稳度，分别得到 1997 年和 2000 年在纬度为 20°N 和 40°N 处的日均值非平稳度，如图 3－33 和图 3－34 所示。

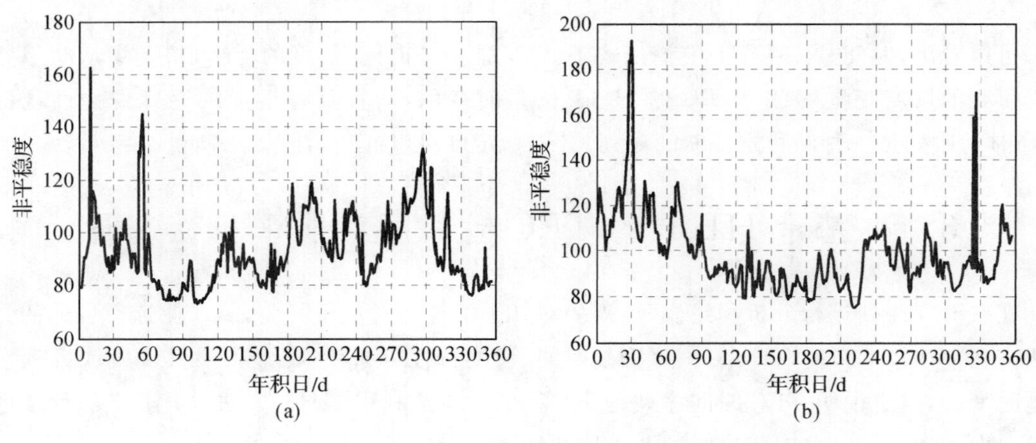


图 3-33　1997 年 TEC 日均值非平稳度
(a)1997 年,20°N;(b)1997 年,40°N

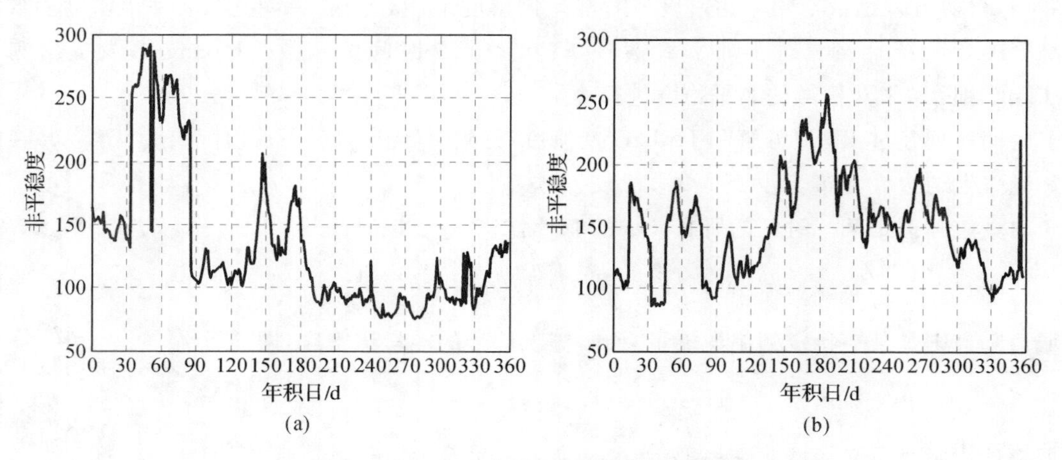


图 3-34　2000 年 TEC 日均值非平稳度
(a)2000 年,20°N;(b)2000 年,40°N

总体上,TEC 的非平稳度在时间上也呈现出逐日变化性,而且 2000 年 TEC 日均值的非平稳度高于 1997 年。非平稳度有明显的季节变化,冬夏季节的非平稳度高于春秋季节,1997 的冬季非平稳度高于其他季节,2000 年的夏季最高,与图 3-32 中 TEC 时域波形在春秋季节较高的特点恰好相反,这也说明,背景值高并不一定稳定度低。

## 3.5　基于样本熵的 TEC 时间序列复杂度分析

电离层是一个复杂系统,其电子的产生、复合、输运等过程受到各种因素的影响,电子总含量 TEC 也是一种复杂的随时间变化的物理量,其复杂性在本书前面章节关于 TEC 的波形分析、时间-尺度分析和非平稳性分析中已充分展现。本节用样本熵来描述 TEC 时间序列的复杂度,分析 TEC 时间序列的复杂性。

### 3.5.1　样本熵

熵是热力学中引入的物理概念，用于描述系统的无序程度。人们将熵的概念，包括 Shannon 熵、Renyi 熵、能量熵、奇异熵、K－S 熵和近似熵等，应用到各个领域[16]。Shannon 用信息熵来度量随机变量不确定性的大小，信息熵越大，表示随机变量的不确定性越大，反之，表示随机变量的不确定性越小。也就是说，一个系统越有序，其信息熵越小；反之，系统越混乱，信息熵越大。Pincus 提出了度量序列复杂度的方法——近似熵（Approximate Entropy），用于定量描述序列的复杂性[17]。Richman 针对近似熵在计算中的自身匹配问题，提出了改进方法——样本熵（Sample Entropy），它与近似熵相比精度更高，且只需较少数据便可得到稳定数值，较适合于工程应用[18]。本节将采用样本熵来分析电离层 TEC 时间序列的复杂度。

样本熵的算法如下：

(1)假设原始数据为$\{X_i\}=\{x_1,x_2,\cdots,x_N\}$，长度为 $N$。预先给定嵌入维数 $m$ 和相似容限 $r$，基于原始信号重构 $m$ 维矢量，有

$$\boldsymbol{x}(i)=[x_i,x_{i+1},\cdots,x_{i+m-1}],i=1,2,\cdots,N-m \tag{3-9}$$

(2)$x(i)$与 $x(j)$之间的距离 $d_{ij}$ 取为两者对应元素差值绝对值的最大值，即

$$d_{ij}=d[x(i),x(j)]=\max_{k\in[0,m-1]}[|x(i+k)-x(j+k)|] \tag{3-10}$$

(3)对每个 $i$，计算 $x(i)$与其余向量 $\boldsymbol{x}(j)(j=1,2,\cdots,N-m;j\neq i)$的距离 $d_{ij}$，统计 $d_{ij}$ 小于 $r$ 的数据及此数据与距离总数 $N-m-1$ 的比值，记作 $B_i^m(r)$，即

$$B_i^m(r)=\frac{1}{N-m-1}(d_{ij}<r\text{ 的数目}) \tag{3-11}$$

(4)再求 $B_i^m(r)$的平均值，有

$$B^m(r)=\frac{1}{N-m}\sum_{i=1}^{N-m}B_i^m(r) \tag{3-12}$$

(5)对维数 $m+1$，重复(1)～(4)，得到 $B_i^{m+1}(r)$，进一步得到 $B^{m+1}(r)$；

(6)则样本熵定义为

$$\mathrm{SampEn}(m,r)=\lim_{N\to\infty}\left[-\ln\frac{B^{m+1}(r)}{B^m(r)}\right] \tag{3-13}$$

当 $N$ 取有限数时，式(3－13)变为

$$\mathrm{SampEn}(m,r,N)=\ln B^m(r)-\ln B^{m+1}(r) \tag{3-14}$$

SampEn$(m,r,N)$的值与嵌入维数 $m$、相似容限 $r$ 和数据长度 $N$ 有关，熵值一般对 $N$ 要求不高。对于嵌入维数 $m$，一般取 $m=2$。对于相似容限 $r$，一般取 SD 的 10%～25%(SD 是原始数据的标准差)。样本熵刻画了时间序列在模式上的自相似性和复杂度。

文献[19]利用样本熵对混沌方程(Mackey－Glass 方程、Henon 方程、Rossler 方程)、白噪声(White Noise)、1/$f$ 噪声、周期序列(sin 函数)等序列进行了复杂度检验，得到的结果表明，正弦信号 Sin 函数的样本熵最低，白噪声的样本熵最高。

### 3.5.2　TEC 时间序列的复杂度分析

1. 年变化的样本熵

计算不同采样间隔(30 min 均值、1 h 均值、日均值)、不同纬度、不同年的样本熵，其结果

见表 3－6。

**表 3－6　TEC 年变化样本熵**

| 纬度 | 30 min 均值 | | | 1 h 均值 | | | 日均值 | | |
|---|---|---|---|---|---|---|---|---|---|
| | 1997 年 | 2000 年 | 2004 年 | 1997 年 | 2000 年 | 2004 年 | 1997 年 | 2000 年 | 2004 年 |
| 20°N | 0.393 1 | 0.499 1 | 0.388 5 | 0.503 3 | 0.631 6 | 0.494 0 | 1.645 4 | 1.149 2 | 1.532 1 |
| 40°N | 0.853 0 | 0.451 1 | 0.604 5 | 1.041 8 | 0.590 4 | 0.780 5 | 1.306 3 | 1.029 4 | 1.025 9 |

可以看出，TEC 时间序列样本熵有以下特点：

(1)TEC 时间序列的采样间隔越短，一年内序列长度越长，样本熵越低；

(2)在低纬度，太阳活动高年的 TEC 时间序列样本熵高于太阳活动低年；

(3)在中纬度，太阳活动高年的 TEC 时间序列样本熵低于太阳活动低年。

2. 周日变化的样本熵

对 TEC 周日变化序列进行复杂度分析，计算 30 min 均值的 TEC 周日变化样本熵，所得不同年和不同纬度的 TEC 周日变化波形和对应的周日变化样本熵如图 3－35 所示。

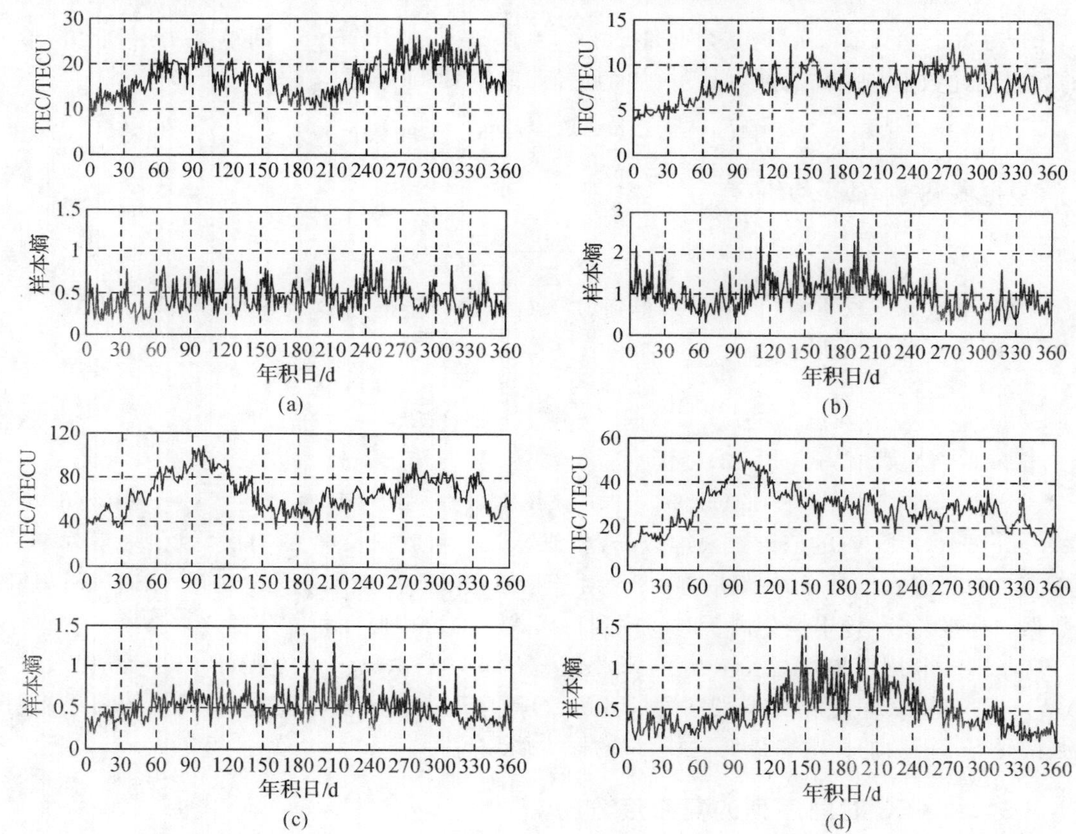


图 3－35　周日变化的 TEC 时域波形和对应的样本熵

(a)1997 年 20°N；(b)1997 年 40°N；(c)2000 年 20°N；(d)2000 年 40°N；

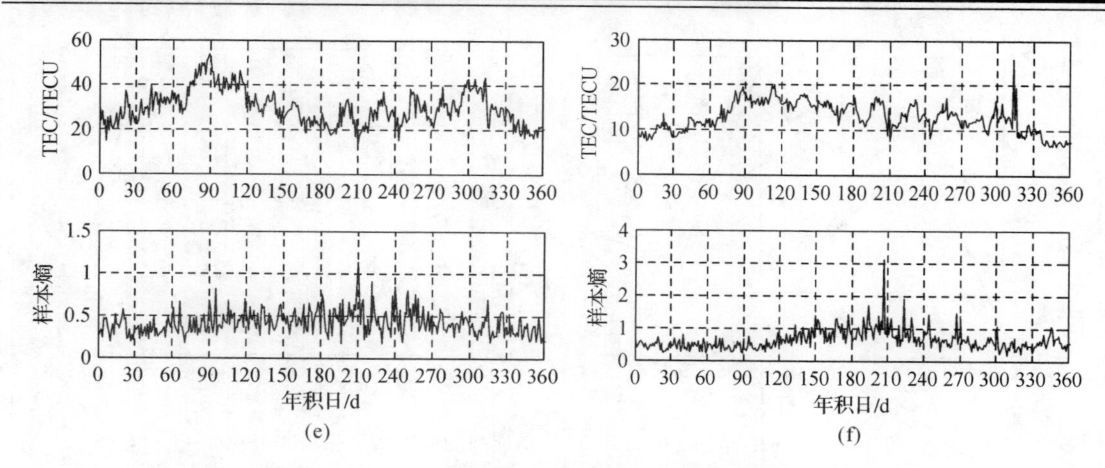


续图 3-35　周日变化的 TEC 时域波形和对应的样本熵
(e)2004 年 20°N;(f)2004 年 40°N

从周日变化样本熵与时域变化波形对比可以看出：

(1)中纬度的周日样本熵呈现拱形，夏季高于春秋，冬季最低，在 1 月、2 月、3 月和 11 月、12 月的样本熵最低，在 200 d 附近达到最高；而从时域波形来看，1997 年具有双峰特点，春秋高，冬夏低，在 100 d 和 300 d 左右达到峰值，对应的样本熵恰好是谷值，即 1997 年的样本熵与日均值的波形峰谷值的位置刚好相反，对于 2000 年和 2004 年也是如此。

(2)低纬度的日均值 TEC 变化在春秋高，冬夏低，在 200 d 左右达到最低，与之相反的是，样本熵的变化在低纬度没有中纬度起伏剧烈，基本上呈现一个拱形，拱形的峰值在 200 d 左右，即与日均值的谷值位置有良好的对应性。

(3)TEC 波形的细节特征与背景特征有近似相反的特点。

3. TEC 扰动时段的样本熵

TEC 的扰动主要表现为其周日变化幅度增大或减小的量超过了正常阈值的范围，异常增大称为正相扰动，而异常减小称为负相扰动。在扰动发生时，其波形发生了变化，对应的样本熵和非平稳度也会发生变化。

以年积日第 235 d 为例，在第 235 d 出现电离层 TEC 的负相扰动，如图 3-36 所示，其对应的周日样本熵和平均非平稳度的变化如图 3-37 所示。

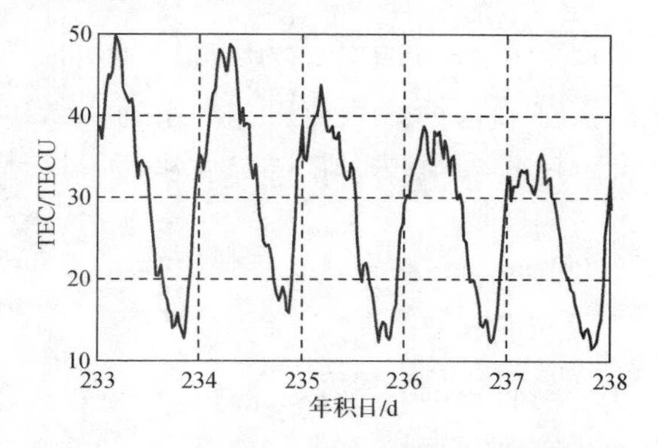


图 3-36　2000 年第 235 日的 TEC 负相扰动波形

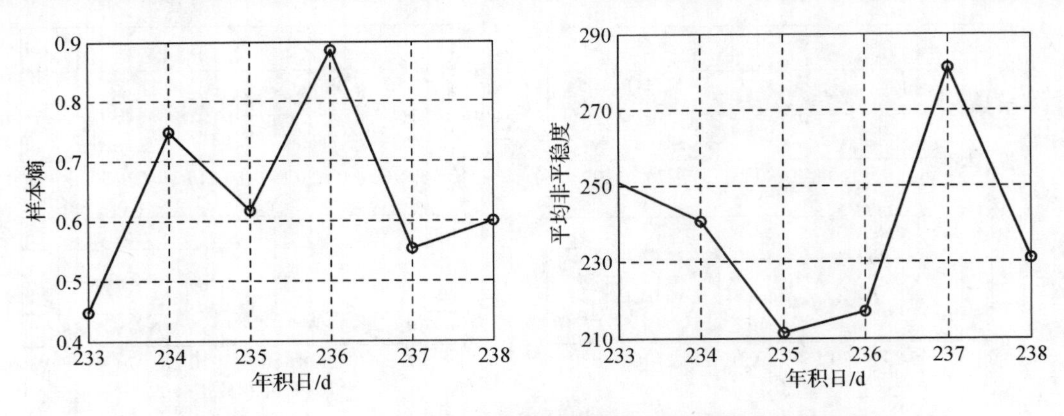


图 3-37　2000 年第 235 日 TEC 扰动期间的样本熵和平均非平稳度

可以看出，在负相扰动期间，TEC 周日变化样本熵降低，而其日平均非平稳度延迟一日下降。

4. TEC 周日变化各 IMF 分量的样本熵

TEC 周日变化经 EMD 分解后，各 IMF 分量代表了不同的时间-尺度特征，它们的样本熵应该也有所不同。图 3-38 所示为 40°N，2000 年第 233 d～242 d 的 TEC 周日变化和对应 IMF 分量的样本熵。

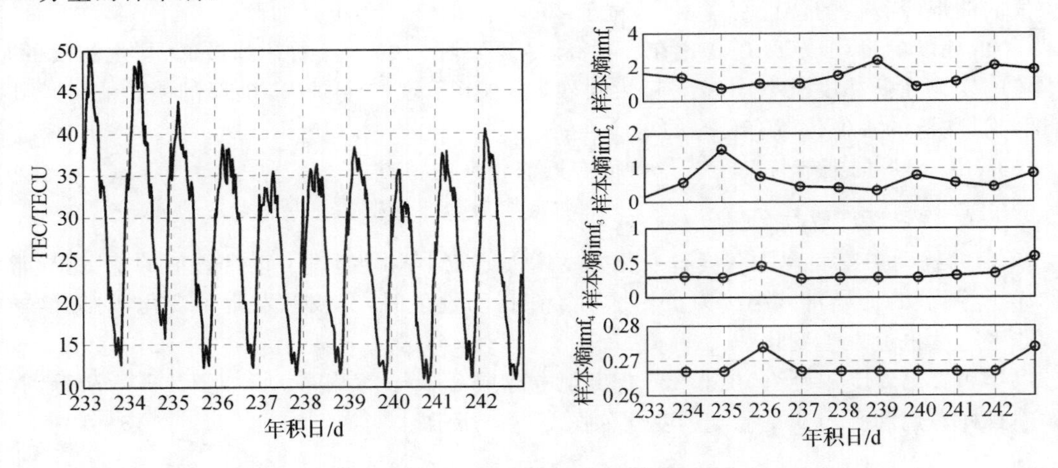


图 3-38　TEC 周日变化和对应 IMF 的样本熵

TEC 周日变化发生负扰动时段第 235 d 和第 236 d，$imf_1$ 的样本熵降低，其他 IMF 分量的样本熵增大，但是由于 $imf_1$ 的样本熵值较大，所以整体上第 235 d 的样本熵降低，而第 236 d 的样本熵增大。

## 3.6　本章小结

本章对电离层 TEC 时间序列特性进行了分析研究，包括周日变化的高阶统计特性分析、逐日变化特性分析、HHT 时频特性和非平稳特性分析、复杂度分析。

分析了 TEC 周日变化波形的峰度、偏度、白天峰值、夜间日出增强和日落增强等特征在不同的太阳活动性、不同的季节、不同纬度等情况下的特点。结果表明，这些特征可以很好地描述 TEC 的周日变化特性。根据峰度大小，TEC 周日变化大部分为扁平波形，而根据偏度的大小，中纬度的偏度有明显的季节变化性，秋冬正偏，春夏负偏居多，而低纬度的偏度具有明显的太阳活动特性，活动低年正偏多，活动高年以负偏为主。

利用逐日变化对背景值的偏离情况检测电离层 TEC 的扰动情况，分析了 TEC 的扰动形态与 TEC 周日变化波形特点的相关关系，发现中纬度 TEC 周日变化的峰度和偏度特点与 TEC 扰动有很好的对应关系，尤其是在夏季，TEC 扰动为高发期，相对于其他季节，TEC 波形为尖峰负偏波形，即高于日平均值的部分幅度大，但是时间短。

利用多分辨时频分析方法 HHT，对电离层 TEC 时间序列进行了时间-尺度分析，针对 TEC 时间序列的采样频率较小，在低频部分的时频谱容易混在一起的问题，提出将频率转化为对应的周期变化尺度，构造时间-尺度- HHT 谱三维谱图，可以更为清晰地描述 TEC 的尺度变化特性。基于 HHT 的边际谱分析了 TEC 时间序列的非平稳度。结果表明，TEC 时间序列含有丰富的时间-尺度信息，包含几小时到数百天的尺度变化，而且各种尺度特性随时间变化，因此，TEC 时间序列是非平稳的；TEC 时间序列的非平稳度具有逐日变化性，且受纬度、太阳活动、季节变化影响明显。

利用样本熵对 TEC 时间序列的复杂度进行了分析。结果表明，TEC 时间序列的样本熵表现出一些与 TEC 日均值变化规律不符甚至相反的特点，如样本熵在中纬度的起伏比低纬度剧烈，TEC 样本熵的峰值出现在夏季，春秋较低，这与受季节调制变化的规律和 TEC 日均值的规律相反，这一规律在太阳活动高年尤为明显。复杂度反映了序列的细节特征，而均值反映了序列的背景特征，TEC 时间序列样本熵的特点说明 TEC 在背景值较大的情况下，并非都含有明显的细节起伏变化。

通过对 TEC 时间序列特点的分析，进一步认识了 TEC 周日变化规律，为 TEC 气象学变化形态研究提供了一种思路，也成为 TEC 短期预测和电离层空间天气预报的研究基础。

## 参考文献

[1]於晓. 欧洲上空电离层峰值电子密度逐日变化的相关性研究[D]. 武汉：中国科学院武汉物理与数学研究所，2007.

[2]陈志宇，张东和，肖佐. 电离层 TEC 日落阶段涨落异常增强现象研究[J]. 空间科学学报，2003，23(1)：34 - 41.

[3]章红平. 基于地基 GPS 的中国区域电离层监测与延迟改正研究[D]. 上海：中国科学院上海天文台，2006.

[4]毛田. 基于 GPS 台网观测的电离层 TEC 的现报与建模研究[D]. 武汉：中国科学院武汉物理与数学研究所，2007.

[5]RISHBETH H. Basic physics of the ionosphere: a tutorial review[J]. Journal of the Institution of Electronic and Radio Engineers, 1988, 58(6): S207 - S223.

[6]邓忠新. 电离层 TCE 暴及其预报方法研究[D]. 武汉：武汉大学，2012.

[7]赵必强. 中低纬电离层年度异常与暴时特性研究[D]. 武汉：中国科学院武汉物理与数学研究所，2006.

[8]黄海莎,刘庆元.震前电离层 TEC 异常探测方法的研究进展[J].测绘与空间地理信息,2015,38(1):197-199,203.

[9]KOURIS S S, POLIMERIS K V, CANDER L R. Specifications of TEC variability[J]. Advances in Space Research, 2006, 37(5): 983-1004.

[10]黄庆铭.地磁暴与电离层骚扰关系[J].地球物理学报,1988,31(4):471-477.

[11]丁鉴海,索玉成,余素荣.地磁场与电离层异常现象及其与地震的关系[J].空间科学学报,2005(6):44-50.

[12]王世凯,柳文,鲁转侠,等.电离层暴时经验模型 STORM 在中国区域的适应性研究[J].空间科学学报,2010,30(1):132-140.

[13]HUANG N E,ZHENG S,LONG S R,et a1. The empirical mode decomposition and the hilbert spectrurm for non-linear and nonstationary time series analysis[J]. Proceeding of Royal Society London A, 1998,454:903-995.

[14]王海燕,卢山.非线性时间序列分析及其应用[M].北京:科学出版社,2006.

[15]范剑青,姚琦伟.非线性时间序列:建模、预报及应用[M].北京:高等教育出版社,2005.

[16] WU Z H, HUANG N E. Ensemble Empirical Mode Decomposition: a Noise Assisted Data Analysis Method [J]. Andvances in Adaptiie Data Analysis, 2009,1(1):1-41.

[17]PINCUS S M. Approsimate entropy as a measure of system complexity[J]. Proc. Natl. Acad. Sci. USA, 1991, 88: 2297-2301.

[18]RICHMAN J S, RANDALL M J. Physiological time-series analysis using approximate entropy and sample entropy[J]. American Journal of Physiology: Heart & Circulatory Physiology, 2000,278:2039-2049.

[19]ACHARYA R, ROY B, SIVARAMAN M R, et al. Prediction of ionospheric total electron content using adaptive neural network with in-situ learning algorithm[J]. Advances in Space Research, 2011, 47(1):115-123.

# 第 4 章　电离层和地磁场时空特性分析

电离层和地磁场的时间演化和空间分布特性较为复杂，即便在平静时期也存在各种时空尺度的变化，这些时空尺度变化特征不仅包括电离层和地磁场的重要信息，还包含两者的相互作用信息以及外部空间环境的大量信息，本章基于统计分析方法和时频分析方法研究电离层和地磁场的时空变化特性。

选用隐马尔可夫模型(HMM)对中国大陆地区的多个站点地磁场时间序列进行建模，并利用改进的模板匹配方法分析了该区域地磁场变化的区域性特征，揭示了分布在中国大陆地区不同站点的地磁场 $F$ 分量(地磁场总强度)变化的空间差异。在 3.4 节中利用了 HHT 对 TEC 时间序列的非平稳性分析，反映 TEC 的非平稳度在时间上的逐日变化性以及与背景值变化规律的差异性；本章将 HHT 用于对不同 $K$ 指数、不同 Lloyd 季节和昼夜地磁场 $Z$ 分量的时域非平稳特征分析。在 3.5 节中，将样本熵用于分析 TEC 时间序列的复杂度特性，反映了 TEC 在时间变化上的复杂度特性的季节调制规律；本章将样本熵应用于 TEC 的时空变化特征的研究中，分析全球电离层 TEC 复杂度的时空变化特征。作为分析高维数组的有效工具，张量的秩分解可以用于解决对于传统矩阵方法非常棘手的多维线性问题(例如，时间、经度和纬度变化的联合分析)，本章利用张量的秩 1 分解对电离层的大尺度时空变化特征进行联合分析。

## 4.1　中国大陆地区地磁场时空变化的纬度依赖性和不对称性分析

### 4.1.1　地磁数据描述

本章选用中国大陆地区地磁场 $F$ 分量的分钟值作为分析对象，其来源于两个数据集，其中一个数据集 $S_1$ 包含从国家地磁台网中心①获得的 9 个地磁站点的观测数据，另一个数据集 $S_2$ 包含从国家地震前兆台网中心②获得的 4 组共 12 个地磁站点的观测数据，两个数据集中地磁站点的信息分别见表 4-1 和表 4-2。需要特别说明的是，从国家地震前兆台网中心获得数据集 $S_2$ 中的地磁站点具有特定的空间分布，同一组的地磁站点近似处于同一地理纬度上。

① http://www.geomag.org.cn/

② http://qzweb.seis.ac.cn/twzx/

**表 4-1　国家地磁台网中心提供的 9 个地磁台站的名称及地理位置信息**

<table>
<tr><th rowspan="2">台站序号</th><th rowspan="2">站点名称（代号）</th><th colspan="2">地理坐标</th></tr>
<tr><th>纬度/(°N)</th><th>经度/(°E)</th></tr>
<tr><td>1</td><td>成都（CDP）</td><td>30.7</td><td>104.1</td></tr>
<tr><td>2</td><td>长春（CNH）</td><td>43.8</td><td>125.3</td></tr>
<tr><td>3</td><td>格尔木（GRM）</td><td>36.4</td><td>94.9</td></tr>
<tr><td>4</td><td>喀什（KSH）</td><td>39.2</td><td>75.4</td></tr>
<tr><td>5</td><td>兰州（LZH）</td><td>36.1</td><td>103.9</td></tr>
<tr><td>6</td><td>满洲里（MZL）</td><td>49.6</td><td>117.4</td></tr>
<tr><td>7</td><td>琼中（QZH）</td><td>19.0</td><td>109.8</td></tr>
<tr><td>8</td><td>通海（THJ）</td><td>24.1</td><td>102.9</td></tr>
<tr><td>9</td><td>武汉（WHN）</td><td>30.0</td><td>113.9</td></tr>
</table>

**表 4-2　国家地震前兆台网中心提供的 4 组观测台站的名称及地理位置信息**

<table>
<tr><th rowspan="2">组序号</th><th rowspan="2">站点名称（代号）</th><th colspan="3">地理坐标</th></tr>
<tr><th>纬度/(°N)</th><th>经度/(°E)</th><th>平均纬度/(°N)</th></tr>
<tr><td rowspan="3">1</td><td>铁岭（TLI）</td><td>42.1</td><td>123.8</td><td rowspan="3">41.5</td></tr>
<tr><td>朝阳（CYA）</td><td>41.6</td><td>120.4</td></tr>
<tr><td>乌什（WSH）</td><td>41.2</td><td>79.2</td></tr>
<tr><td rowspan="3">2</td><td>临汾（LFE）</td><td>36.1</td><td>111.5</td><td rowspan="3">36.2</td></tr>
<tr><td>固原（GYU）</td><td>36.0</td><td>106.2</td></tr>
<tr><td>兰州（LZH）</td><td>36.0</td><td>103.8</td></tr>
<tr><td rowspan="3">3</td><td>天水（TSY）</td><td>34.6</td><td>105.9</td><td rowspan="3">34.4</td></tr>
<tr><td>乾陵（QIX）</td><td>34.6</td><td>108.2</td></tr>
<tr><td>大坞（DWU）</td><td>34.5</td><td>100.2</td></tr>
<tr><td rowspan="3">4</td><td>当阳（DYA）</td><td>30.8</td><td>111.8</td><td rowspan="3">30.6</td></tr>
<tr><td>泾县（JXI）</td><td>30.6</td><td>118.4</td></tr>
<tr><td>九峰（JFE）</td><td>30.5</td><td>114.5</td></tr>
</table>

利用 HMM 对各地磁站点的 $F$ 分量进行建模，为了对模型的参数进行训练和检验，我们将各地磁站点的观测数据划分为两部分，一部分作为训练数据，一部分作为测试数据。将来自同一地磁站点的数据归为一类，以地磁观测站点作为类别标签，因此，不同站点的地磁变化特

征可以被不同参数的 HMM 建模表征，也就是说，每一个站点的地磁变化都用一个 HMM 模型来建模。为了消除数据选择对结果的影响，我们随机选择 2009 年和 2010 年两年的地磁观测数据，以一天时间的 $F$ 分量观测数据作为一个样本，同时，去除含有 0 和 99 999 野值的样本。从每个地磁站点的观测中随机选择 100 个样本构成测试数据集，剩余部分作为训练数据集来构建隐马尔可夫模型。

### 4.1.2　HMM 模型描述

HMM 模型具有简易性和通用性，是一种被广泛使用的数据建模方法。在 HMM 中，我们假设在数据观测之间存在一个隐藏的状态转移过程，这个过程可以用一阶马尔可夫链建模，观测数据是这个过程的外在表现，如图 4-1 所示。

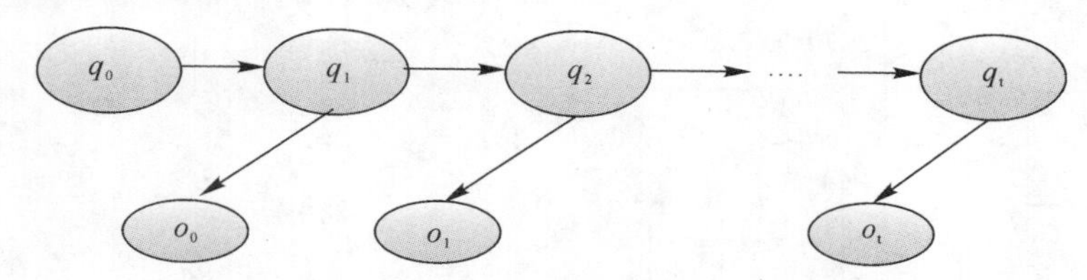


图 4-1　隐马尔可夫模型示意图（$q_t$ 是隐状态，$O_t$ 是观测）

1. HMM 参数

如图 4-1 所示，在利用 HMM 对地磁场变化进行建模的过程中，$t$ 时刻的隐状态用 $q_t \in \{1,2,\cdots,N\}$ 来表示，其中 $N=60$ 是隐状态的种类数。另外，$T$ 是模型中马尔科夫链的长度，在本章中令 $T=6$，这就意味着每天的地磁场 $F$ 分量观测值被划分为 6 段，每段数据长度为 240 min。然后，对每个时段的数据进行特征提取，其中提取的特征包括均值 $o_t^1$，方差 $o_t^2$，Fisher 信息量 $o_t^3$、码失真量 $o_t^4$，平均累积梯度 $o_t^5$、峭度 $o_t^6$ 和粗糙度 $o_t^7$ 等共 7 个特征[1,2]，这样，$t$ 时段的观测为 $O_t=(o_t^1,o_t^2,\cdots,o_t^7)$。对于状态转移矩阵 $\boldsymbol{A}=\{a_{ij}\}$ 中的 $a_{ij}=P(q_{t+1}=j|q_t=i)$，$1\leqslant i,j\leqslant N$。在隐状态 $q_t=j$ 时，观测概率分布可以定义为 $b_j(O_t)=p(O_t|q_t=j)$，$j=1,2,\cdots,N$。由于我们的观测数据是连续的，因此，需要利用连续的概率模型对其进行建模，这里我们选用混合高斯分布对 $b_j(O_t)$ 进行建模，即 $b_j(O_t)=\sum_{k=1}^{M_{ix}} c_{jk}N(O_t,\mu_{jk},U_{jk})$，其中 $c_{jk}$ 是隐状态为 $j$ 时第 $k$ 个高斯分布的系数（$\sum_{k=1}^{M_{ix}} c_{jk}=1, c_{jk}>0$），$N(O_t,\mu_{jk},U_{jk})$ 是隐状态为 $j$ 时均值矢量为 $\boldsymbol{\mu}_{jk}$，协方差矩阵为 $\boldsymbol{U}_{jk}$ 的条件下，观测 $O_t$ 的高斯概率密度，本章中混合高斯模型中高斯分布的个数为 $M_{ix}=5$，选择 EM 算法[3]对混合高斯模型的参数进行学习求解。这样可以得到不同隐状态对应的观测概率分布的集合 $B=\{b_j(O_t)\}$，$j=1,2,\cdots,N$。另外，随机给定 HMM 的初始状态分布 $\pi_i=P(q_0=i)$，$i\in\{1,2,\cdots,N$，满足条件 $\sum_i \pi_i=1$。综上所述，一个完整的 HMM 需要确定常数 $N$、$T$，以及三组概率参数 $A$、$B$ 和 $\pi$。为了简便，定义 $\lambda=(A,B,\pi)$ 为 HMM 在特定常数 $N$、$T$ 条件下的概率参数。在当前的应用背景下，我们主要关注 HMM 的以下两个问题：

(1)如何在给定地磁场观测 $O=(O_1,O_2,\cdots,O_T)$ 的条件下，调整 HMM 参数 $\lambda=(A,B,\pi)$ 来最大化似然函数 $p(O|\lambda)$，即如何确定 HMM 的参数使其最能描述当前的地磁观测；

(2)如何在给定地磁场观测 $O=(O_1,O_2,\cdots,O_T)$ 和 HMM 参数的条件下，获得观测数据

和给定 HMM 模型的匹配程度 $P=p(O|\lambda)$。

本章利用 Baum－Welch 算法解决问题(1)，获得 HMM 的模型参数 $\lambda=(A,B,\pi)$；利用前向算法来解决问题(2)，获得地磁观测数据和给定 HMM 参数的匹配程度 $P$[3]。以上基于地磁场观测获得 HMM 模型参数的步骤如图 4－2 所示。

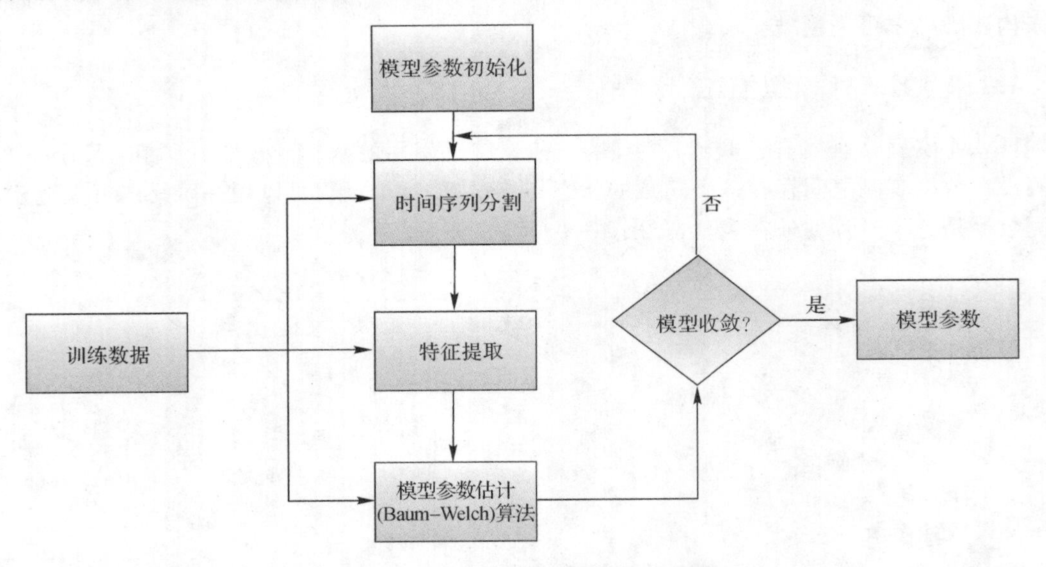


图 4－2　HMM 模型参数学习过程图

利用每个台站地磁观测的训练数据，通过 HMM 模型参数的学习过程可以获得代表本台站地磁场变化的 HMM 参数。本章借鉴语音识别的策略[4]，改进传统的模板匹配方法对地磁场的时空变化特征进行研究。

2. 改进的模板匹配方法

利用各地磁台站提供的测试数据对获得的 HMM 参数的有效性进行验证，其过程如图 4－3 所示，其中状态序列分割和特征提取两个步骤与 HMM 模型参数学习过程(见图 4－2)中的实现方法相同。我们以图 4－2 获得 HMM 模型参数 $\lambda$ 为模板，在图 4－3 中利用前向算法[3]计算地磁测试数据与不同站点 HMM 模板的匹配程度 $p(O|\lambda_l)$，$l=1,2,\cdots,K$，其中 $K$ 为地磁观测站点的个数，最终选择与当前测试地磁数据匹配程度最高的 HMM 模板作为地磁测试数据所来自的站点，即 $\arg_l\max[p(O|\lambda_l)]$，$l=1,2,\cdots,K$，同时，获得测试样本与 HMM 模板最终的匹配程度 $P=\max[p(O|\lambda_l)]$，$l=1,2,\cdots,K$。

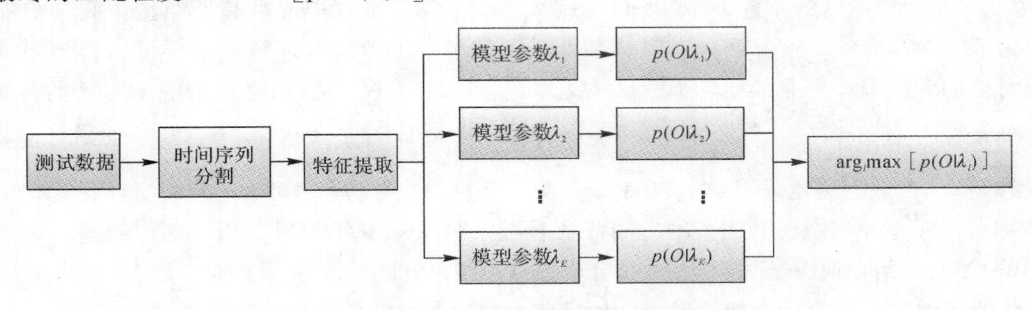


图 4－3　测试地磁数据的模板匹配过程

由于地磁场的不对称性以及观测数据本身的波动性，在当前应用背景下需要对传统的模板匹配方法进行改进。前向算法是HMM中的推断概率 $\beta_t = p(O_1, O_2, \cdots, O_t | \lambda)$ 的重要方法，为了衡量不同站点地磁变化之间的相似性，本章引入参数 $\delta_t$，其定义为

$$\delta_t = \ln[p(O_1, O_2, \cdots, O_t | \lambda)], 1 \leqslant t \leqslant T, \tag{4-1}$$

式中，$\delta_t$ 为 $t$ 时刻地磁观测 $O_1, O_2, \cdots, O_t$ 与模型参数 $\lambda$ 的匹配程度。由于 $\ln[\max(f_x)] = \max[\ln(f_x)]$，$f_x > 0$，所以，在寻找最优匹配的过程中，$\delta_t$ 和 $\beta_t$ 是等价的。因此，可以获得地磁站点HMM模型参数与观测样本的匹配程度，定义为 $\widetilde{P}$，则有

$$\widetilde{P} = \delta_T = \ln[p(O_1, O_2, \cdots, O_T | \lambda)] \tag{4-2}$$

为了排除不同HMM模板之间概率度量之间的差异，将每组测试数据的匹配程度通过 $y_{mn}^k = \dfrac{2(\widetilde{P}_{mn}^k - \min)}{\max - \min} - 1$ 归一化到 $[-1, 1]$，这里 $m$ 代表测试样本的序号，$n$ 代表测试样本所来自的地磁站点编号，$k$ 代表不同地磁站点HMM模板的序号，max和min代表 $\widetilde{P}_{mn}^k (k=1,2,\cdots,100)$ 的最大值和最小值。为了保证定义的匹配程度为正数，利用Sigmoid函数将 $y_{mn}^k$ 映射到 $(0,1)$ 区间，即 $\widetilde{P}_{mn}^k = 1/[1+\exp(-y_{mn}^k)]$。最终，为了度量地磁站点 $n$ 与站点 $i(i \neq n)$ 观测之间的相似程度，本章利用来自站点 $n$ 的测试样本和站点 $i$ 的HMM模板的匹配程度，与这些测试样本和其自身站点 $n$ 的HMM模板的匹配程度之间的相对大小，来定义互匹配系数（$m$ 为测试样本序号）：

$$C_{ni} = \frac{\sum_m \widetilde{P}_{mn}^i}{\sum_m \widetilde{P}_{mn}^n}, n \neq i \tag{4-3}$$

### 4.1.3 结果与讨论

对于任意的地磁观测数据，其与给定HMM模板之间匹配程度的度量 $\widetilde{P}_{mn}^k$ 在 $(0,1)$ 之间，这可以看作当前观测数据是由该HMM模板产生的概率。这种测试数据与模板之间匹配程度的度量可以分为自匹配和互匹配两种，其中自匹配程度是指观测数据与其来源的观测站点HMM模板的匹配程度，互匹配程度则指观测数据与其他观测站点HMM模板的匹配程度。在大多数情况下，特别是模式识别中，自匹配程度通常非常大，远大于互匹配程度，这是基于模板匹配进行模式识别的性能保证，因为交叉匹配是导致样本识别错误的根源所在。尽管如此，在模式识别中经常被忽视的交叉匹配，在当前研究背景下是我们关注的焦点。

如果地磁站点 $n$ 的观测数据与站点 $i$ 的HMM模板之间的交叉匹配程度比较大，通常意味着这两个站点地磁变化之间有某些相似之处，而这些信息往往很难直接从观测中获取到，因此，交叉匹配程度的引入可以有利于研究这种观测数据之间的内在联系。两组数据之间交叉匹配通常是对称的，即如果来自对象A的观测与对象B存在交叉匹配，那么来自对象B的观测与对象A也存在交叉匹配。对称性显示的是对象A和对象B之间的一种固有关联，因此，当这种对称性出现时，应进一步分析这两个对象之间的内在联系。与之相对应的，不对称性是指来自对象A的观测与对象B存在交叉匹配，但反过来则没有这种交叉匹配存在。与对称性相比，不对称性是更有趣、更值得研究的重要方向，因为不对称性可能会揭示一些隐藏在不同研究对象之间的关键信息，这也是本章研究的重点。

研究发现，各地磁站点的观测数据与其自身站点的HMM模板具有比较好的自匹配，这

说明了 HMM 对地磁场变化建模的有效性，同时也表明 HMM 能准确捕捉到地磁场时空变化的主要特征。数据集 $S_1$ 中测试数据详细的识别结果如图 4-4 所示。图 4-4 中共有 9 个子图，每个子图都代表一个地磁站点 100 个测试数据与各站点 HMM 模板（包括其自身）的匹配结果，每个子图的横轴是地磁站点 HMM 模板名称，纵轴是测试数据的序号，匹配程度用颜色表示。

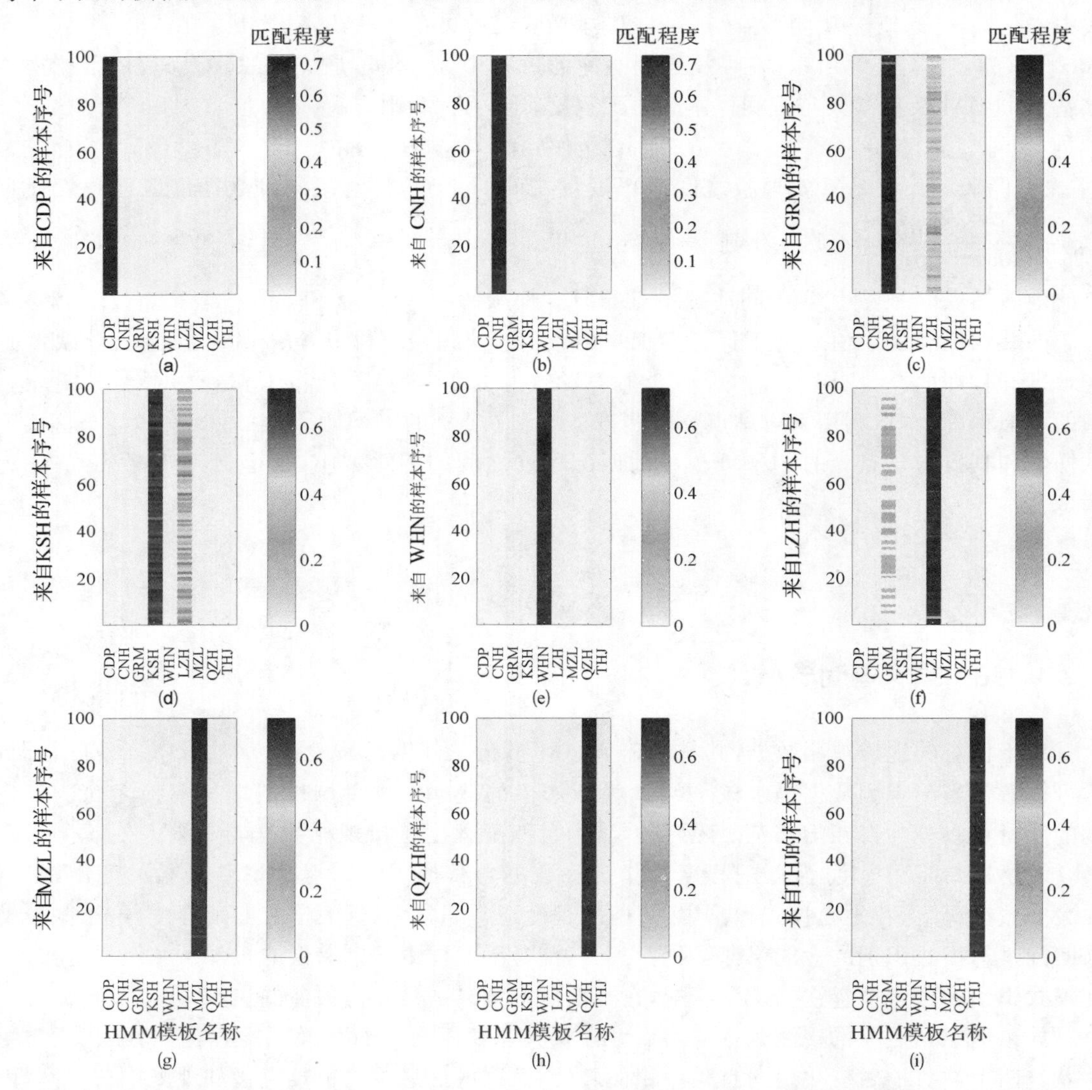


图 4-4　从国家地磁台网中心获得的 9 个地磁站点的观测数据与各地磁站点 HMM 模板的匹配结果

(a)成都；(b)长春；(c)格尔木；(d)喀什；(e)武汉；(f)兰州；(g)满洲里；(h)琼中；(i)通海

（彩图见彩插图 4-4）

从图 4-4 中可以看出，测试数据与其自身地磁站点 HMM 模板的匹配程度比较高，另外，部分站点的测试数据也与其他站点 HMM 模板之间存在交叉匹配现象，特别值得关注的是格尔木[GRM，见图 4-4(c)]和兰州[LZH，见图 4-4(f)]站点的测试数据与其各自 HMM 模板的匹配结果。图 4-4(c)和图 4-4(f)表明，格尔木地磁站点的测试数据与兰州站点 HMM 模板之间存在明显的交叉匹配，反过来，兰州地磁站点的测试数据与格尔木站点 HMM 模型之间也有交叉匹配存在，而且这两个地磁站点数据的交叉匹配现象只存在于这两个站点之间，这说明格尔木与兰州站点之间地磁场的变化存在相似性。另外，由表4-1可知，格尔木(36.4°N)和兰州(36.1°N)地磁站点几乎处于同一地理纬度，我们认为，这里的交叉匹配证实了地磁场变化纬度依赖性的存在[5]，也进一步证实了Takeda等(2003年)的观点，地磁场各分量的日变幅度与太阳天顶角有关，因为太阳天顶角通过控制电子密度分布决定电离层电导率，因此，同纬度地区的地磁场变化具有相似性[6]。

图4-4还表明两个地磁站点之间的交叉匹配中存在不对称性。如图4-4(d)(f)所示，喀什(KSH)和兰州(LZH)站点地磁观测数据之间的交叉匹配是不对称的。兰州地磁站点的观测与喀什地磁站点的HMM模板有明显的交叉匹配存在[见图4-4(d)]，但是反过来，喀什地磁站点的观测与兰州地磁站点的HMM模板之间却没有出现交叉匹配[见图4-4(f)]。Amit(2012年)的数值模型表明，地核和地幔边界之间的热异常可能导致磁性不对称，并推测通过数据在时间维度上的平均，东亚和美洲地区的地磁不对称性会比较明显[7]。为了解释地磁变化的不对称性，Sumita等(1999年)通过数值试验已经证实地球内部下地幔的热作用可以影响外核流体的流动[8]。Albert等(2008年)提出了一个热化学对流和发电机模型，将内核与下地幔磁场的异质性耦合起来[9]。以前关于地磁不对称性的实证研究主要集中在基于古地磁记录的半球不对称性或者是包括两个半球在内的非常大的空间尺度上的南北和东西地磁场不对称性[10]。然而，目前基于地面观测到的真实地磁数据资料在东亚等相对较小的地理尺度内，关于地磁场不对称性的实证几乎没有。尽管研究表明时间维度上的数据平均可能有助于揭示地磁不对称性，但是并没有清晰地呈现出详细的数据处理方法。因此，本章中两个站点地磁数据之间交叉匹配中存在的不对称现象可以看作是验证中国大陆(东亚)地区地磁场不对称性的重要一步，更重要的是，这些结果是基于实际地磁观测数据获得的，比理论建模和数值模拟更具有真实性。

另外，从图4-4中可以看出，不同站点的地磁观测数据与该站点的HMM模板之间表现出很好的自匹配特性，这体现出HMM在描述地磁场时空变化特征方面的有效性，也说明从地磁观测数据中获取的HMM参数能够描述地磁场内在变化特性。因此，从某种意义上说，尽管地磁观测中存在很多变化和干扰，我们仍可以将获得的HMM参数看作该区域地磁变化的固有特征，也就是说，特定地磁站点的HMM参数可以称为该地点地磁场变化独有的“统计标签”。

为了验证从国家地磁台网中心数据集$S_1$得到的结论，本章还利用国家地震前兆网络中心的地磁数据集$S_2$，进一步分析了中国大陆地区地磁变化的纬度依赖性和不对称性，$S_2$数据集中的12个地磁站点根据其地理纬度分为4组，即同一组站点的地理纬度几乎相同，见表4-2。与$S_1$数据集的处理方式相同，将12个站点2009年和2010年的地磁场总强度$F$分量作为HMM中的观测数据进行特征提取以及HMM参数的训练和测试，得到的结果如图4-5所示。

图4-5中展示的国家地震前兆台网中心数据集的分析结果，清晰地展示了地磁场时空变化的纬度依赖性。从图4-5中可以看出交叉匹配现象只发生在纬度相近的同一个组内的地磁站点之间，而不同纬度的站点之间不存在交叉匹配，这种现象充分地证明了地理纬度相同的地磁站点的地磁变化特征具有相似性。

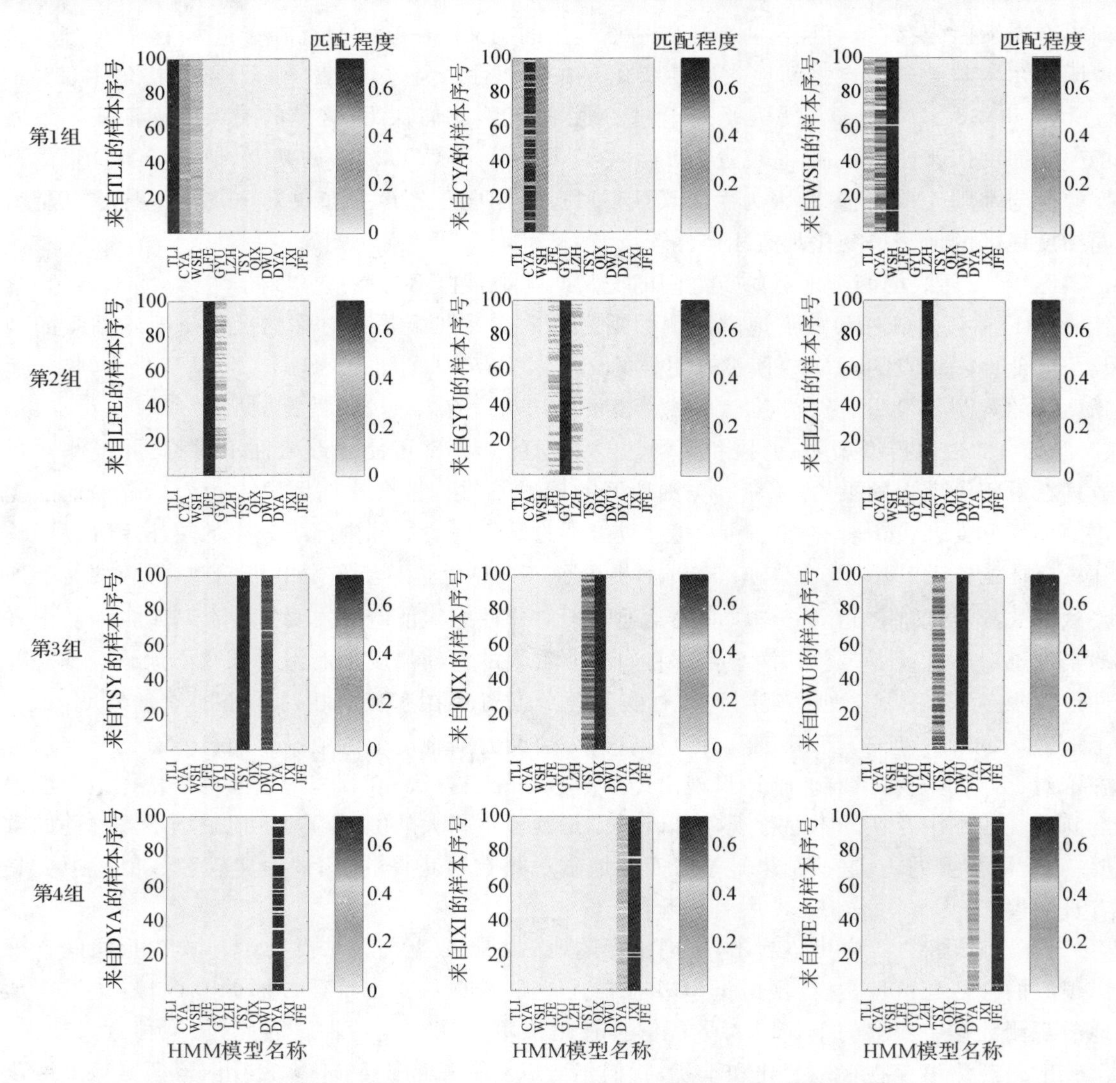


图 4-5　从国家地震前兆网络中心获得的 12 个地磁站点观测数据与各地磁站点 HMM 模板的互匹配结果（地磁站点根据纬度分为 4 组，每一行代表一组观测，第一组地磁站点分别为铁岭、朝阳和乌什，站点均在 41.6°N 附近，第二组地磁站点分别为临汾、固原和兰州，站点均在 36.0°N 附近，第三组地磁站点分别为天水、乾陵和大坞，站点均接近 34.6°N，第 4 组地磁站点分别为当阳、泾县和九峰，站点均在 30.6°N 附近）

（彩图见彩插图 4-5）

另外，地磁场不对称现象在图 4-5 中表现非常明显。我们以第 3 组地磁站点的匹配结果为例（其他组站点可以类比分析），从图 4-5 中第 3 组的第 2 个子图可以看出，乾陵地磁站点（QLX）观测数据不仅与本身站点 HMM 模板具有较高的自匹配程度，而且也与天水站点的 HMM 模板具有较大的交叉匹配，然而反过来，从第 3 组的第 1 个子图可以看出，来自天水站点（TSY）的地磁数据与乾陵站点 HMM 模板的交叉匹配程度约为 0。此外，值得注意的是，尽管天水和大坞地磁站点（DWU）之间存在明显的交叉匹配，但图中第 3 组的第 1 和第 3 子图所展示的互匹配程度[由式（4-3）计算]之间存在很大差异。

## 4.2　基于 HHT 的地磁场时域非平稳性度量

本节借鉴 Huang(1998 年)提出的基于 HHT 变换的频域非平稳性度量方法，基于时频分析的时间序列时域非平稳度计算原理(公式在 3.4 节中已有介绍)，对不同 $K$ 指数、不同 Lloyd 季节和昼夜地磁场 $Z$ 分量的时域非平稳特征进行了分析。本节利用 $\mathrm{DN}(t)$ 的均值 mean[$\mathrm{DN}(t)$]作为该时段非平稳性整体的度量，同时计算该时段 $\mathrm{DN}(t)$ 的标准差 std[$\mathrm{DN}(t)$]，描述其在该时段时域非平稳度的波动情况。

### 4.2.1　不同 *K* 指数地磁场的时域非平稳度分析

1939 年，Bartels 等指出，太阳活动所产生的地球物理效应有两个明显不同的性质，亦即辐射效应和微粒效应，表现在地磁场三分量的时间变化上。前者为非 $K$ 变化，包括太阴日变化($L$)、太阳静日变化($S_q$)及太阳喷焰效应等；后者为 $K$ 变化，包括各类湾扰、脉动、扰日、磁暴变化等。一个地磁台站的 $K$ 指数(三小时磁情指数)，表示该地区地磁场的扰动和活动程度；每日按世界时分成 8 个连续的 3 h 时段(00:00—03:00，03:00—06:00，…，21:00—00:00)，量读出每个时段内 $H$ 分量(或者 $D$,$Z$ 分量)消除 $S_q$ 和 $L$ 变化后的幅差 $R$(以 nT 为单位)，然后换算为 10 个 $K$ 指数($K=0,1,\cdots,9$)。仔细检查地磁场三个要素，取三要素中的最大幅差[11]。

1. 数据来源

不同地磁扰动水平下的地磁场的非平稳特性不尽相同，为研究不同 $K$ 指数条件下地磁场非平稳特性的演变特征，以地磁场 $Z$ 分量为研究对象，进行时域非平稳度分析。尽管 $K$ 指数的范围为 0,1,2,…,9，但是由于 $K=8,9$ 代表强磁暴，数据较少具有偶然性且难以大量获取，因此，仅选取 $K=0,2,4,6$ 的 4 组 $Z$ 分量数据。选取长春地磁台站测得的地磁场 $Z$ 分量的秒钟值数据信息(见图 4-6 和表 4-3)。

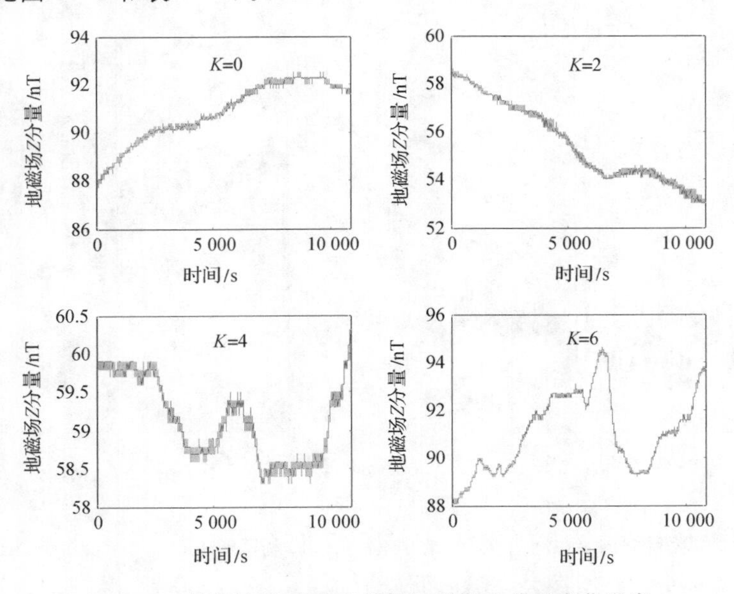


图 4-6　长春地区不同 $K$ 指数地磁场 $Z$ 分量变化强度

**表 4-3 长春地区不同 *K* 指数地磁场 *Z* 分量数据信息**

| *K* 指数 | 地磁台站名称 | 地磁坐标 | 日　期 | 世界时 |
| --- | --- | --- | --- | --- |
| *K*=0 | 长春 | (199.49°,33.92°) | 2011 年 11 月 9 日 | 09:00—12:00 |
| *K*=2 | | | 2011 年 11 月 10 日 | 15:00—18:00 |
| *K*=4 | | | 2011 年 2 月 6 日 | 09:00—12:00 |
| *K*=6 | | | 2011 年 9 月 26 日 | 15:00—18:00 |

2.试验及结果分析

对于长春地区不同 *K* 指数地磁场 *Z* 分量序列，利用基于 HHT 变换的时域非平稳性度量方法(原理见 3.4 节)进行分析，计算结果如图 4-7 和表 4-4 所示。

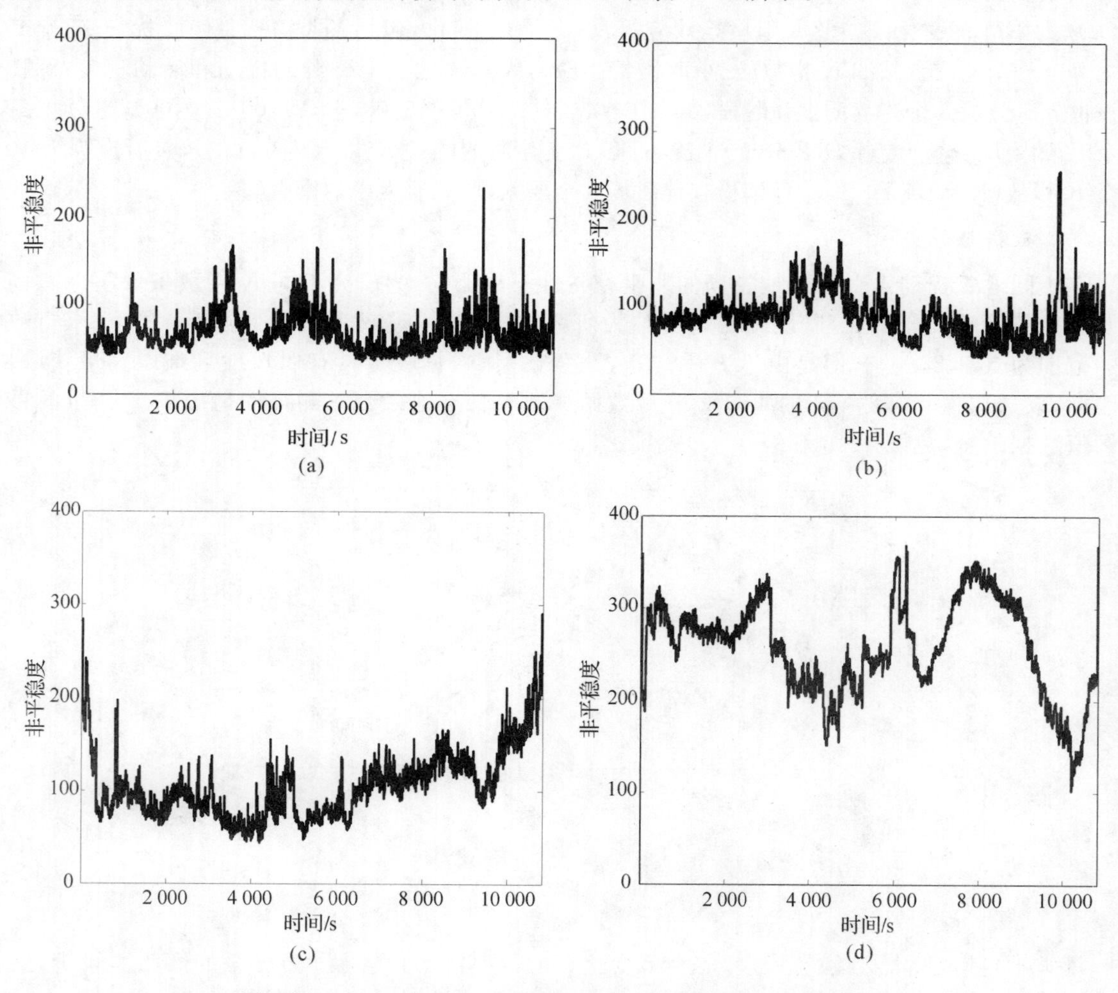


图 4-7　长春地区不同 *K* 指数地磁场 *Z* 分量的时域非平稳度

(a) *K*=0;(b) *K*=2;(c) *K*=4;(d) *K*=6

表4-4　长春地区不同$K$指数地磁场$Z$分量的时域非平稳性度量

| 地磁$K$指数 | $K=0$ | $K=2$ | $K=4$ | $K=6$ |
|---|---|---|---|---|
| 时间域非平稳度 | 64.84 | 85.21 | 104.04 | 258.20 |
| 标准差 | 18.87 | 27.05 | 38.13 | 51.01 |

由图4-7和表4-4分析可知，随$K$指数的增加，即随地磁场扰动程度的增加，$Z$分量时间域非平稳度变化越来越剧烈。$K=0$时其变化范围主要集中在50～200之间，均值为64.84，标准差为18.87；$K=2$时其变化范围主要在50～200之间，均值为85.21，标准差为27.05；$K=4$的变化范围主要在50～300之间，均值为104.04，标准差为38.13；而$K=6$的变化范围主要在100～400之间，均值为258.20，标准差为51.01。因此，随$K$指数的增加，地磁场$Z$分量时域非平稳度越来越大且变化越来越剧烈。由此说明，在对地磁场进行建模预测时，不同$K$指数下的模型可能不尽相同，在进行建模时可能需要分类验证，并标明其适用范围。

为进一步说明该试验结果的可靠性，针对长春地区不同$K$指数的另外两组地磁$Z$分量数据进行试验验证，结果见表4-5。

表4-5　长春地区不同$K$指数地磁场$Z$分量的数据信息及时域非平稳性度量

| 地磁$K$指数 | 日　期 | 世界时 | 非平稳度 | 标准差 |
|---|---|---|---|---|
| $K=0$ | 2011年11月9日 | 15:00—18:00 | 64.93 | 21.13 |
| | 2011年11月9日 | 18:00—21:00 | 63.39 | 18.36 |
| $K=2$ | 2010年12月6日 | 03:00—06:00 | 74.38 | 25.38 |
| | 2012年4月1日 | 12:00—15:00 | 69.29 | 30.12 |
| $K=4$ | 2011年2月6日 | 12:00—15:00 | 107.58 | 32.89 |
| | 2011年2月14日 | 18:00—21:00 | 167.95 | 36.66 |
| $K=6$ | 2012年1月22日 | 12:00—15:00 | 223.25 | 66.50 |
| | 2012年3月12日 | 09:00—12:00 | 225.90 | 65.99 |

通过表4-5可知，随着$K$指数的增加，即地磁场扰动程度的增加，$Z$分量时域非平稳度越来越大，且变化越来越剧烈，进一步说明了本节所得结论的普遍性。

### 4.2.2　不同Lloyd季节地磁场的时域非平稳度分析

人们对地磁场的季节变化特征做过大量研究：胡久常分析了$H$、$D$、$Z$分量日变幅值的季节平均、年平均等，发现了地磁场的季节变化特征[12]；李金龙等通过$Z$分量的低点时间研究了地磁场的季节变化特征[13]；王建军研究了$H$、$D$、$Z$分量的时空变化特点，分析说明了三分量的季节变化特征[14]；姚休义等对2008—2010年隆尧地磁台站的地磁场进行了短时快速傅里叶变换，发现在时间变化上地磁场呈现出显著的季节变化特征[15]。对于地磁场季节变化的非平稳性特征的分析，本书使用地磁学中常用的 Lloyd 季节：3 月、4 月、9 月、10 月为分点（春分和秋分）月份，用 E 表示；5 月、6 月、7 月、8 月为夏至点月份，用 J 表示；11 月、12 月、1 月、2 月为冬至点月份，用 D 表示。

1. 数据来源

通过国家地磁台网中心发布的数据信息可知，1996 年北京地区的地磁场变化比较平静，只在 1 月 12 日—1 月 23 日发生过一次磁暴。选择北京地区地磁场 $Z$ 分量平均值作为分析资料，数据信息见图 4-8 和表 4-6，其中 D、E、J 季节分别随机选择 1 月 5 日、3 月 5 日和 6 月 5 日的地磁场数据。由于磁扰幅度与 $K$ 指数的非线性关系使得它们的运算很不方便，为此转换成线性幅度是有必要的，这样得到一类指数叫作“等效的行星性三小时幅度”Ap。另外，一天 8 个 Ap 指数的平均值作为全天地磁活动水平的度量，这样得到的指数叫作“行星性等效日幅度”Ap[16]，本文试验中选取的三组数据对应的 Ap 指数均小于 10，即地磁扰动较为平静。

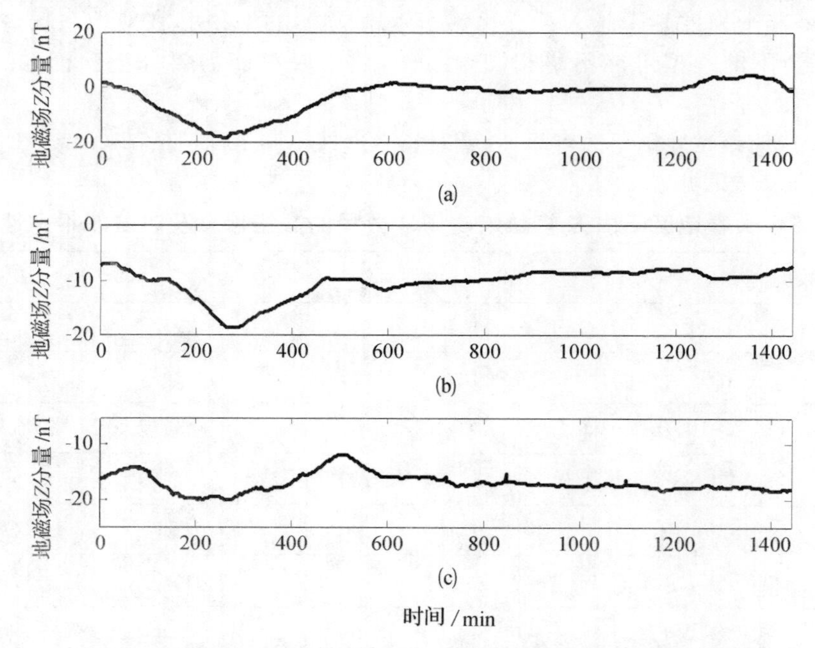


图 4-8　北京地区不同 Lloyd 季节（一天）地磁场 $Z$ 分量变化强度
(a) D 季节；(b) E 季节；(c) J 季节

**表 4-6　北京地区不同 Lloyd 季节地磁场 $Z$ 分量分均值数据信息**

| 数据集 | Ap 指数 | 地方时 | 时段的季节说明 | 数据个数 |
|---|---|---|---|---|
| Dataset1 | 8 | 1996 年 1 月 5 日 | D 季节 | 1 440 |
| Dataset2 | 6 | 1996 年 3 月 5 日 | E 季节 | 1 440 |
| Dataset3 | 6 | 1996 年 6 月 5 日 | J 季节 | 1 440 |

2. 试验及结果分析

对不同 Lloyd 季节的 $Z$ 分量分均值数据的分析结果如图 4-9 和表 4-7 所示。

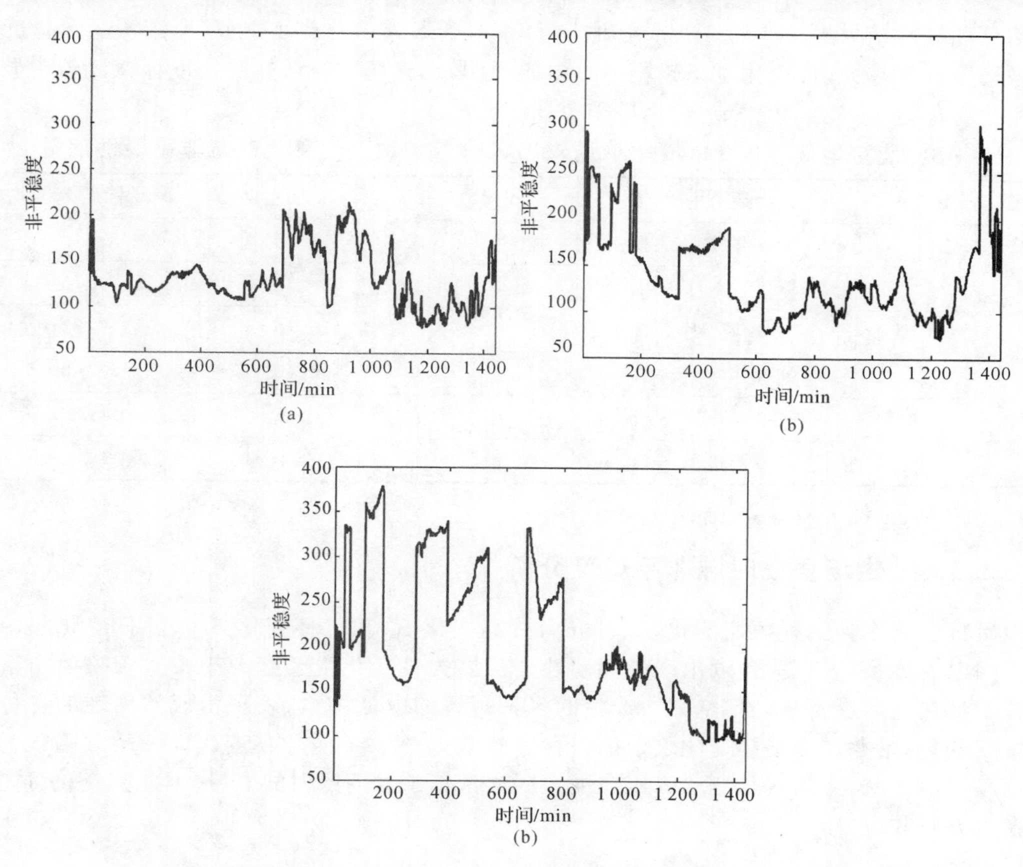


图 4-9　北京地区不同 Lloyd 季节地磁场 $Z$ 分量的时域非平稳度

(a) D季节；(b) E季节；(c) J季节

由地球公转的椭圆轨道可知，由 D 季节到 J 季节，日地距离越来越近，由图 4-9、表 4-7 分析可知，随日地距离的减小，$Z$ 分量时间域的非平稳度变化越来越剧烈。D 季节，非平稳度的变化范围主要集中在 50～200 之间，均值为 131.25，标准差为 30.49；E 季节，变化范围主要在 50～250 之间，均值为 139.96，标准差为 48.36；J 季节，非平稳度变化范围主要在 100～350 之间，均值为 199.02，其标准差为 75.76。这可能是由于地磁变化场主要来源于地球外部太阳的光辐射(产生平静变化)和粒子流辐射(产生干扰变化)；随着太阳与地球之间距离减小，太阳辐射强度增强，使地磁场的时间演化特征变得更加复杂，进而时域非平稳度变大，变化越来越剧烈。

**表 4-7　北京地区不同 Lloyd 季节地磁场 $Z$ 分量的时域非平稳性度**

| Lloyd 季节 | D 季节 | E 季节 | J 季节 |
|---|---|---|---|
| 时域非平稳度 | 131.25 | 139.96 | 199.02 |
| 标准差 | 30.49 | 48.36 | 75.76 |

为进一步说明试验结论的普遍性，选取另外两组北京地磁台测得的分均值数据进行试验，

数据信息和试验结果见表 4-8,分析可知,由 D 季节到 E 季节再到 J 季节,地磁场 $Z$ 分量的时域非平稳度越来越大,且变化越来越剧烈。由此说明,地磁场的时域非平稳度存在比较明显的季节变化特征,J 季节强,E 季节次之,D 季节弱。

**表 4-8 北京地区不同 Lloyd 季节地磁场 $Z$ 分量的数据信息及时域非平稳性度量**

| Lloyd 季节 | 地方时 | Ap 指数 | 时域非平稳度 | 标准差 |
|---|---|---|---|---|
| D 季节 | 1996 年 1 月 7 日 | 4 | 115.78 | 39.42 |
| | 1996 年 1 月 10 日 | 4 | 126.69 | 41.78 |
| E 季节 | 1996 年 3 月 2 日 | 3 | 176.50 | 50.80 |
| | 1996 年 3 月 4 日 | 3 | 156.40 | 53.68 |
| J 季节 | 1996 年 6 月 3 日 | 4 | 73.58 | 223.53 |
| | 1996 年 6 月 6 日 | 5 | 71.75 | 201.10 |

### 4.2.3 地磁场昼夜时域非平稳度分析

地磁日变化作为一种短期变化,又可分为静日变化 $S_q$ 和扰日变化 $S_D$。静日变化起源于地球空间电流体系,表现为连续出现的周期性变化。扰日变化主要起源于由太阳喷射出来的带电粒子流在电离层及其外部空间所产生的多种短暂的电流体系,表现为偶然出现的各种复杂的短期变化,是叠加在平静变化之上的一种突然变化[17]。地磁静日变化以一个太阳日为周期且依赖于地方时,太阳扰日变化一定程度上同样依赖于太阳照射的能量,因此其变化可能同样存在地方时效应。

1. 数据来源

数据来源于长春地磁台站,选取地磁场较为平静的地方时为 2011 年 10 月 14 日的数据,其中选取地方时 6:00—18:00 作为白天数据,其余为夜间数据。地磁场分量选取 $Z$ 分量,由于原始数据为秒钟值,12 h 的秒钟值计算量过大,因此,利用一分钟的均值作为该分钟的数据进行分析,原始数据如图 4-10 所示。

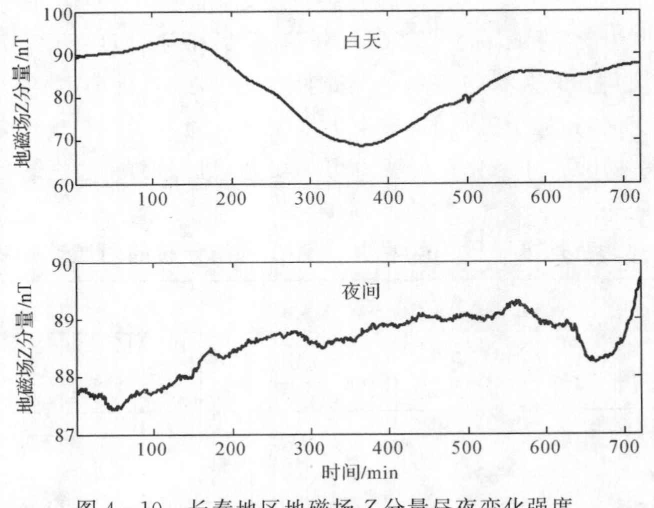


图 4-10 长春地区地磁场 $Z$ 分量昼夜变化强度

2. 试验及结果分析

对 2011 年 10 月 4 日长春地区地磁场 $Z$ 分量数据进行分析，得到的结果见图 4－11 和表 4－9，白天地磁场的时域非平稳度均值为 279.47，夜晚均值为 105.00，说明白天地磁场的非平稳度要高于夜晚，即夜晚地磁场较为平稳。由图 4－11 中曲线对比可知，白天地磁场的时域非平稳度的波动性较为剧烈，其标准差为 80.37，夜晚较小，其标准差为 27.63，说明与白天相比，夜晚地磁场变化较为平静。

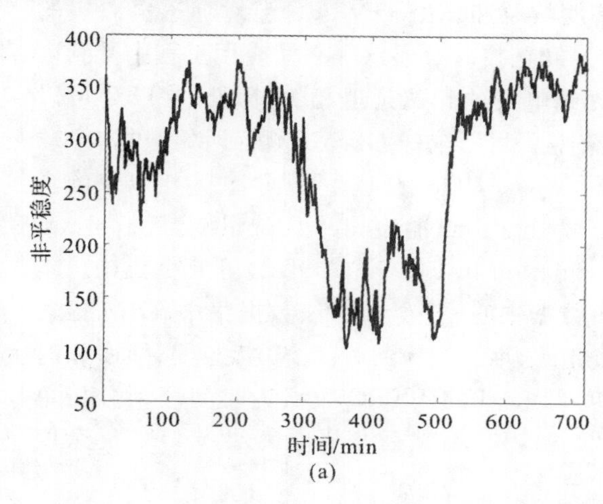


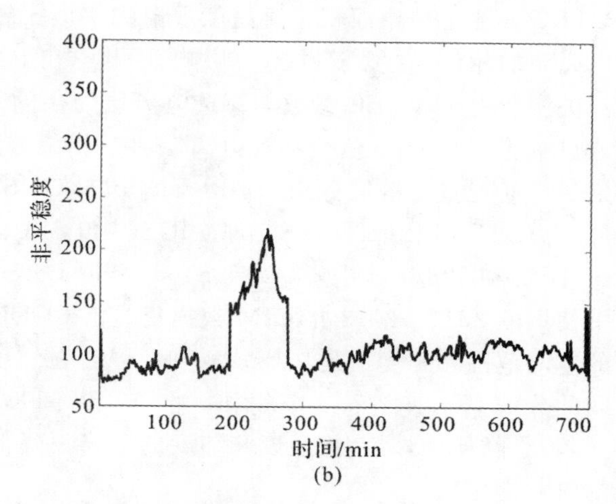


图 4－11 长春地区地磁场 $Z$ 分量的昼夜时域非平稳度
(a) 白天；(b) 夜晚

**表 4－9 长春地区地磁场 $Z$ 分量的昼夜时域非平稳性度量**

| 昼 夜 | 白 天 | 夜 晚 |
|---|---|---|
| 时域非平稳度 | 279.47 | 105.00 |
| 标准差 | 80.37 | 27.63 |

为进一步说明试验结果的可靠性，本文选取另外两组数据进行分析验证，结果见表 4－10，通过分析可知，相对于夜晚，白天 $Z$ 分量的时间域非平稳度较大，且变化剧烈。

**表 4－10 长春地区地磁场 $Z$ 分量的昼夜数据信息和时域非平稳性度量**

| 时 间 | 白 天 | | 夜 晚 | |
|---|---|---|---|---|
| | 时域非平稳度 | 标准差 | 时域非平稳度 | 标准差 |
| 2011 年 10 月 8 日 | 221.99 | 53.78 | 145.41 | 34.21 |
| 2011 年 10 月 11 日 | 227.43 | 51.43 | 121.61 | 35.84 |

# 4.3 基于样本熵的全球电离层 VTEC 复杂度分析

## 4.3.1 电离层数据描述

反映电离层基本特性的垂直总电子含量是描述电离层形态结构和动态过程的重要参量，VTEC 描述了单位面积垂直高度上电离层电子密度的总和。由于 VTEC 会对穿透电离层的电磁波的相位和幅度产生重要影响，因此它在卫星导航、授时及遥感等空间应用工程中受到广泛关注。由于 VTEC 参数与穿透电离层传播的无线电波的相位延迟相关，因此，VTEC 可以通过解算双频 GPS 信号穿透电离层时的相位差获得。利用全球 GPS 观测台网的数据，全球定位导航卫星系统服务组织(International GNSS Service，IGS)已经生成了 1998 年以来的全球电离层 VTEC 地图——GIM。IGS 共包含美国喷气动力试验室(Jet Propulsion Laboratory，JPL)和欧洲定轨中心(Center for Orbit Determination in Europe，CODE)等 5 个机构。本书使用的 2011—2013 年 GIM 数据集是由 CODE 数据中心[①]提供。在该数据集中，GIM 描述的空间范围在经度上是从180°W 到180°E，在纬度上是从87.5°S 到87.5°N，其经度、纬度和时间的分辨率分别为 5°、2.5°、2 h。本节以时间长度为 15 d 的 VTEC 数据为时间序列分析单元，为了降低计算量，将经度和纬度的分辨率降低为10°和 5°，然后分析电离层 VTEC 复杂度的时空变化特征。

## 4.3.2 基于样本熵的全球电离层 VTEC 复杂度分析

基于 3.5.1 描述的计算样本熵的方法，对 GIM 中每个空间位置上 VTEC 时间序列进行计算，可以得到描述该位置 VTEC 时间变化复杂度的样本熵值，在空间上展开就可以构成一张样本熵地图。由于本节利用 15 d 的 VTEC 数据进行计算，因此，从 2011—2013 年可以生成 72 张全球样本熵地图。为了分析样本熵随纬度的变化特征，将 72 张全球样本熵地图沿纬线方向求和获得不同纬度上的样本熵值，进而可以表示电离层 VTEC 样本熵沿纬度变化的结果，如图 4-12 所示。需要特别说明的是，为了使结果展示更加简洁，图 4-12 中只展示了 2011—2013 年每个月前 15 d 的结果。

图 4-12 表明，电离层 VTEC 变化的样本熵，在低纬度地区比较小，在高纬度地区比较大，这表明 VTEC 时间变化的复杂度随纬度升高而增大，因此，电离层的时空变化并不是通常所认为的中低纬度地区电离层变化更复杂[18-19]。这可能主要是由地磁场的作用导致的，受洛伦兹力影响，带电粒子在磁场中沿磁场线做螺旋前进运动，因此，当太阳辐射携带的能量或粒子到达地球磁场后，产生或携带的带电粒子沿磁场线向高纬度地区运动，导致高纬度地区电离层变化更加复杂[20-21]。图 4-12 中个别月份在极点附近电离层复杂度下降，这可能是由地理极点和地磁极点之间的差异性导致的。从图 4-12 中最低点的位置变化可以看出，电离层 VTEC 的复杂度是随时间变化的。由于电离层 VTEC 变化的复杂度随纬度变化比较剧烈，此时波形的最小值将不能有效描述电离层 VTEC 复杂度随纬度变化的特点，所以本书引入复杂度变化波形的重心位置这一参数来研究电离层复杂度随时间的变化特征。一维波形重心位置

① ftp://ftp.aiub.unibe.ch/CODE/

的计算表达式为 $\hat{x}=\left(\sum_i P_i x(P_i)\right)/\sum_i P_i$，$P_i$ 为图 4-12 中第 $i$ 个纬度上样本熵的值，$x(P_i)$ 为 $P_i$ 所对应的纬度值，将每个样本熵随纬度变化波形的重心位置的计算结果按照时间顺序展开，结果如图 4-13 所示。

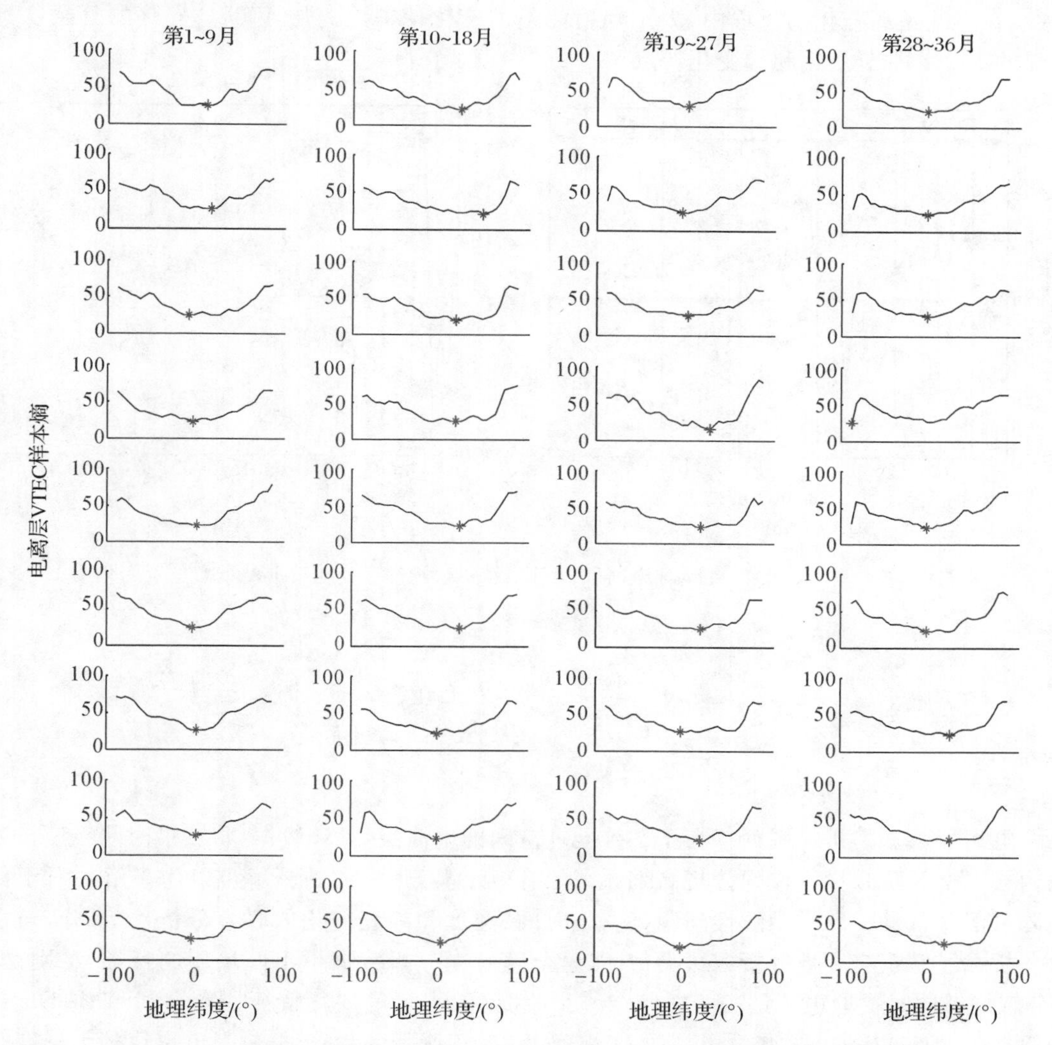


图 4-12　2011—2013 年 36 个月全球电离层 VTEC 变化复杂度随纬度的变化图
（星号代表曲线最小值位置）

图 4-13(a)中，负值代表南半球纬度，正值代表北半球纬度，S 和 N 分别代表太阳直射点在南半球和北半球。从图 4-13(a)可以看出，电离层 VTEC 样本熵随纬度变化波形的重心所在的半球与太阳直射点所在的半球几乎一致，即当太阳直射南/北半球时，VTEC 样本熵随纬度变化波形的重心也在南/北半球。由于重心的位置在计算过程中融合了波形的幅度信息，更倾向于波形幅度大的一侧，说明全球电离层 VTEC 样本熵的空间变化与太阳辐射空间变化之间是正相关的。对图 4-13(a)中重心位置变化的时间序列进行傅里叶频谱分析，得到图 4-13(b)，其中 $f_1=2.73\times10^{-3}\ \mathrm{d}^{-1}$，$f_2=8.25\times10^{-3}\ \mathrm{d}^{-1}$，分别对应着周期 $T_1=366.2\ \mathrm{d}$ 和 $T_2=121.2\ \mathrm{d}$，且 $T_2\approx T_1/3$ 。由此可以看出，电离层 VTEC 变化的复杂度具有年变化和 Lloyd

季节变化特征；其中，Lloyd 季节是按照日地距离，把全年分为 D、J 和 E 三个季节，D 季节代表 1 月、2 月、11 月和 12 月，J 季节代表 5 月、6 月、7 月和 8 月，E 季节代表 3 月、4 月、9 月和 10 月。这种年变化和 Lloyd 季节变化可能主要是因为太阳辐射是电离层中电子产生的主要能量来源，在日地距离变化的过程中，太阳辐射能量的变化使得电离层 VTEC 变化的复杂度具有明显的 Lloyd 季节变化和年变化特点。

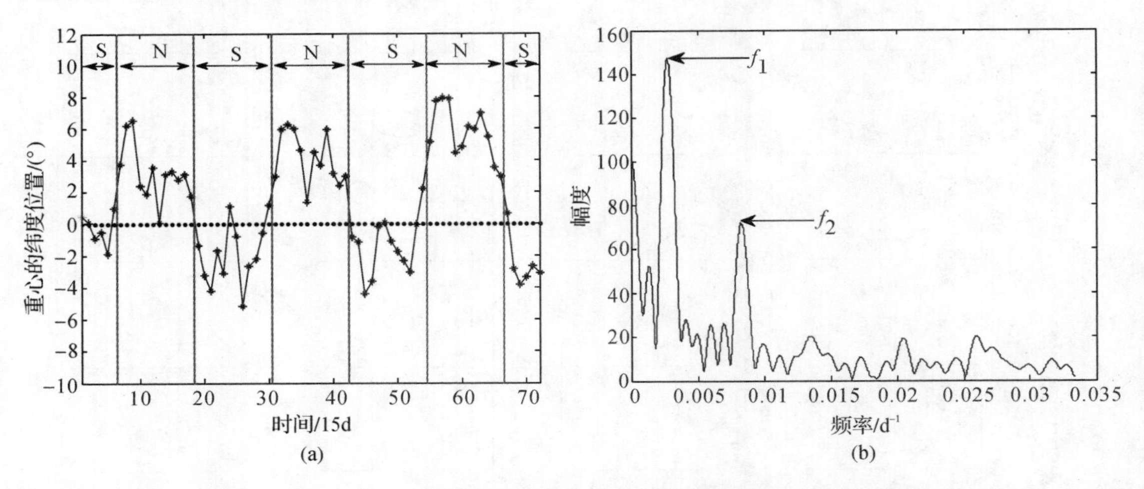


图 4-13　2011—2013 年全球电离层 VTEC 样本熵随纬度变化波形的重心位置变化图
(a)时间变化；(b)频谱

## 4.4　基于张量秩-1分解的电离层时间-经度-纬度大尺度变化特征分析

电离层数据集是一系列存在于二维地理空间的电离层 GIM 数据，将其沿时间维度排列可以构成一个 3 阶张量。作为分析高维数组的有效工具，张量的秩分解可以用于解决对于传统矩阵方法非常棘手的多维线性问题(例如，时间、经度和纬度变化的联合分析)。另外，与主成分分析和经验正交函数分析方法类似，张量分解可以分析数据中不同尺度的特征，特别是秩-1 分解能够同时提取电离层关于时间、经度和纬度的大尺度变化特征。本章利用 CODE 数据中心提供的 2011—2013 年的电离层 GIM 数据，基于张量的秩-1 分解对电离层的大尺度时空变化特征进行联合分析。

### 4.4.1　数据和方法描述

1. *电离层数据描述*

携带大量电离层变化信息的 VTEC 数据是描述电离层的重要参数，被广泛应用于电离层的研究当中[22]，作为国际卫星导航系统服务中心的一个分支，CODE 数据中心利用全球 200 多个观测站的双频 GPS 的伪距和相位信息来获得全球电离层 VTEC 地图，即 GIM[23-24]。CODE 数据中心提供的以 CODG 命名的 GIM 数据是利用 15 阶的球谐函数展开获得的，共用 3 328 个参数描述全球 VTEC 的分布，因此，CODE 数据中心的数据能够很好地提供电离层时间和空间变化的细节信息。如同 4.3.1 节所描述的一样，GIM 描述的空间范围，在经度上从 180°W 到 180°E(间隔为 5°)，在纬度上从 87.5°S 到87.5°N(间隔为 2.5°)，时间间隔为 2 h。因此，将一系列随时间变化的全球电离层 VTEC 图(二维)沿时间排列，可以构成一个三维的张量(见图 4-14)。

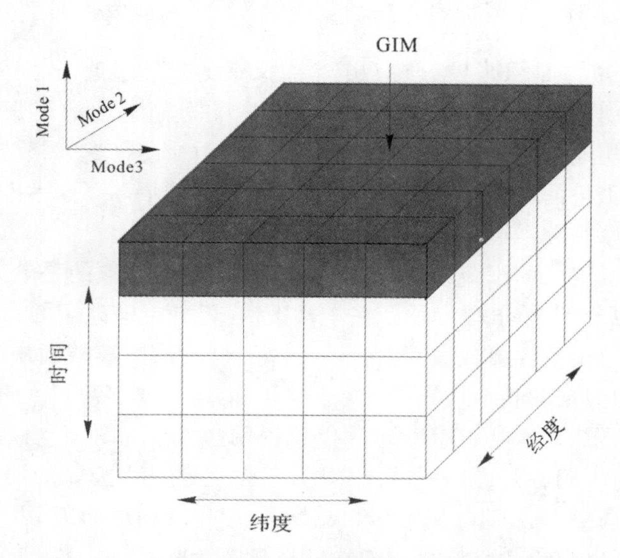


图 4-14　基于 GIM 构成的电离层三维张量示意图

2. 张量分解

多传感器技术的应用和高维数组的出现使得平面视角的传统矩阵分析方法的缺陷越来越明显，也使得将数据处理方法转向更加通用性的工具的需求越来越迫切，同时也推动了高阶数据处理方法张量技术的发展。张量技术的应用十分广泛，例如，计算机视觉和随机参数化的偏微分方程求解等[10]。

众所周知，电离层电子含量随时间、经度和纬度的变化而变化，具有明显的时空变化特征。为了能够对电离层中时间-经度-纬度大尺度特征进行联合分析，本章引入张量秩-1 分解的方法。在高维数据分析中与秩相关的问题与矩阵分析完全不同，现有的矢量和矩阵的分析架构不能有效地分析高维数据。张量是一种高维数组，可以看作是矢量(1 维)和矩阵(2 维)的高维延伸。考虑到本章的具体应用，我们的数据集可以构成 3 阶张量 $\mathscr{A}_{T\times \mathrm{lon}\times \mathrm{lat}}$。对应的三个维度分别为世界时 $T$、地理经度 lon 和纬度 lat。张量 $\mathscr{A}_{T\times \mathrm{lon}\times \mathrm{lat}}$受太阳辐射、热层中性风和磁层等因素的影响。因此，张量可以写成上述因素函数的形式 $\mathscr{A}_{T\times \mathrm{lon}\times \mathrm{lat}}(e_1,e_2,e_3,\cdots)$，其中$(e_1,e_2,e_3,\cdots)$代表电离层变化的影响因素。为简化起见，用 $\mathscr{A}$ 代表 $\mathscr{A}_{T\times \mathrm{lon}\times \mathrm{lat}}(e_1,e_2,e_3,\cdots)$。张量的秩分解可以写成

$$\left.\begin{aligned}&\hat{\mathscr{A}}=\arg_{\mathscr{A}}\min||\mathscr{A}-\hat{\mathscr{A}}||_F\\&\text{s. t. }\hat{\mathscr{A}}=\sum_{k=1}^{r}\lambda_k\boldsymbol{U}_k^{(1)}\cdot\boldsymbol{U}_k^{(2)}\cdot\boldsymbol{U}_k^{(3)}\\&||\boldsymbol{U}_k^{(n)}||=1(n=1,2,3;k=1,2,\cdots,r)\end{aligned}\right\}\tag{4-4}$$

式中，$\boldsymbol{U}_k^{(1)}$，$\boldsymbol{U}_k^{(2)}$ 和 $\boldsymbol{U}_k^{(3)}$ 分别是在时间、经度和纬度上获得的单位矢量。$\boldsymbol{U}_k^{(1)}$，$\boldsymbol{U}_k^{(2)}$ 和 $\boldsymbol{U}_k^{(3)}$ 受太阳辐射、热层中性风和磁层等因素的影响，因此，$\boldsymbol{U}_k^{(n)}$ 是 $\boldsymbol{U}_k^{(n)}(e_1,e_2,e_3,\cdots)$的简化。矢量 $\boldsymbol{U}_k^{(n)}$

$=(u_{k1}(n),\cdots,u_{ki}(n),\cdots,u_{kN}(n))$，$N$ 为张量 $\mathscr{A}$ 在第 $n$ 维度的长度。$\hat{\mathscr{A}}$ 内部的元素 $\hat{a}_{i_1i_2i_3}$ 是通过 $\boldsymbol{U}_k^{(1)}$，$\boldsymbol{U}_k^{(2)}$ 和 $\boldsymbol{U}_k^{(3)}$ 对应元素外积求和获得，即 $\hat{a}_{i_1i_2i_3}=\sum_{k=1}^{r}u_{ki_1}(1)u_{ki_2}(2)u_{ki_3}(3)$。运算符 $\|\cdot\|_F$ 代表 $F$ 范数，对于张量而言，$\|\mathscr{A}\|_F=\left(\sum_{i_1=1}^{I_1}\sum_{i_2=1}^{I_2}\cdots\sum_{i_n=1}^{I_n}|a_{i_1i_2\cdots i_n}|^2\right)^{1/2}$。从式(4-4)可以看出，秩为 $r$ 的张量 $\hat{\mathscr{A}}$ 是原张量 $\mathscr{A}$ 在 $F$ 范数意义下的最佳逼近。式(4-4)中的带约束的优化问题可以利用拉格朗日算子的方法进行求解[25]，秩-$r$ 分解提取的是张量的前 $r$ 阶主要成分。这种分解已经被成功地应用于计算机视觉、图像分析和神经科学等领域[26-27]。

为了进一步对张量的秩分解方法进行描述，本章分别展示了 $r=1,5,10,20,30$ 电离层数据集张量分解后对原始数据逼近的结果。如图 4-15 所示，随着秩 $r$ 的增加，分解结果呈现出越来越多电离层时空变化的细节信息。前面几个成分主要获取的是电离层时空变化的大尺度特征，如图 4-15 中 $r=1$ 的子图所示。在本章中，为了分析电离层的大尺度特征，我们只关注电离层张量分解的第 1 个主要成分，即 $r=1$。由于只提取电离层时空变化的大尺度特征，因此，分解结果与原始数据的相似性比较低。另外，图 4-15 中名为"$r=1$，CODG-1"和"$r=1$，CODG-2"的两个子图中体现的赤道异常现象说明了太阳和地磁场对赤道地区电离层的影响。具体来说，由于太阳辐射产生的电离作用，EIA 现象在白天尤为明显。同时，赤道上空的热层中性风拖动电离层 E 层带电粒子切割磁场 $\boldsymbol{B}$，产生东向电场 $\boldsymbol{E}$；由于 $\boldsymbol{E}\times\boldsymbol{B}$ 的力和重力及压力梯度的影响，带电粒子沿磁场线运动到更高纬度地区[28]，因此，造成带电粒子在更高纬度地区堆积，在赤道两侧出现两个峰。

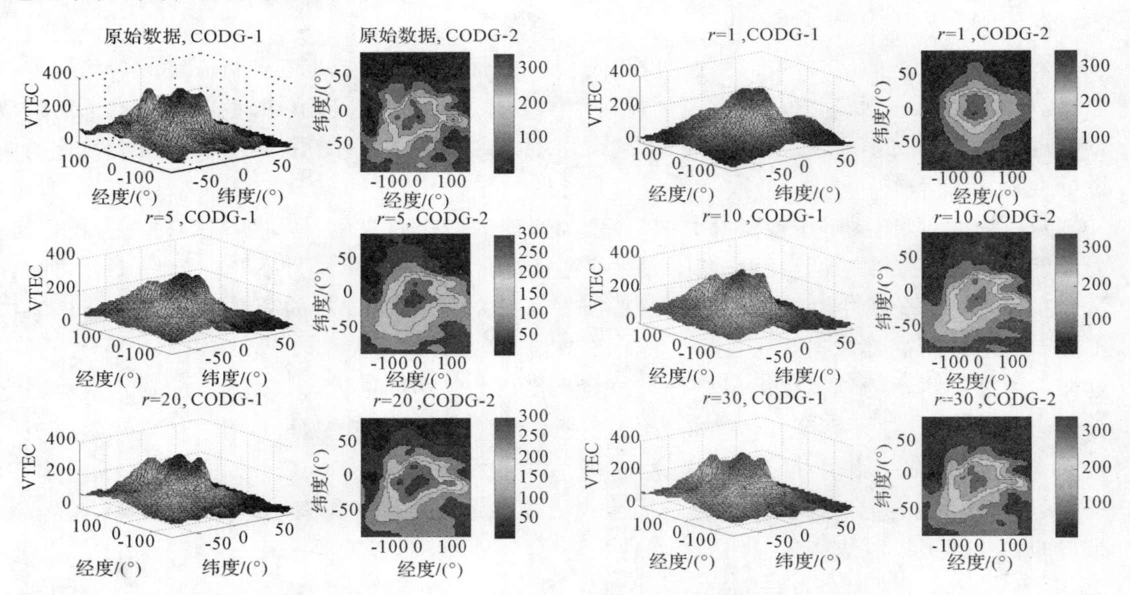


图 4-15　2011 年 1 月 1 日 14:00—16:00UT 全球电离层 VTEC 原始图和 $r=1$，5，10，20 和 30 的张量秩分解结果("-1"和"-2"分别代表曲面图和等高线图，地理经度范围为[$-180°$，$180°$]，地理纬度范围为[$-87.5°$，$87.5°$]；VTEC 的单位为 0.1 TECU)

(彩图见彩插图 4-15)

### 4.4.2　结果与讨论

通过 4.4.1 小节的算法描述可知，电离层 3 阶张量的秩-1 分解可以产生 3 个矢量 $\boldsymbol{U}^{(1)}$，$\boldsymbol{U}^{(2)}$ 和 $\boldsymbol{U}^{(3)}$［$\boldsymbol{U}_k^{(n)}$ 角标 $k$ 省略］。通过求解带约束的优化方程［式(4-4)］，可以获得电离层张量的秩-1 逼近 $\hat{\mathscr{A}}$。图 4-15 中子图"$r=1$，CODG-1"和"$r=1$，CODG-2"显示了对 2011 年 1 月 1 日 14:00—16:00 UT 的最佳秩-1 逼近。将图 4-15 中的原始图和秩-1 分解结果图进行对比可以发现，秩-1 分解主要获取的是电离层大尺度时空变化特征，所以通过张量的秩-1 分解结果($\boldsymbol{U}^{(1)}$，$\boldsymbol{U}^{(2)}$ 和 $\boldsymbol{U}^{(3)}$)可以联合分析电离层关于时间、经度和纬度的大尺度变化特点。

1. $\boldsymbol{U}^{(1)}$ 傅里叶频谱分析

由于电离层是地球大气中的中性分子在太阳辐射作用下电离产生的[29-30]，因此，电离层 VTEC 张量很大程度上受太阳辐射的影响。尽管电离层的时间变化除了受太阳影响外也受地磁场、磁层和高层大气的影响，但是对于本章中关注的时间尺度而言，地磁场、磁层和高层大气的时间变化也主要受太阳活动的影响。Afraimovich 等的研究表明，全球性的大时间尺度的电离层变化特征主要受太阳辐射控制[31]。因此，我们推测，张量秩-1 分解所描述的全球电离层的大时间尺度变化也主要受太阳辐射影响。

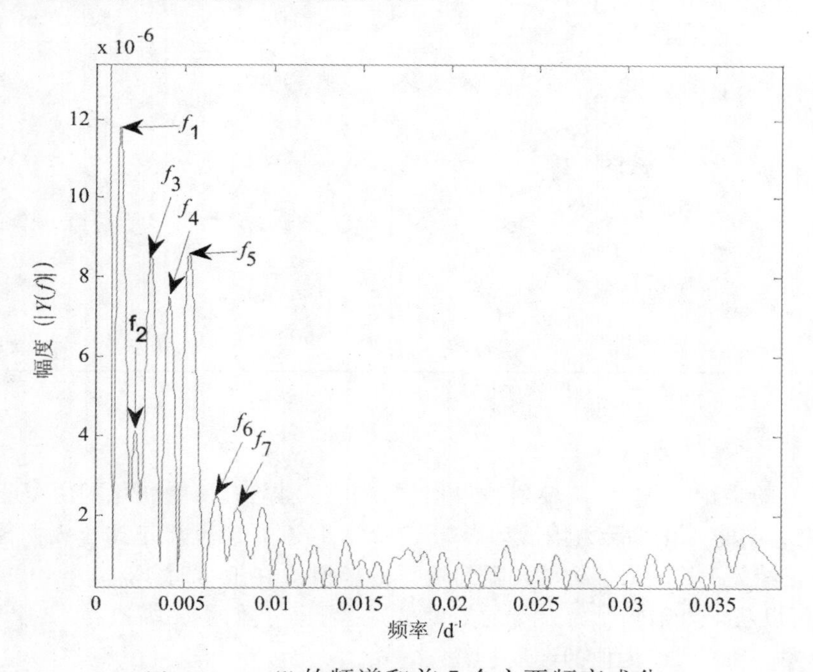


图 4-16　$\boldsymbol{U}^{(1)}$ 的频谱和前 7 个主要频率成分

由于 CODE 数据中心提供的全球 VTEC 数据的时间间隔为 2 h，因此世界时 1 天可以划分为 12 个时段，分别为 UT1(00:00—02:00)，…，UT12(22:00—24:00)。我们可以利用 2011—2013 年每天一个时段的 VTEC 图构建张量，得到基于 12 个时段的 12 个张量，继而得到 12 个 $\boldsymbol{U}^{(1)}$，然后进行傅里叶频谱分析。由于这 12 个 $\boldsymbol{U}^{(1)}$ 的频谱都非常相似，我们随机选择 UT8 时间间隔内的张量秩-1 分解结果进行分析。如图 4-16 所示，选择前 7 个主要的频率成分 $f_1, f_2, \cdots, f_7$，这些频率和对应的太阳活动周期见表 4-11，其中周期 $T=1/f$。在电离层的时间变化中含有很多的周期分量，包括 27 d 及日变的周期变化，而这些周期分量与 3 年的时间相比是短期变化，由于张量的秩-1 分解只提取电离层大尺度特征，因此，表 4-11 中只有长周期成分，短周期的成分将会出现在高阶秩分解中。

作为距离我们最近的恒星，太阳活动对我们的日常生活产生巨大影响，因此关于太阳周期性活动的研究很多，其活动周期从几秒到几年不等[32]，包括在太阳自转中基于太阳对流活动的 1.3 年(a)周期分量[10]，2 年(a)和 0.9 年(a)等周期分量[33]。由于电离层的形成主要是因为太阳辐射对高层大气的电离作用，因此，太阳活动对全球电离层的变化影响很大。表 4-11 显示出 $\boldsymbol{U}^{(1)}$ 周期分量和太阳活动周期之间良好的对应关系。表 4-11 中 $\boldsymbol{U}^{(1)}$ 的频谱缺失的 $f_{\Delta}$ 对应的是 1.07 a 活动周期。这可能是由于 $f_{\Delta}=(1.07\pm0.08)$a 和 $f_3=(0.97\pm0.06)$a 混叠在一起导致的，而这两个频率的间隔为 0.096/a。傅里叶频谱分析方法的频率分辨率为 $1/T_w$，其中 $T_w$ 为数据的时间长度。因此，要想分辨出周期成分(1.07±0.08)a，傅里叶分析的频率分辨率至少要达到 0.096/a，对应需要的数据长度 $T_w$ 至少为 10.4a，而我们的观测数据长度是 3 a。$\boldsymbol{U}^{(1)}$ 和太阳活动之间的周期对应关系表明，张量秩-1 分解获得的全球电离层大尺度时间变化主要是由太阳活动引起的，说明了太阳活动对地球电离层时空变化的影响。

**表 4-11 $\boldsymbol{U}^{(1)}$ 的前 7 个主要频率成分和对应的太阳活动周期[33]**

| 频率符号 | 频率/($10^{-3}\mathrm{d}^{-1}$) | 周期/a | 太阳周期/a |
|---|---|---|---|
| $f_1$ | 1.33 | 2.06 | 2.1±0.1 |
| $f_2$ | 2.2 | 1.25 | 1.4±0.1 |
| $f_{\Delta}$ | — | — | 1.07±0.08 |
| $f_3$ | 3.08 | 0.90 | 0.97±0.06 |
| $f_4$ | 4.11 | 0.67 | 0.67±0.05 |
| $f_5$ | 5.23 | 0.52 | 0.49±0.04 |
| $f_6$ | 6.82 | 0.40 | 0.42±0.04 |
| $f_7$ | 8.0 | 0.34 | 0.34±0.02 |

2. 经度维大尺度变化特征

由 4.3 节的结论可知，太阳辐射是电离层变化特别是大尺度变化的主要驱动因素之一。因此，倘若电离层的变化只受太阳活动影响，那么 VTEC 的幅度将正比于太阳辐射强度，与太阳辐射强度正相关。Rama 等发现太阳到地面的辐射量在地方时 12:00—13:00 之间达到最大[34]，由此可以获得太阳辐射最大值的经度位置。下面我们主要提取在 12 个世界时间隔中太阳辐射最大值和 $\boldsymbol{U}^{(2)}$ 最大值的经度位置。

与获取 $\boldsymbol{U}^{(1)}$ 的方法类似，通过秩-1 分解也可以得到 12 个世界时间隔内的 $\boldsymbol{U}^{(2)}$。基于参考文献[34]和观测数据 GIM 的 2 h 时间间隔，太阳到达地球的最大辐射量发生在地方时 12:00—14:00 之间，我们可以用中间地方时 13:00 的经度位置来代表这个时段太阳最大辐射量的位置，结果见表 4-12 和图 4-17。图 4-17 中的结果表明，电离层张量秩-1 分解获得的 $\boldsymbol{U}^{(2)}$ 显示了电离层经度变化的 wave-1 结构，即单峰单谷结构。由于地理经度与地方时相对应，$\boldsymbol{U}^{(2)}$ 中的峰和谷分别对应的是白天和夜晚的电离层变化。另外，表 4-12 和图 4-18 也展示了 $\boldsymbol{U}^{(2)}$ 最大值位置和太阳辐射最大值位置之间的经度差异。

**表 4-12　12 个世界时间隔对应的 $U^{(2)}$ 最大值和太阳辐射最大值的经度位置及其差异**

| 时间间隔 | $U^{(2)}$ 最大值经度/(°) | 太阳辐射最大值经度/(°) | 经度差异/(°) |
| --- | --- | --- | --- |
| UT1 | −150 | −180 | 30 |
| UT2 | −175 | 150 | 35 |
| UT3 | 145 | 120 | 25 |
| UT4 | 115 | 90 | 25 |
| UT5 | 90 | 60 | 30 |
| UT6 | 65 | 30 | 35 |
| UT7 | 25 | 0 | 25 |
| UT8 | −5 | −30 | 25 |
| UT9 | −25 | −60 | 35 |
| UT10 | −35 | −90 | 55 |
| UT11 | −105 | −120 | 15 |
| UT12 | −115 | −150 | 35 |

众所周知，15°的经度延迟对应着 1 h 的时间延迟，图 4-17 中的红色和黑色虚线之间存在的经度延迟表明 $U^{(2)}$ 最大值位置和太阳辐射最大值位置之间存在时间延迟。表 4-12 和图 4-17 说明，经度延迟除了在 UT10 为 55°和 UT11 为 15°外，主要存在于 25°～35°之间。为了除去野值对结果的影响，我们去掉最大和最小延迟求平均，得到的平均经度延迟为 30°，对应的时间延迟为 2 h。这种延迟现象与太阳最大辐射量和最高气温之间的延迟类似。

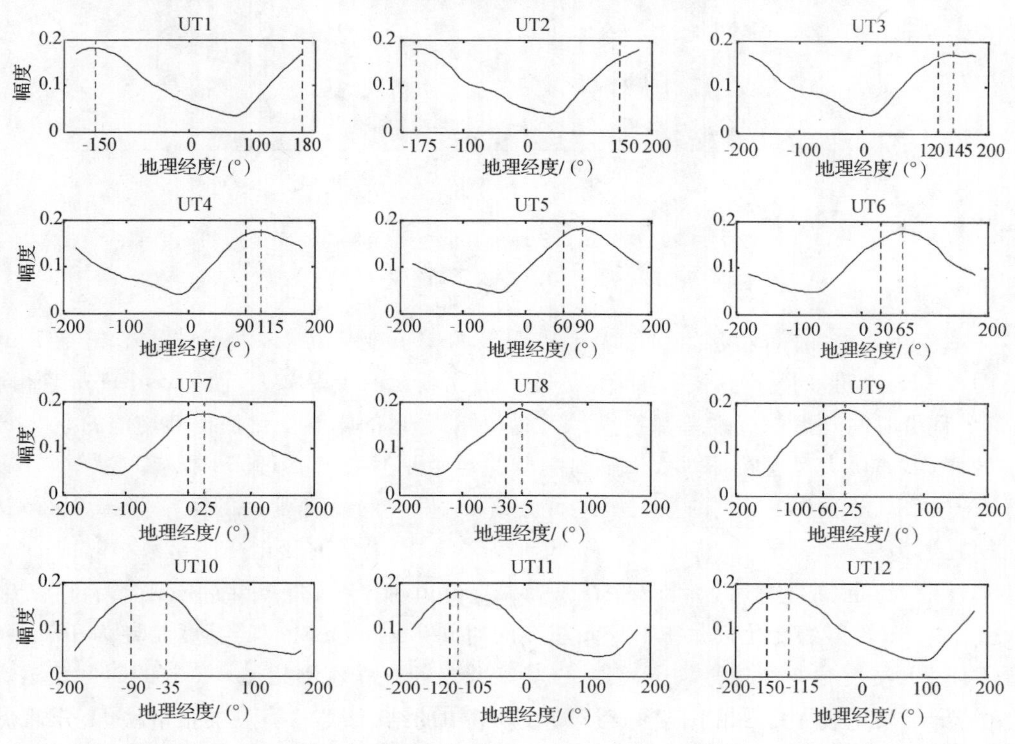


图 4-17　12 个世界时间隔对应的电离层经度维大尺度变化(红色虚线代表 $U^{(2)}$ 最大值的位置，黑色虚线代表太阳辐射最大值的位置)

(彩图见彩插图 4-17)

以下研究电离层大尺度变化和太阳辐射变化之间时间延迟的月变化特征。对于每个世界时间隔，我们利用一个月的 GIM 数据构建张量 $\mathscr{A}_{30\times73\times71}$，其中 30 代表着每个月 30 天。这样对于每个世界时间隔，每年可以获得 12 个张量，因此，2011—2013 年可以得到 36×12 个张量，其中 36 为 3 年含有的 36 个月，12 为每天 12 个世界时间隔。因此，从 1 月到 12 月，每个月包含 36 个张量(每个世界时间隔内有 3 个张量)，对其进行张量秩-1 分解，进而可以通过分析每个张量 $\boldsymbol{U}^{(2)}$ 最大值和太阳辐射最大值的经度延迟来研究时延的季节变化。我们从 1—12 月计算了每个世界时间隔内的时间延迟，每个月可以获得 36 个时间延迟的计算结果，进而计算这些时间延迟的均值和标准差，结果如图 4 - 18 所示。

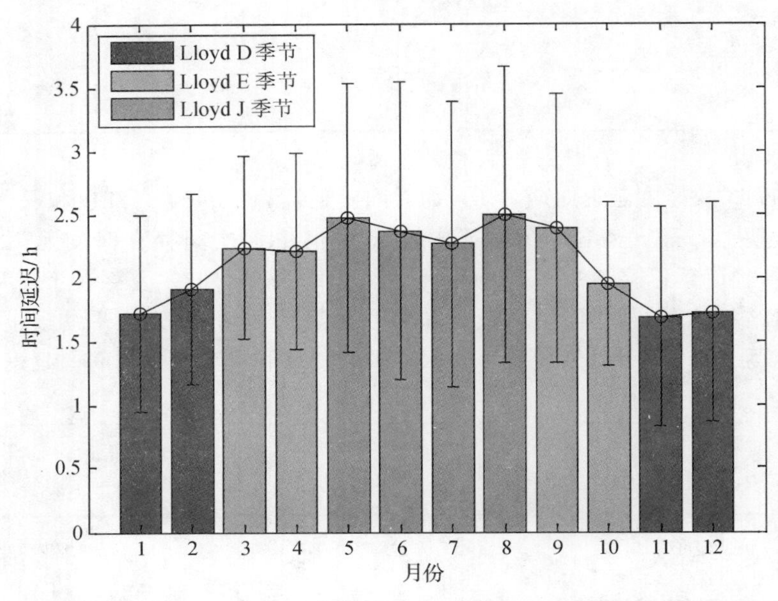


图 4 - 18　2011—2013 年 1—12 月所有世界时间隔内时间延迟的均值和标准差(竖直的线段表示对应的标准差)

(彩图见彩插图 4 - 18)

在图 4 - 18 中，时间延迟的均值表现出明显的季节变化特点，这里的季节是指 Lloyd 季节。图 4 - 18 说明，Lloyd J 季节时间延迟的均值比其他两个季节大，而 Lloyd D 季节相反，但是，每个月份时间延迟的标准差都很大。因此，时间延迟的剧烈变化使得其均值的季节变化特征被破坏，电离层大尺度特征对太阳辐射响应的延迟并不依赖于 Lloyd 季节。

对 CODE 数据中心提供的数据集进行分析，结果中的经度延迟的范围为 15°～55°，对应的时间延迟为 1～3.7 h，见表 4 - 12。一些研究表明，电离层的变化往往与数小时前的太阳辐射相关性最强，也就是有时间延迟存在[35]。Afraimovich 等(2006 年)发现全球平均电离层 TEC 相对太阳辐射的变化理论上有 1 h 左右的时间延迟，1 h 对应的经度差异为 15°。Hocke 发现太阳 EUV 变化与全球平均电离层 TEC 变化之间存在着不超过 3.5 h 的时间延迟[36]，3.5 h 对应着 52.5°的经度延迟。表 4 - 12 中 UT10 的经度延迟为 55°，大于 Hocke 发现的 52.5°，这可能主要是由于数据集选择的差异导致的，Hocke 选择用太阳 EUV 来代表太阳辐射。

在太阳辐射到达电离层之前，需要先穿过磁层。由于带电粒子在磁场中受洛伦兹力沿磁场线运动，磁场将电离层和磁层连接起来，带电粒子能够从磁尾到达电离层，反过来，电离层的带电粒子也可以到达磁层。场向电流形成了电离层和磁层之间的能量连接，因此，电离层和磁层的变化是耦合在一起的。同时，热层又是电离层的背景层，我们猜测磁层-电离层-热层(Magnetosphere - Ionosphere - Thermosphere，M - I - T)体系可能导致了上述时间延迟的存在。

太阳辐射能量到达M-I-T体系后，其内部的复杂过程(焦耳加热，磁层和电离层之间的对流和重连等)联合作用可能导致电离层大尺度变化和太阳辐射之间时间延迟的出现。研究表明，电离层对紫外辐射的响应取决于电离和复合过程的时间常数约1 h[37-38]。由于场向电流的松弛过程，电离层对磁层环电流变化的响应存在1～2 h的时间延迟[39]。Fung等认为磁层可能存在一种时间长度为数小时的“记忆”，这是由与磁层中能量存储、损耗和恢复相关的一系列能量的转换及配置过程导致的[40]。电离层电子含量不仅依赖于太阳辐射的电离作用，也取决于热层大气，因此，也有一些研究将电离层对太阳辐射响应的延迟归结为热层对太阳辐射的延迟作用[41-42]。反Dst指数与3 h平均的焦耳加热的相关性表明，在焦耳加热和全球热层响应中存在2～3 h的时间延迟[43]。因此，我们猜想表4-12中时间延迟的不同可能是由于M-I-T体系中不同过程的相互作用对电离层大尺度变化的影响导致的。当时间延迟在1 h左右时，电离和复合过程可能发挥主要作用，而当时间延迟为2～3 h时，焦耳加热过程可能起主要作用。尽管由于观测数据的局限我们不能确定M-I-T体系内部具体的物理机理，但我们的研究结果为电离层大尺度变化和太阳辐射之间时间延迟的存在提供了证据。

3. 地磁坐标系下的电离层南北不对称性

尽管很多对电离层的研究是基于地理坐标系展开的[10]，而有些电离层特征的研究，特别是电离层南北半球不对称性(North - South Asymmetry，NSA)的研究往往是基于地磁坐标系进行的[10]。包括电离层电流在内的许多地球空间现象都受地球磁场的规范和约束，这主要是因为带电粒子在磁场中的运动受洛伦兹力的约束。为了能够深入研究电离层大尺度变化的南北不对称特性，我们将地理坐标系转换为地磁坐标系。

为了能够在一个融合了地磁场几何结构的坐标系下对地球物理现象进行研究，不同领域的学者设计了不同的地磁坐标系[44]。关于电离层，人们常常利用基于磁偶极子模型的地心磁偶极子坐标系进行研究，然而，在电离层的高度上，磁偶极子模型与地磁的实际值偏离严重。为了能够更精确地描述磁场，我们选择基于地磁顶点的地磁坐标系[44-45]。计算地磁顶点坐标系的Python工具包能够在GitHub上开放获取②，图4-19(a)显示了进行地磁坐标系转换后，地磁纬度在地理空间中的情况。本部分我们主要关注地磁坐标系下电离层大尺度变化的南北半球不对称性，因此，我们利用地磁坐标系下的GIM数据构建新的张量，其中张量的维度分别是时间、地磁经度和地磁纬度。为了能够研究电离层“全时间”的时空变化特征，我们利用2011—2013年全部GIM(时间间隔为2 h)来构建张量，然后通过张量秩-1分解获得电离层关于地磁纬度的大尺度变化$\boldsymbol{U}^{(3)}$。

直观上讲，如果电离层大尺度变化关于南北半球是对称的，那么纬度变化$\boldsymbol{U}^{(3)}$的重心应该在赤道上。因此，本章节选择电离层地磁纬度大尺度变化$\boldsymbol{U}^{(3)}$的重心位置来研究电离层的南北不对称性。重心位置是以物体的“质量”的空间分布为权值，对物体所有部分进行加权平均

② https://github.com/cmeeren/apexpy

获得，与 4.4.2 小节中的描述相似，在一维的场景中，重心位置可以通过下式计算，有

$$\hat{x} = \frac{\sum_i P_i x(P_i)}{\sum_i P_i} \tag{4-5}$$

式中，$\hat{x}$ 为重心的位置；$P_i$ 和 $x(P_i)$ 分别为第 $i$ 个质量元及其对应的位置。

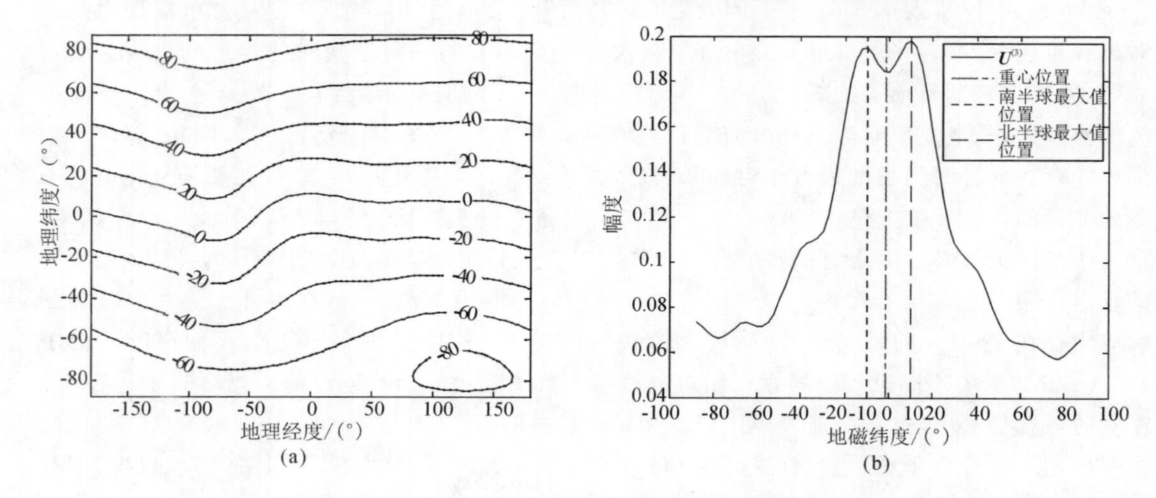


图 4-19　地磁坐标系下的电离层大尺度纬度变化

(a)地理坐标系下地磁顶点坐标系中纬度值示意图；(b)地磁顶点坐标系下电离层纬度大尺度变化

(彩图见彩插图 4-19)

图 4-19(b)中重心的位置是−1.65°S，位于南半球。如 Jee 等(2010 年)所述，由于南半球中高纬度地区观测站点少，使得电离层 VTEC 的观测数据与真实值的负差异在南半球中高纬度地区比在北半球强[46]，也就是说，由于南半球中高纬度地区 GPS 观测站点稀少，在 CODE 数据中心提供的 GIM 数据中，电离层 VTEC 在南半球中高纬度地区偏小。如图 4-19(b)所示，$\boldsymbol{U}^{(3)}$ 的重心位置在南半球，而南半球 CODE 数据中心提供的中高纬度地区的数据与真实的电离层 VTEC 相比偏低，因此，如果没有电离层观测站点的不均匀分布，$\boldsymbol{U}^{(3)}$ 的重心位置会更加向南，电离层大尺度变化的南北不对称会更加明显。重心位置所显示的不对称性表明电离层大尺度时空变化的南北半球差异，而且为地磁坐标系下的电离层时空变化的南北半球不对称性理论提供了佐证。地磁赤道附近的两个峰值表明了电离层赤道异常的存在。如图 4-19(b)所示，这两个峰值的位置分别是磁南北纬 10°，显示出很好的对称性。同时，这两个峰值的幅度分别为 0.195 和 0.198，几乎相等，因此，从电离层大尺度时空变化的角度来看，赤道异常的南北半球不对称性并不明显。

4. 电离层南北不对称性的日变和昼夜变化特征

下面利用基于地磁坐标系下的 GIM 数据研究太阳照射对电离层大尺度变化南北不对称性的影响。如前文所述，每天 12 个电离层 GIM 可以构成张量 $\mathscr{A}_{12\times73\times71}$。利用张量的秩-1 分解每天可以获得一个关于电离层磁纬度大尺度变化的结果 $\boldsymbol{U}^{(3)}$，然后，计算 $\boldsymbol{U}^{(3)}$ 的重心位置 $\hat{x}$ 来表征电离层大尺度变化的南北不对称性。2011—2013 年共有 1 096 d，因此，可以获得 1 096 个 $\hat{x}$，然后通过分析 $\hat{x}$ 的时间变化来研究太阳照射对电离层南北不对称的影响。结果如图 4-20 所示，其中，频谱图是通过傅里叶变换获得的。

如图 4-20(a)所示，$\boldsymbol{U}^{(3)}$ 的重心围绕地磁赤道做季节性震荡，其波形与太阳直射点围绕地理赤道季节性震荡的轨迹相类似。在图 4-20(b)中，频率 $f_1=2.7\times10-3\ \mathrm{d}^{-1}$，对应的周期是 370 d，与太阳直射点震荡周期相差 5 d，这可能是由地磁赤道与地理赤道的差异造成的。因此，上述结果可以说明太阳辐射对电离层大尺度变化南北不对称性具有重要影响。

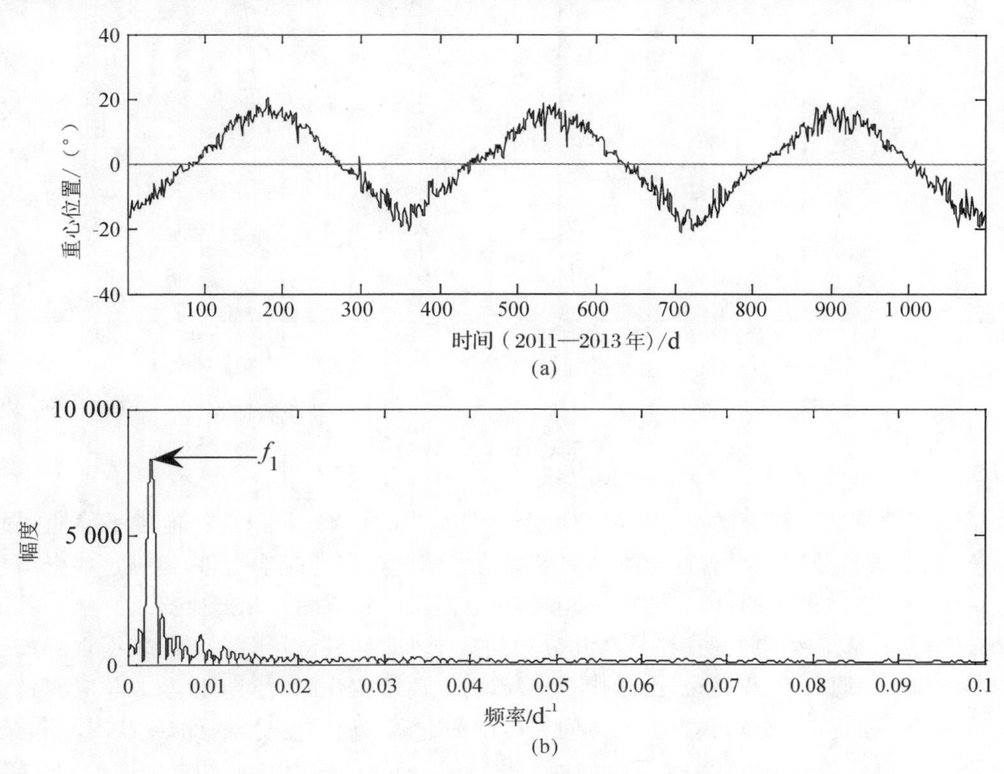


图 4-20　2011—2013 年 $\boldsymbol{U}^{(3)}$ 的重心位置的日变化

(a)时域变化；(b)傅里叶变换得到的频谱

为了研究电离层大尺度变化南北不对称性的昼夜变化特征，CODE 数据中心提供的 GIM 数据被分为夜间和白天两部分。一般而言，白天的时段为地方时 06:00—18:00，夜晚时段为地方时 18:00—06:00。我们选择每天的 UT4 时段获得的 GIM 数据进行分析，主要是因为这个时段东半球为白天，西半球为夜晚，因此，2011—2013 年共有 1 096 个在 UT4 时段获得的 GIM。这些 GIM 的右半部分代表的是东半球(白天)，包括 GIM 右侧的 37 列；对应的 GIM 左半部分代表的是西半球(夜晚)，包括 GIM 左侧的 36 列，因此，1 096 个 UT4 时段获得的 GIM 右侧的部分构成了电离层白天张量 $\mathscr{A}^{\mathrm{d}}_{1\,096\times36\times71}$，左侧部分构成电离层夜晚张量 $\mathscr{A}^{\mathrm{n}}_{1\,096\times36\times71}$。通过张量的秩-1 分解，可以获得关于地磁纬度的电离层大尺度变化的昼夜特征，结果如图 4-21 所示。

如图 4-21 所示，白天和夜晚 $\boldsymbol{U}^{(3)}$ 的重心位置分别为6.3°S 和7.3°S，都是在南半球。这同样为电离层大尺度昼夜变化的南北不对称性提供了佐证。另外，白天和夜晚 $\boldsymbol{U}^{(3)}$ 的波形都显示了电离层赤道异常的存在，而且两个峰的地磁纬度分别为10°S 和10°N，与图 4-19 中得到的结论一致，因此，电离层赤道异常的大尺度变化的南北不对称性在白天和夜晚均不明显。

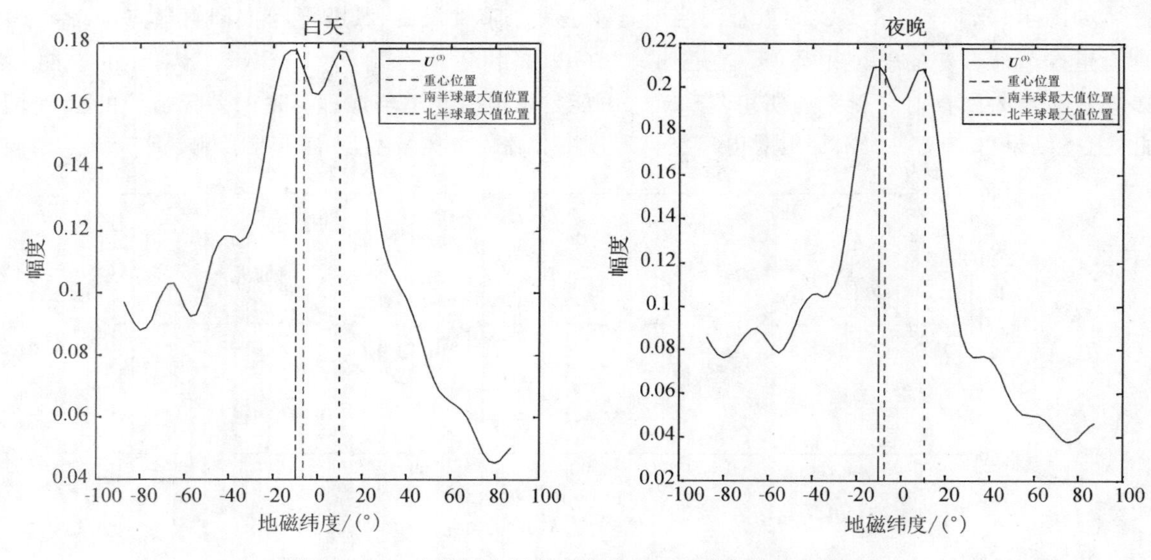


图 4-21　电离层大尺度变化南北不对称性的昼夜特征

（彩图见彩插图 4-21）

5.地磁平静期间 VTEC 张量的分解结果

为了研究地磁扰动和磁暴对电离层大尺度时空变化的影响，我们选择地磁平静期间的电离层 GIM 数据进行分析。尽管地磁扰动和磁暴会影响电离层的时空变化，但是这些影响在我们的分析中是可以被忽略的，因为磁扰/暴不会对电离层的长时间变化产生显著影响。具体来说，地磁扰动和磁暴持续的时间往往是从几分钟到数十小时[16]，与我们 3 年的数据观测长度相比这些变化都是短期的，也就是说，由磁扰/暴引起的电离层变化的时间尺度与 3 年时间相比都是短时的，而张量的秩-1 分解只提取长时间大尺度的电离层时空变化，因此，磁扰/暴不会显著影响张量秩-1 分解获得的电离层大尺度时间变化特征。下面我们用实际结果做进一步验证。

作为一种描述全球地磁活动强度的指数，行星际 3 h 磁情指数 $K_p$ 被广泛应用于电离层和磁场的研究中。为了进一步研究磁扰/暴在电离层空间大尺度变化产生的影响，我们选取 $K_p$ 指数作为地磁活动指数。$K_p$ 指数是由 Bartel(1939 年)提出的[47]，利用分布在南北半球地磁纬度带44°～60°的 13 个地磁台站 $K$ 指数求平均获得，其时间间隔为 3 h，取值范围为 $\{0_0, 0_+, 1_-, 1_0, \cdots, 9_-, 9_0\}$，当 $K_p \leqslant 4_0$ 时，地磁场被认为是平静的。本章中 $K_p$ 指数从美国国家地球物理数据中心③获得。为了研究磁扰/暴对大尺度电离层时空变化的影响，在构建张量的过程中，当 $K_p > 4_0$ 时，去除当前和之后的一个 GIM，由此可以获得地磁平静期的电离层 GIM 张量。然后，基于张量的秩-1 分解获得地磁平静期电离层大尺度时空变化的结果。

对于电离层经度维大尺度变化特征的研究，与前面的分析类似，我们利用地磁平静期的电离层 GIM 分别在 12 个世界时间隔上构建张量。这 12 个张量所包含的地磁平静期电离层 GIM 的数量分别显示在图 4-22 中各子图的标题中。图 4-22 展示了 12 个世界时间隔对应的地磁平静期张量秩-1 分解获得电离层大尺度经度变化特征 $\boldsymbol{U}^{(2)}$，图中 $\boldsymbol{U}^{(2)}$ 的最大值和太阳辐射最大值之间的经度差异与图 4-17 中所展示的结果相同。

③　ftp://ftp.ngdc.noaa.gov/STP/GEOMAGNETIC_DATA/INDICES/KP_AP

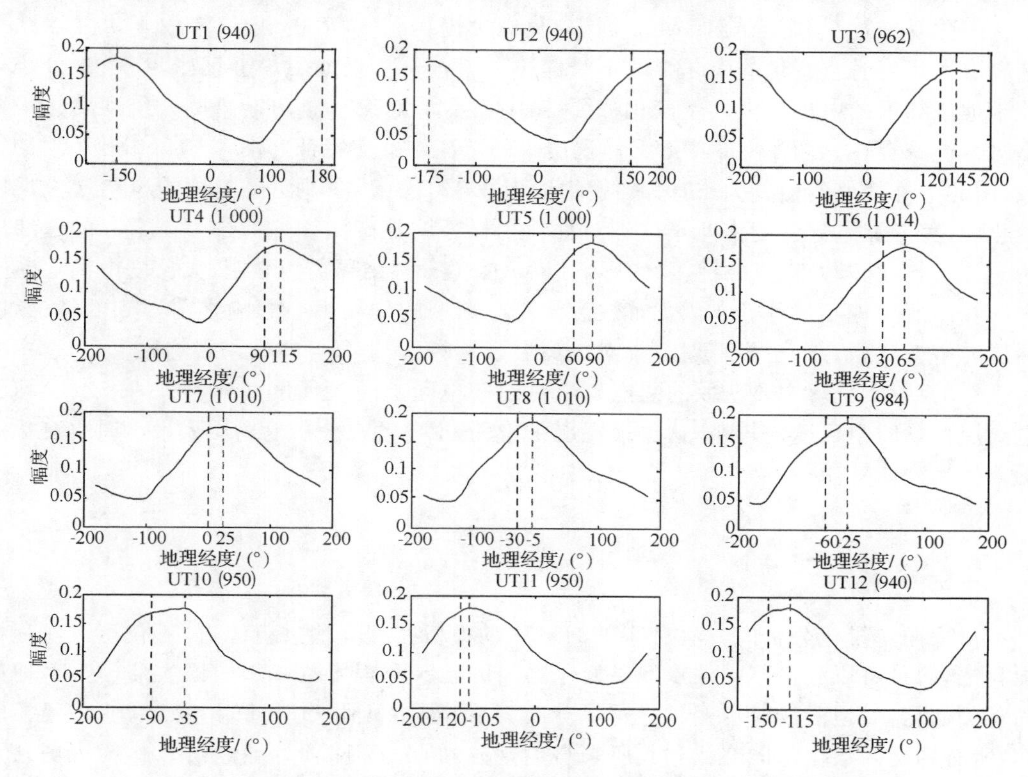


图 4－22　地磁平静期间 12 个世界时间隔对应的电离层经度维大尺度变化

（彩图见彩插图 4－22）

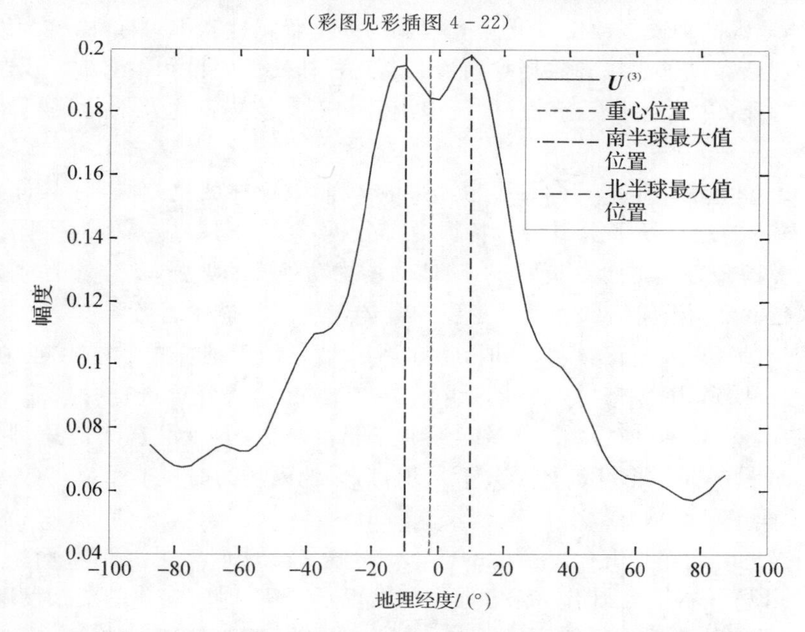


图 4－23　地磁顶点坐标系下地磁平静期电离层纬度维大尺度变化

（红色虚线代表 $\boldsymbol{U}^{(3)}$ 重心的纬度位置，黑色虚线和点划线代表的是赤道两侧的峰值位置）

（彩图见彩插图 4－23）

从去除受磁扰/暴影响的 GIM 数据中，我们可以得到 11 700 个 GIM 用于研究地磁平静期电离层大尺度时空变化的南北半球不对称性。图 4－23 是地磁平静期张量秩-1 分解获得的关于地磁纬度的电离层大尺度变化特征，图中显示了地磁平静期电离层大尺度变化南北半球不对称性的存在。图 4－23 中 $\boldsymbol{U}^{(3)}$ 体现出来的电离层变化特征与图 4－19(b)中 $\boldsymbol{U}^{(3)}$ 的特征相似，南北半球峰值的位置为±10°，幅度均约为 0.19，因此，在地磁平静期的电离层大尺度时空变化中，关于赤道异常的南北半球不对称性同样不明显。图 4－23 中 $\boldsymbol{U}^{(3)}$ 重心的磁纬度位置为－1.89°S，所以去除了磁扰/暴的影响以后，张量分解结果仍然表明，大尺度电离层时空变化中存在南北半球不对称性。因此，磁扰/暴对电离层的作用不会影响之前得到的结论，即在电离层时空变化联合分析中，磁扰/暴对电离层张量的秩-1 分解的结果影响比较小，这主要是因为张量的秩-1 分解主要获取的是电离层时间和空间上的大尺度变化特征，而磁扰/暴引起的电离层变化时空尺度比较小，这也体现出张量秩-1 分解在分析电离层大尺度时空变化过程中的鲁棒性高。

## 4.5 本章小结

本章采用定量化分析的方法对基于 HMM 的模板匹配算法进行改进，不仅可以实现模板匹配算法，而且可以测量不同站点地磁变化之间的互匹配程度。基于中国大陆(东亚)地区地磁场观测数据，对地磁场时空变化进行了分析，结果证明利用 HMM 对地磁场变化建模的有效性，所有的地磁数据都能够找到其所来自的地磁站点。HMM 参数也可以作为观测站点地磁场变化的"统计标签"，不同空间位置的地磁场变化具有不同的 HMM 参数。数据分析结果表明，中国大陆地区的地磁场时空变化具有明显的纬度依赖性和不对称性，这为地磁场时空变化的不对称性理论提供了直接的数据观测证据。这种纬度依赖性和不对称性反映了地磁场时空变化的复杂特征，以及地球液态外核中流体流动和电离层内部电流对地磁场时空变化影响的复杂性。

本章基于 Huang 提出的基于 HHT 变换的频域非平稳性度量方法，对不同 $K$ 指数、不同 Lloyd 季节及昼夜的地磁场 $Z$ 分量变化特征进行分析，得到下述结论：①对不同 $K$ 指数($K=0,2,4,6$)的地磁场 $Z$ 分量进行分析发现，随地磁场扰动程度的增强，$Z$ 分量的时域非平稳度升高且变化越来越剧烈，但 $K$ 指数和非平稳度的具体定量关系描述还需要进一步试验统计分析和理论论证，在对地磁场进行建模预测时，不同 $K$ 指数下的模型可能不尽相同，在进行建模时需要分类验证，标明适用范围；②对不同 Lloyd 季节地磁场 $Z$ 分量进行时域非平稳性度量发现，随着日地距离的减小，地磁场 $Z$ 分量时域非平稳度增大，且变化越来越剧烈；③对白天和夜晚地磁场 $Z$ 分量的非平稳度进行了分析发现，白天地磁场的时域非平稳度较大且变化较为剧烈，进一步说明了夜晚地磁场变化较为平静。

本章利用描述时间序列变化复杂度的样本熵分析了全球电离层 VTEC 时空变化特征，对全球电离层 VTEC 样本熵地图沿纬线方向求和发现，VTEC 时间变化的复杂度随纬度升高而增大，并不是通常所认为的中低纬度地区电离层变化更加复杂。另外，将 72 个电离层 VTEC 样本熵随纬度变化的波形的重心位置沿时间展开，结果表明，重心所在的半球与太阳直射点一致，表现出正相关特征；傅里叶频谱分析发现，电离层 VTEC 复杂度的变化有明显的 Lloyd 季节变化和年变化特征。

本章将张量的秩分解引入电离层时间-经度-纬度变化特征的联合分析中。将全球电离层GIM数据按照时间顺序排列成3维的电离层VTEC张量，与EOF和PCA相比，张量的秩分解不仅能够获得电离层时间和空间的变化特征，也能够获得空间变化中经度-纬度变化特点。为了分析电离层的大尺度时空变化，本章利用张量的秩-1分解来提取电离层GIM张量的第一主成分。通过秩-1分解可以获得电离层大尺度变化$\boldsymbol{U}^{(1)}$、$\boldsymbol{U}^{(2)}$和$\boldsymbol{U}^{(3)}$，它们分别为秩-1分解在时间、经度和纬度维上相互正交的单位矢量。首先，电离层时间维大尺度变化$\boldsymbol{U}^{(1)}$和太阳活动之间的频谱对应关系表明，张量秩-1分解获得的电离层大尺度时间变化主要是由太阳活动引起的。其次，利用不同世界时的电离层张量，可以获得电离层经度维大尺度变化$\boldsymbol{U}^{(2)}$最大值和太阳辐射最大值之间的时间延迟，这种延迟主要在1～3.7 h之间。时间延迟的月变化表明，电离层响应和太阳辐射之间延迟的Lloyd季节变化特征并不明显。不同的时间延迟可能代表着磁层-电离层-热层系统中的不同作用过程，当时间延迟接近1 h时，粒子的电离和复合过程可能起主要作用，当时间延迟在2～3 h时，焦耳加热可能是主要的。另外，基于地磁坐标系的张量秩-1分解为电离层大尺度时空变化的南北不对称性提供了佐证，不对称性的日变化表明了太阳对电离层大尺度变化的影响。基于地磁坐标系，利用白天和夜晚的数据获得的$\boldsymbol{U}^{(3)}$表明，电离层赤道异常的白天和夜晚的大尺度变化特征相似，都证明了电离层大尺度变化南北不对称性的存在。最后，利用去除了受磁扰/暴影响的电离层GIM数据研究了磁扰/暴对电离层大尺度变化的影响，结果表明，磁扰/暴对电离层大尺度时空变化影响比较小。总体来说，张量的秩-1分解能够解耦电离层中时间-经度-纬度之间的相互关联，可以联合分析受太阳、磁场和磁层等影响的电离层大尺度时空变化特征。

## 参考文献

[1]GUO C, CAI H, HEIJDEN G H M V D. Feature extraction and geomagnetic matching [J]. Journal of Navigation, 2013, 66(6):799 - 811.

[2]WANG P, HU X, WU M, et al. Study on the geomagnetic features for matching suitability analysis[C]. Hangzhou: IEEE 5th International Conference on Intelligent Human - machine Systems & Cybernetics, 2013.

[3]李航.统计学习方法[M].北京:清华大学出版社,2012.

[4]RABINER L, JUANG B H. Fundamentals of speech recognition[M]. Beijng: Tsinghua University Press, 1999.

[5]MYLLYS M, PARTAMIES N, JUUSOLA L. Latitude dependence of long - term geomagnetic activity and its solar wind drivers[J]. Annales Geophysicae, 2015, 33(5):573 - 581.

[6]TAKEDA M, IYEMORI T, SAITO A. Relationship between electric field and currents in the ionosphere and the geomagnetic Sq field[J]. Journal of Geophysical Research Space Physics, 2003, 108(A5):1183 - 1187.

[7]AMIT H, CHOBLET G. Mantle - driven geodynamo features - Effects of compositional and narrow D″ anomalies[J]. Physics of the Earth & Planetary Interiors, 2012, 190: 34 - 43.

[8]SUMITAL I I, OLSON P. A laboratory Model for convection in earth's core driven by a thermally heterogeneous mantle[J]. Science, 1999, 286:1547 - 1549.

[9]AUBERT J, AMIT H, HULOT G, et al. Thermochemical flows couple the Earth's inner core growth to mantle heterogeneity[J]. Nature, 2008, 454:758 - 761.

[10]LIU L, ZHAO B, WAN W, et al. Seasonal variations of the ionospheric electron densities retrieved from Constellation Observing System for Meteorology, Ionosphere, and Climate mission radio occultation measurements[J]. Journal of Geophysical Research Space Physics, 2009, 114(A2):302.

[11]朱岗崑.关于佘山地磁场扰动变化的分析[J].地球物理学报,2001,44(增刊):51 - 67.

[12]胡久常.地磁日变幅的时空变化[J].地震地磁观测与研究,1992,13(3):73 - 77.

[13]李金龙,邹振轩,丁俊宜.地磁 $Z$ 分量低点时间季节性变化研究[J].地震地磁观测与研究,2007,28(6):19 - 23.

[14]王建军.中国地区地磁场日变化时空分布特征初步研究[D].兰州:中国地震局兰州地震研究所,2008.

[15]姚休义,杨冬梅,陈化然,等.短周期地磁扰动的时空分布特征研究[J].地球物理学报,2012,55(8):2660 - 2668.

[16]徐文耀.地球电磁现象物理学[M].合肥:中国科学技术大学出版社,2009.

[17]解用明,武连祥,郭建芳,等.地磁 $Z$ 分量日变化特征[J].地震地磁观测与研究,2004,25(1):52 - 56.

[18]HUANG Z, YUAN H. Analysis and improvement of ionospheric thin shell model used in SBAS for China region[J]. Advances in Space Research, 2013, 51(11):2035 - 2042.

[19]HUANG Z, YUAN H. Ionospheric single - station TEC short - term forecast using RBF neural network[J]. Radio Science, 2014, 49(4):283 - 292.

[20] HUNSUCKER R D, HARGREAVES J K. The high - latitude ionosphere and its effects on radio propagation[M]. Cambridge:Cambridge University Press, 2002.

[21]WEIMER D R, CLAUER C R, ENGEBRETSON M J, et al. Statistical maps of geomagnetic perturbations as a function of the interplanetary magnetic field[J]. Journal of Geophysical Research Space Physics, 2010, 115(A10):161 - 168.

[22]ERCHA A, HUANG W, YU S, et al. A regional ionospheric TEC mapping technique over China and adjacent areas on the basis of data assimilation[J]. Journal of Geophysical Research: Space Physics, 2015, 120(6):5049 - 5061.

[23]PAJARES M H, JUAN J M, SANZ J, et al. The IGS VTEC maps: a reliable source of ionospheric information since 1998[J]. Journal of Geodesy, 2009, 83(3 - 4):263 - 275.

[24]RAO K D,SRILATHA INDIRA DUTT V B S. CODE coefficients based single frequency ionospheric error correction model to improve GPS positional accuracy of the low - latitude regions [J]. IOSR Journal of Electronics and Communication Engineering, 2014, 9(6): 18 - 21.

[25] LATHAUWER L D,MOOR B D, VANDEWALLE J. On the best rank - 1 and rank - ($R_1$, $R_2$,...,$R_N$) approximation of higher - order tensor[J]. Siam Journal on Matrix Analysis and Applications, 2000, 21(4): 1324 - 1342.

[26]KOLDA T G, BADER B W. Tensor Decompositions and Applications[J]. Siam Review, 2009, 51(3):455 - 500.

[27]LU H, PLATANIOTIS K N, VENETSANOPOULOS A N. Multilinear principal component analysis of tensor objects for recognition[C]. Hong Kong: International Conference on Pattern Recognition. IEEE, 2006.

[28] HANSON W B, MOFFETT R J. Ionization transport effects in the equatorial F region [J]. Journal of Geophysical Research, 1966, 71(23): 5559 - 5572.

[29]GOLDBERG R A. A theoretical model for the magnetic declination effect in the ionospheric F region[J]. Annales Geophysicae, 1966,22: 588 - 597.

[30] SCHUNK R, NAGY A. Ionospheres: Physics, Plasma Physics, and Chemistry[M]. Cambridge: Cambridge University Press, 2009.

[31]AFRAIMOVICH E L, ASTAFYEVA E I, OINATS A V, et al. Global electron content: a new conception to track solar activity[J]. Annales Geophysicae, 2008, 26(2): 335 - 344.

[32]ATAC T,OZGUC A, RYBAK J. Overview of the flare index during the maximum phase of the solar cycle 23[J]. Advances in Space Research, 2005, 35(3): 400 - 405.

[33]POLYGIANNAKIS J, PREKA - PAPADEMA P, MOUSSAS X. On signal - noise decomposition of timeseries using the continuous wavelet transform: Application to sunspot index[J]. Monthly Notices of the Royal Astronomical Society,2003, 343(3):725 - 734.

[34]RAMA G K, PAVAN K S, Balakrishnaiah G,et al. Evaluation of Clearness and Diffuse Index at a Semi - Arid Station (Anantapur) using Estimated Global and Diffuse Solar Radiation[J]. International Journal of Advanced Earth Science and Engineering, 2016, 5(1): 347 - 363.

[35]CHEN Y, LIU L, LE H, et al. Discrepant responses of the global electron content to the solar cycle and solar rotation variations of EUV irradiance[J]. Earth, Planets and Space, 2015, 67(80): 1 - 8.

[36]HOCKE K. Oscillations of global mean TEC[J]. Journal of Geophysical Research Space Physics, 2008, 113:A4032.

[37]AFRAIMOVICH E L, Astafyeva E I, Zhivetiev I V. Solar activity and global electron content[J]. Doklady Earth Sciences, 2006, 409(2):921 - 924.

[38]ASTAFYEVA E I, Afraimovich E L, Oinats A V, et al. Dynamics of global electron content in 1998 - 2005 derived from global GPS data and IRI modeling[J]. Advances in Space Research, 2008, 42(4):763 - 769.

[39]SHEN C S. The time delay of the ionospheric response to the ring current variation[J]. Chinese Journal of Space Science, 1987, 8(1): 155 - 162.

[40]FUNG S F, SHAO X. Specification of multiple geomagnetic responses to variable solar wind and IMF input[J]. Annales Geophysicae, 2008, 26(3):639 - 652.

[41]MIN K, PARK J, KIM H, et al. The 27 - day modulation of the low - latitude iono-

sphere during a solar maximum[J]. Journal of Geophysical Research: Space Physics, 2009, 114(A4): 27 - 32.

[42]WANG X, EASTES R, WEICHECKI V S, et al. On the short - term relationship between solar soft X - ray irradiances and equatorial total electron content (TEC)[J]. Journal of Geophysical Research, 2006, 111(A10):A10S15.

[43]LU G. Energetic and dynamic coupling of the magnetosphere - ionosphere - thermosphere system[M]. New Jersey:John Wiley & Sons, Inc,2017.

[44]LAUNDA K M, RICHMOND A D. Magnetic coordinate systems[J]. Space Science Reviews, 2016, 206(1): 27 - 59.

[45]LAUNDAL K M, GJERLOEV J W. What is the appropriate coordinate system for magnetometer data when analyzing ionospheric currents? [J]. Journal of Geophysical Research Space Physics, 2015, 119(10):8637 - 8647.

[46]JEE G, LEE H B, KIM Y H, et al. Assessment of GPS global ionosphere maps(GIM) by comparison between CODE GIM and TOPEX/Jason TEC data: Ionospheric perspective[J]. Journal of Geophysical Research(Space Physics), 2010, 115(A10): 161 - 168.

[47] BARTELS J, HECK N H, Johnston H F. The three - hour - range index measuring geomagnetic activity[J]. Journal of Geophysical Research, 1939, 44(4): 411 - 454.

# 第5章　电离层与地磁场变化的相互作用与相关性分析

电离层和地磁场相互作用，二者的变化也存在一定的相关性，这种相关性在太阳活动平静时期以及太阳爆发时期都有体现。本章分别对太阳平静时期和太阳爆发时期的电离层与地磁场相互作用及相关性进行分析。

对于太阳平静时期，利用CODE数据中心提供的电离层GIM数据及Swarm卫星的高精度地磁观测数据和电子密度数据，结合地磁场CHAOS－5模型以及张量秩分解、主成分分析等分析方法，对不同纬度地区的地磁场与电离层时空变化之间的相互作用进行了分析。

对于太阳爆发时期，从统计的角度分析1996—2004年发生的119次磁暴期间的电离层TEC扰动，并详细分析不同磁暴类型与不同TEC扰动类型的相关性。

## 5.1　太阳平静期电离层与地磁场时空变化的相互作用分析

### 5.1.1　数据描述

携带大量电离层变化信息的VTEC数据是描述电离层变化的重要参数[1]，如4.3.1小节所述，CODE数据中心提供的以CODG命名的GIM数据能够比较好地提供电离层时间和空间变化的细节信息。另外，对于GPS单频用户来说，一个非常重要的定位误差来源于电离层，为了降低误差，CODE数据中心也提供了以GPSG命名的GIM数据。根据IGS提供的2013年技术报告，GPSG数据集是通过Klobuchar模型获得的，由于其计算在卫星上进行，并且需要将模型参数发送到用户，为了降低计算量和资源消耗，GPSG数据集只包含了电离层时空变化的主要特征[2]。同样，GPSG类型的GIM数据描述的地理空间范围，在经度上从180°W到180°E(间隔为5°)，在纬度上从87.5°S到87.5°N(间隔为2.5°)，时间间隔也是2 h。

欧洲空间局发射的Swarm卫星星座包括Swarm－A、Swarm－B和Swarm－C等三颗卫星。从2013年11月22日发射开始到2014年4月17日正式组成星座，Swarm－A和Swarm－C卫星在450 km左右的高度并行飞行，Swarm－B卫星的飞行高度约为530 km。由于卫星星座的特殊空间结构，Swarm观测数据对于认识地球空间环境起到了巨大的推动作用。Alken(2016年)利用Swarm数据研究了电离层低纬地区F层重力电流和反磁电流[3]。Juusola等(2016年)利用Swarm的磁场和电场测量值首次推算出电离层的Hall和Pedersen电导率[4]。Alken等(2007年)综述了Swarm卫星的磁场和电子密度的测量数据对电离层不均匀体指数等空间科学研究的促进作用[5]。Swarm 卫星测量的数据种类很多，本章只选用了磁场和电离层电子密度的测量数据，其中，Swarm 卫星磁场测量数据的采样频率包括 1 Hz 和，本章中我们选择使用采样频率为 1 Hz 的 MAGA_LR 数据类型①，磁测数据包括地磁场 $B_X$，$B_Y$ 和 $B_Z$ 三分量的测量值。需要说明的是，这里 $B_X$，$B_Y$ 和 $B_Z$ 分量是以观测点作为坐标系的原点，将地磁场总强度分别在地理北向、地理东向和垂直向下方向上投影获得。由于太阳活动往往导致地磁场的剧烈变化，本章我们选择地磁场活动指数 Dst 作为描述太阳活动的指数，太阳活动平静期是指全天 Dst＞－20 nT 的时间段，其中 Dst 数据来自于世界地磁数据中心②。

### 5.1.2 地磁场对电离层时空变化的影响

带电粒子 $e$ 在磁场 $\boldsymbol{B}$ 中以速度 $\boldsymbol{v}$ 运动时所受到的磁场作用力，即所谓的洛伦兹力为 $\boldsymbol{F}=e\boldsymbol{v}\times\boldsymbol{B}/c$，由此可知，运动的带电粒子在磁场中沿磁场线以螺旋运动前进。电离层电子处于地磁场之中，因此，电离层的变化必然受到磁场的影响，同时，电离层又受太阳风、重力波和大气潮汐波等因素的影响，由此形成了电离层中的赤道喷泉效应、场向电流等现象。

1.电离层赤道喷泉效应

大量观测表明，在磁赤道两侧±20°左右的位置，电离层总电子含量分布会出现双驼峰现象，白天尤为明显，导致 F2 层峰高度 hmF2 在磁赤道位置被极大地抬高，这种电离层现象无法用传统的 Chapman 理论解释，因此被称为赤道异常。Martyn 于 1947 年基于电力漂移理论，认为赤道上空的热层中性风拖动 E 层带电粒子向上漂移到远大于 hmF2 的高度，同时，上升的电子切割赤道附近几乎水平的地磁场 $\boldsymbol{B}$，产生东向电场 $\boldsymbol{E}$。由于 $\boldsymbol{E}\times\boldsymbol{B}$ 的力和重力及压力梯度的影响，带电粒子沿磁场线顺南北方向向下扩散，运动到更高纬度地区[6]，造成带电粒子在更高纬度地区堆积。因此，电子密度在赤道两侧±20°左右的位置出现两个峰，此即所谓的喷泉效应[7]。本节选用 CODE 数据中心提供的含有丰富细节信息的 CODG 数据集，随机选择太阳活动平静期的 2011 年 1 月 1 日 14:00(世界时)的全球电离层 VTEC 数据(Dst＞－12 nT)，结果如图 5－1 所示，图中黑色虚线代表地磁赤道的位置。本章选择在电离层研究中应用广泛的地磁顶点坐标系，该坐标系与地理坐标系之间的转换是通过美国国家航空航天局(NASA)提供的坐标转换接口③实现的。

从图 5－1(a)中可以明显看出，电离层 VTEC 在磁赤道两侧存在两个峰，使得赤道附近的电离层电子密度呈现出马鞍状分布的“喷泉效应”，这主要是由于磁赤道附近上升的离子在电场、重力等因素的作用下沿磁场线方向向高纬地区扩散，使得离子在更高纬度地区堆积导致的。另外，图 5－1(b)中的离子分布是图(a)中的数据通过克里格插值获得的地磁坐标系下的全球电离层 VTEC 的分布。从图 5－1(b)中我们可以更加直观地观察到，由地磁场等因素导致的磁赤道地区上空电离层的喷泉效应。

---

① http://earth.esa.int/swarm

② http://wdc.kugi.kyoto-u.ac.jp/dstdir/index.html

③ https://ccmc.gsfc.nasa.gov/requests/instant/instant1.php?model=Apex

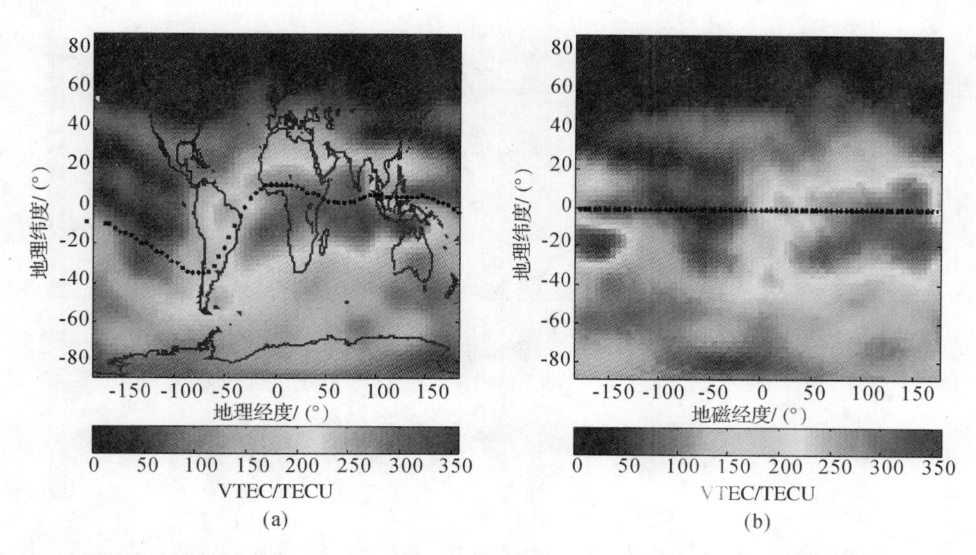


图 5-1　2011 年 1 月 1 日世界时 14:00—16:00 来自 CODE 数据中心的全球电离层 VTEC 分布图
(a)地理坐标系下 GIM 图;(b)地磁坐标系下 GIM 图
(彩图见彩插图 5-1)

2. 高纬度地区地磁场对电离层时空变化的影响

地磁场的磁场线在高纬度地区汇聚,使得高纬度地区的电离层呈现出复杂的时空变化特征。场向电流又称伯克兰电流,是沿地磁场线的一组电流,主要是磁层带电粒子沿磁场线向极区电离层沉降产生,这表现出磁场对带电粒子运动的约束作用。场向电流连接了地球磁层和高纬度电离层,使磁层和电离层耦合成为一个统一的电动力学系统[8]。另外,极盖吸收也是高纬度地区电离层受地磁场影响而产生的重要电离层现象。极盖吸收是指在太阳喷射出来的高能质子流到达地球后,受磁场洛伦兹力作用,沿着磁力线沉降到极区上层大气中,使极区大气的电离程度急剧增加,电离层电子密度增大,与此同时,高能质子对大气中的分子及原子的电离和激发作用导致了极光的产生[9]。因此,地磁场在高纬地区的汇聚效应使得高纬度电离层时空变化形态更为复杂。我们选用 Swarm 卫星测量的电离层电子密度数据,其中数据类型是 Swarm-A 数据 EFIA_PL_1B 中的测量值,采样频率为 1 Hz。随机选择太阳活动平静期的 2017 年 9 月 4 日(Dst $>-20$ nT)Swarm-A 卫星在世界时 05:12:24—06:46:09 绕地球一周所测得的电离层电子密度,如 5-2(a)所示,对原始的电子密度进行一阶差分,得到的结果如图 5-2(b)所示。

图 5-2(a)中是 Swarm-A 卫星轨道上的电离层电子密度($N_e$),在图中卫星第二次飞过赤道上空时,可以明显观察到,电离层赤道地区的喷泉效应。为了更加直观地描述电离层电子密度的快速变化部分,对原始数据进行一阶差分,得到图 5-2(b)。从图 5-2(b)中可以明显地看出,在南北半球高纬度地区电子密度的空间变化比中低纬度地区更加剧烈,这种现象也主要是由于地磁场对电离层的影响,高能运动离子沿磁场线向磁极运动,其中的原理与场向电流和极盖吸收等现象类似,进而导致高纬度地区的电离层电子密度的时空变化更加剧烈。为了展示地磁场对全球电离层变化的影响,我们也选用了下述包含电离层时空变化主要特征的 GPSG 数据进行分析。

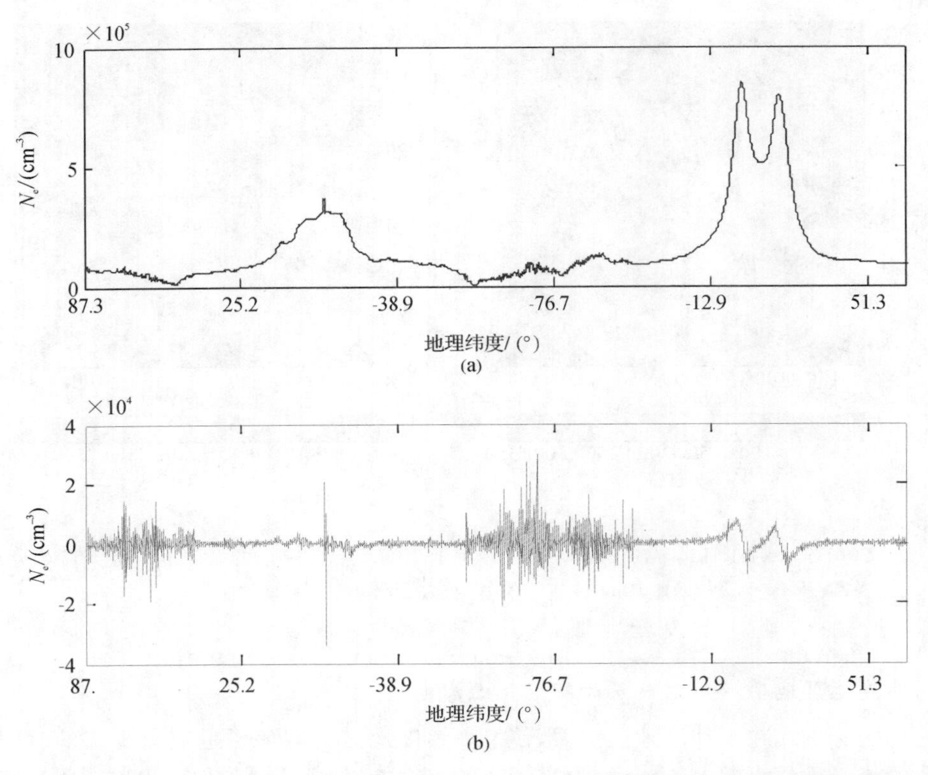


图 5-2　2017 年 9 月 4 日 05:12:24—06:46:09(世界时)Swarm-A 卫星轨道上的电离层电子密度的测量值

(a)原始观测;(b)观测的一阶差分

3. GPSG 数据张量秩-2 分解中的磁场效应

CODE 数据中心提供的 GPSG 数据集虽然只描述了电离层主要的时空变化,但是这类数据也是通过 GPS 观测站的 VTEC 观测获得的,同样能够反映电离层受磁场约束产生的空间变化。如前文所述,地球主磁场作为内源场的主要部分,约占整个地磁场的 95%;通常地球主磁场可以用地心倾斜偶极子模型来描述[8],在这一近似模型中,地磁场的方向是从地磁北极到地磁南极。如 5.1 节所述,由于我们获取的数据是一系列随时间变化的全球电离层 GIM 数据,因此,可以将这些 GPSG 类型的 GIM 数据沿时间排列构成一个三维的数据块,即三维张量。为了提取电离层受地磁场影响产生的时空变化特征,本节将电离层数据块进行张量秩-2 分解,目的在于去除太阳剧烈活动及地壳场等在时间和空间上快速变化等因素对电离层的影响,同时,张量分解与传统的时空分析方法(如经验正交分解[10])相比,能够更好地解耦电离层的时间-经度-纬度变化。本节选择 2012 年 366 d 世界时为 16:00—18:00 的 GIM 数据(GPSG 类型),通过张量的秩-2 分解获得对原始电离层数据张量最优逼近的秩-2 张量。

为了提取电离层总电子含量在空间上的快速变化方向,我们对获得的 GPSG 数据张量秩-2分解的结果进行主成分分析(PCA)。这里我们将纬度和经度作为变量 $X$ 和 $Y$,其取值范围分别为(−87.5°,87.5°)和(−180°,180°),且间隔分别为 2.5°和 5°。因此,$(x_i, y_j)$ 位置处 VTEC 的数值可以看作是二维变量 $(x_i, y_j)$ 出现的频数 $N_{x_i y_j}$,主成分分析由 Pearson 于 1901 年提出,主要是通过对数据协方差矩阵进行特征分解,获得数据集的主要变化方向。对于本章的研究对象，变量 $X$ 和 $Y$ 的协方差矩阵为 $\boldsymbol{C}=\begin{bmatrix}\operatorname{cov}(X,X) & \operatorname{cov}(X,Y)\\ \operatorname{cov}(Y,X) & \operatorname{cov}(Y,Y)\end{bmatrix}$，其中，$\operatorname{cov}(X,X)=\frac{1}{N}\sum_i x_i{}^2 N_{x_i}-\left(\frac{1}{N}\sum_i x_i N_{x_i}\right)^2$，$\operatorname{cov}(Y,Y)=\frac{1}{N}\sum_i y_i{}^2 N_{y_i}-\left(\frac{1}{N}\sum_i y_i N_{y_i}\right)^2$，$\operatorname{cov}(X,Y)=\operatorname{cov}(Y,X)=\frac{1}{N}\sum_i\sum_j x_i y_j N_{x_i y_j}-\left(\frac{1}{N}\sum_i x_i N_{x_i}\right)\left(\frac{1}{N}\sum_j y_j N_{y_j}\right)$，$N=\sum_i N_{x_i}=\sum_j N_{y_j}$，$N_{x_i}$ 和 $N_{y_j}$ 分别是 $x_i$ 和 $y_j$ 出现的频数。

对协方差矩阵 $\boldsymbol{C}$ 进行特征分解，得到两个相互正交的特征向量，其中特征值较小的特征向量，对应数据分布的方差比较小，数据分布曲线的斜率大，数据的空间变化快。因此，选择较小特征值对应的特征向量作为电离层总电子含量在空间上快速变化的方向，然后计算该特征向量在墨卡托投影地图中的斜率 $\alpha$。对 2012 年 366 d 的电离层 GIM 数据进行张量秩-2 分解和主成分分析后得到电离层总电子含量大尺度空间变化最快的方向，即第一主成分分量方向，结果如图 5-3 所示。

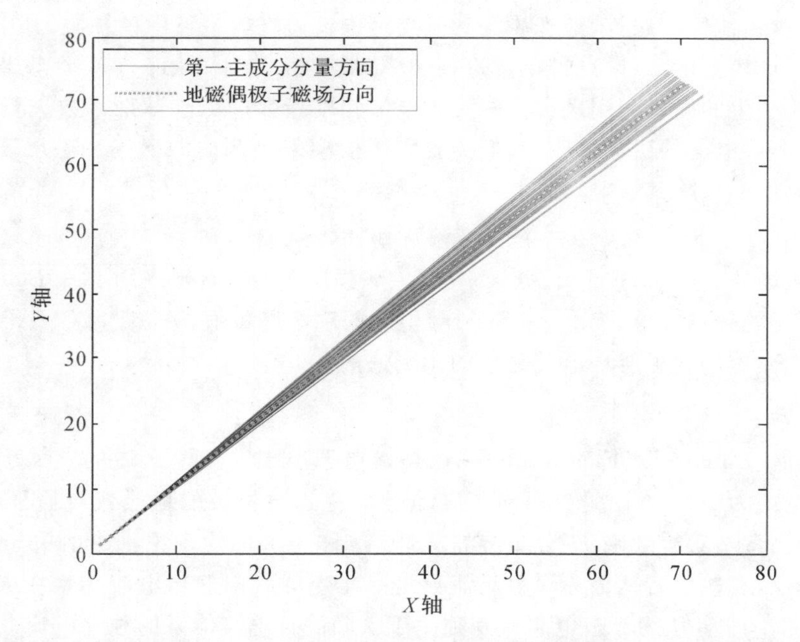


图 5-3　2012 年电离层 GIM 数据进行张量秩-2 分解和主成分分析后提取的总电子含量在空间上快速变化方向（其中绿色虚线为地磁南北磁极的连线的方向）

（彩图见彩插图 5-3）

图 5-3 的结果表明，电离层电子含量的空间快速变化方向与地球主磁场的方向几乎一致，这说明电离层总电子含量的大尺度空间变化在沿地磁场方向上变化最快，这也说明了电离层中带电粒子在地磁场中运动时，洛伦兹力使其沿磁场线前进，体现了地磁场对电离层中电子运动的约束作用。

### 5.1.3 电离层对地磁场时空变化的影响

电离层处于地球中性大气和磁层之间，由于太阳照射和月球引力引起的大气潮汐等作用的影响，电离层中存在着周期或非周期的粒子运动，同时由于地磁场的存在，运动离子切割磁感线形成电场，进而形成电离层电流体系。根据毕奥-萨伐尔定理，有

$$\boldsymbol{B} = \int_L \frac{\mu_0 I \mathrm{d}\boldsymbol{l} \times \boldsymbol{r}}{4\pi r^3} \tag{5-1}$$

电流可以产生磁场。电离层内部的电流体系将产生外源磁场，其作用叠加在地磁内源场之上，由于电离层电流体系产生磁场的“快速”变化与地磁内源场的“缓慢”变化在时间尺度具有很大的差异，从地磁场的观测中分离出外源场成为可能[8]。因此，地磁场观测也成为了一种甚至是唯一一种表征电离层电流体系时空变化的有效手段[11]。

下述主要利用太阳活动平静期的 Swarm 卫星的磁测数据分析电离层电流的磁效应对地磁场时空变化的影响。为了提取这种磁场效应，需要从 Swarm 数据中去除地球主磁场、地壳磁场和磁层环电流磁场等因素的影响。按照参考文献[11]提供的方法，我们选择 CHAOS－5 模型对来自地核的地球主磁场、地壳磁场和磁层环电流磁场等进行建模预测，其中地球主磁场利用 CHAOS－5 模型的 20 阶球谐函数进行建模，地壳磁场利用 21～100 阶球谐函数进行建模，磁层环电流产生的磁场利用融合了磁层环电流强度指数的二阶球谐函数进行建模[12]。为了获得来自电离层电流的磁场效应，我们需要利用模型来预测内源磁场和磁层环电流外源磁场，然后从观测值中消除其影响，即

$$\Delta A_{\text{iono}} = A_{\text{Meas}} - A_{\text{Model}} \tag{5-2}$$

式中，$A$ 为地磁场的 $F$，$B_X$，$B_Y$ 或 $B_Z$ 分量，其中磁场强度 $F=\sqrt{{B_X}^2+{B_Y}^2+{B_Z}^2}$；$\Delta A_{\text{iono}}$ 为来自于电离层电流的磁场效应；$A_{\text{Meas}}$ 为 Swarm 卫星的磁场测量值；$A_{\text{Model}}$ 为 CHAOS－5 模型对地球主磁场、地壳磁场和磁层环电流磁场的预测值的和。

1. 赤道电集流的磁效应

赤道电集流(Equatorial Electrojet，EEJ)是指白天出现在赤道区域的电离层带状电流体系，其空间宽度约为±2°，方向为自西向东流动[13]。赤道电集流的地磁效应最早于 1920 年由洪伽约地磁观测台站获得地磁 $H$ 分量异常发现，被称为洪伽约现象。当前关于 EEJ 的形成原理仍然有争议，有些学者认为赤道电集流只是南北半球太阳静日电流体系在赤道区域的部分[14]；也有一部分学者认为赤道电集流是独立于太阳静日电流体系的独立电流[15]。由于 EEJ 主要在白天出现，因此本节选取太阳照射磁赤道(地磁坐标系下纬度为 0°)时，Swarm 卫星飞过其上空所获得的测量数据。为了表明赤道电集流对地磁场时空变化的影响，同时显示不同纬度地区的电离层电流的磁效应，我们选取 Swarm－A 卫星地磁观测数据的时间为 2013 年 12 月 12 日( Dst ＞－12 nT)23:17:01—23:59:59UT。该时段 Swarm－A 卫星的飞行轨迹如图 5－4(e)所示。

如模型式(5－2)所述，$A$ 为地磁场的 $F$，$B_X$，$B_Y$ 或 $B_Z$ 分量，图 5－4 中展示了电离层电流的磁场效应 $\Delta A_{\text{iono}}$ 的结果。如图 5－4(a)(b)所示，在磁赤道附近，赤道地区电离层电流产生的磁场 $F$ 和 $B_X$ 分量有明显的下降，这说明赤道电集流磁效应对地磁场有影响。由于赤道电集流的方向是自西向东的，根据安培定则，电流在其正上方或正下方产生的磁场是水平的，因此，赤

道电集流在其正上方或正下方向上的磁场强度分量近似为0，即 $B_Z=0$，如图5-4(d)所示，这也验证了赤道电集流自西向东的方向性。图5-4(a)(b)中的赤道地区磁场 $F$ 和 $B_X$ 分量有明显的下降现象，显示了赤道电集流的存在；有一些学者利用赤道电集流的磁效应来构建EEJ的经验模型，例如，Alken等(2007年)利用赤道地区地磁场的测量值，剔除主磁场、地壳磁场以及磁层磁场的影响，然后构建赤道电离层电集流模型[5]；同理，电离层赤道电集流也可以从Swarm卫星的磁场观测值中推算获得[3]，这都是利用了电离层对赤道地区地磁场变化的影响来反演电离层赤道电集流。

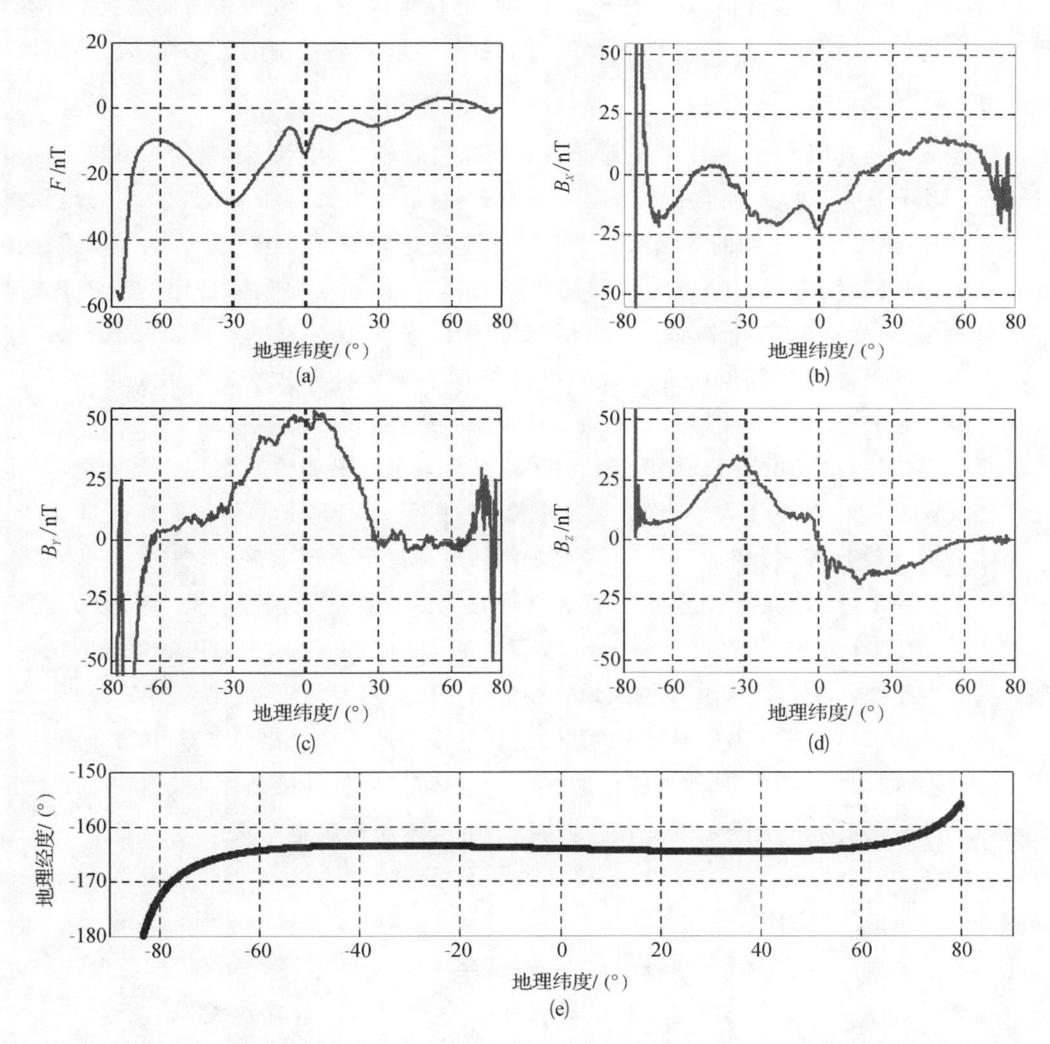


图5-4　2013年12月12日23:17:01—23:59:59(世界时)Swarm-A卫星磁测值中来自电离层电流体系的磁场效应 $\Delta F$(a)，$\Delta B_X$(b)，$\Delta B_Y$(c)，$\Delta B_Z$(d)和卫星轨迹图(e)

2. 中纬度地区 $S_q$ 电流体系的磁效应

在地磁场的地面观测中，通常可以发现地磁场的观测值是规则日变化和一些扰动的叠加，我们知道，磁场来源于电流，因此，这一规则的日变磁场也是由日变的电流体系产生的[8]。在中纬度地区，按照“大气发电机”的原理，在电离层E层高度上，由太阳静日照射产生的中性潮汐风驱动带电粒子在地磁场中运动，切割磁力线产生太阳静日电流，即 $S_q$ 电流，使得地磁场产生周日变化[16]。与赤道电集流相似，$S_q$ 电流体系也主要出现在白天，本节选取太阳照射南半球中低纬度地区时，Swarm卫星飞过其上空获得的测量数据，时间同样为2013年12月12日23:17:01—23:59:59(世界时)，结果如图5-4所示。在南半球 $S_q$ 电流是顺时针方向，图5-4(a)中磁场 $F$ 分量在−30°地磁纬度附近出现明显的下降，同时图5-4(d)中磁场 $B_Z$ 分量在−30°地磁纬度附近出现峰值，这些现象表明中低纬度地区 $S_q$ 电流体系磁场效应的存在，同时也说明在当前时间段，南半球 $S_q$ 电流漩涡的中心在−30°地磁纬度附近，为顺时针方向。

3.极区电集流的磁效应

由于地磁场的作用，电离层中带电粒子沿磁场线向高纬度地区聚集，使得极区电离层电集流(Polar Electrojet，PEJ)相对于中低纬地区更加复杂，也使得极区经常发生剧烈的地磁扰动事件[8]，进而使得极区地磁场的变化相对于中低纬地区更加复杂，这导致了在对地球主磁场和地壳磁场进行建模时，为了排除极区地磁场数据的影响，往往需要剔除极区的测量数据[17]。由于极区地磁场复杂的变化特征，一些学者对其做了大量的研究，例如，Ritter等利用CHAMP卫星的地磁观测数据研究了地磁平静条件下极区外源磁场的变化特性[18]。由于Swarm卫星星座中3颗卫星独特的空间布局，Swarm卫星磁测数据也被用于研究极区电离层电流的时空变化特点。Lühr等(2015年)利用Swarm卫星的磁测数据发现小尺度电流(水平尺度<10 km)只能存在10 s左右，而大尺度电流(水平尺度>150 km)能够保持超过60 s[19]。Swarm卫星每天绕地球飞行约15圈，为了显示高纬度地区电离层电流的磁场效应，本节选择Swarm-A卫星飞过赤道时，且卫星处于日照面的卫星轨道地磁测量数据。最终我们选择2014年5月2日(Dst >−13 nT)Swarm-A卫星的15条飞行轨迹上测得的磁场数据，按照模型 $\Delta A_{\text{iono}} = A_{\text{Meas}} - A_{\text{Model}}$(这里 $A$ 选用地磁场的 $B_X$ 分量)进行计算，结果如图5-5所示。图5-5展示了不同纬度地区电离层电流中的磁效应。从图中的波形变化可以看出，在地磁纬度≥60°N/(°S)区域的波形变化比其他地区更加剧烈，即相对于中低纬度地区而言，高纬度地区的电离层磁场效应具有更加复杂的变化模式，这显示出电离层极区电集流的复杂变化对地磁场时空变化的影响；同时，图5-5中磁赤道地区磁场 $B_X$ 分量的幅度明显下降也表明了赤道电集流的磁场效应对地磁场的影响。

除了上述电离层电流体系的磁场效应以外，还存在场向电流、重力电流、抗磁电流以及半球间电流等电流体系对地磁场时空变化的影响，由于这些电离层电流体系难以测量，一些学者往往利用电离层电流体系的磁场效应来研究这些电流体系本身的特性，例如，Alken(2016年)利用CHAMP和Swarm的卫星磁测数据对电离层中重力电流和抗磁电流进行建模[3]；Lühr等(2015年)利用Swarm卫星磁测数据推导出不同场向电流类型对应的时域和空域特征[19]；同年，又利用Swarm卫星数据观测到南北半球间的电流流动，同时首次确定了电离层F层电流的存在[20]。

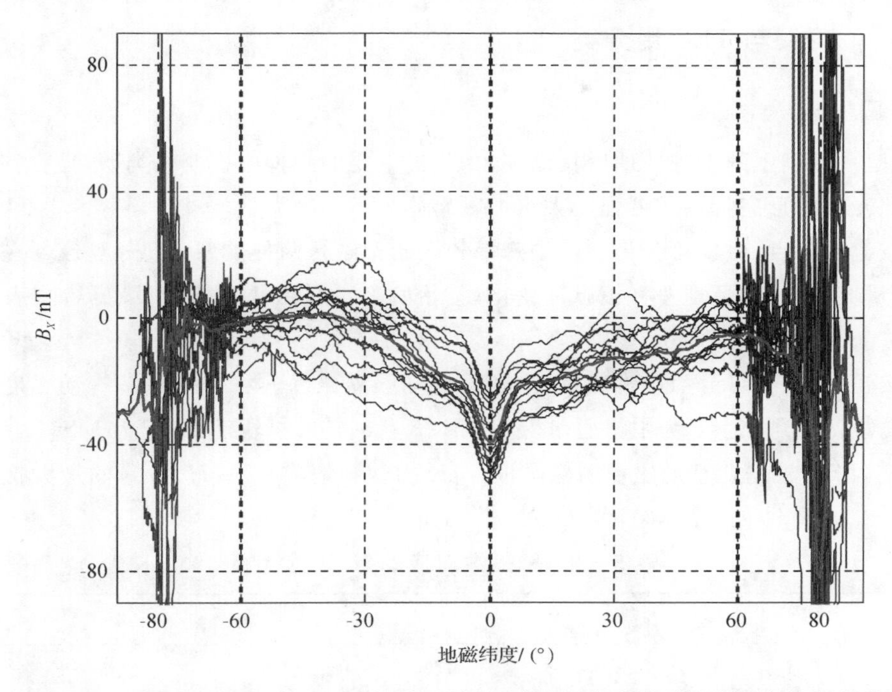


图5-5　2015年5月2日 Swarm-A 卫星处于日照面时电离层电流体系的磁场效应(红线为平均值)
(彩图见彩插图5-6)

## 5.2　磁暴与电离层 TEC 扰动相关关系的统计分析

TEC 变化受太阳活动和地磁活动影响较大，尤其是太阳爆发，地磁暴发生时，TEC 也会发生扰动，若 TEC 出现剧烈扰动，就会发生电离层暴[21-22]。

磁暴与电离层扰动都是空间环境变化的重要表征量，它们之间具有一定的相关性，研究这种相关性也是军事地球物理学的分支学科——军事空间天气的重要内容。Luis 等分析了高纬度地区磁暴和亚暴对电离层 TEC 的影响，认为磁暴对电离层的影响与经度、纬度及磁暴发生的时间都有关系[23]。Mukherjee 等和 Kumar 等研究了印度低纬度台站观测的电离层 TEC 对2005年8月24日磁暴的响应，结果表明电离层出现扰动并发生了电离层暴，且其主相与磁暴主相几乎同时发生，均滞后于磁暴急始3 h 左右[24-25]。高琴等针对用1957—2006年间515个主相单步发展的磁暴事件，分析了东亚扇区4个中低纬台站的电离层扰动类型及电离层暴开始时间，得到该地区电离层暴随纬度、季节和地方时的分布规律[26]。

赵必强等分析了超级磁暴期间美洲地区 GPS-TEC 的扰动，统计分析了磁暴期间电离层扰动的气候学特性[27-28]，夏淳亮、李强、Song 以及李国主等分别研究了不同典型磁暴期间电离层 TEC 的扰动变化特点[29-32]，Balan 和 Wang 等对磁暴在不同发展阶段期间的电离层 TEC 扰动特性从统计角度和物理机制上进行了分析[33-34]。研究表明，对于不同磁暴，TEC 变化差异较大，TEC 扰动与地磁扰动的时间对应关系也有较大差异。

本章从统计的角度分析了1996—2004年发生的119次磁暴期间的电离层 TEC 扰动，并详细分析了不同磁暴类型与不同 TEC 扰动类型的相关性。

### 5.2.1 磁暴与TEC暴分类

1.磁暴分类

磁暴是一种剧烈的全球性地磁扰动现象，是最重要的一种磁扰变化类型，具有特殊的变化形态，按照磁暴的形态特点或者强度大小把磁暴分为不同的类型。

(1)按起始特点，磁暴可分为急始型磁暴和缓始型磁暴两种类型。急始型磁暴在磁暴开始时水平分量突然增加，呈现一种正脉冲变化；缓始型磁暴在磁暴开始时没有脉冲，表现为平缓上升。

(2)按强度，磁暴可分为中常磁暴、中烈磁暴和强烈磁暴。将表征磁暴扰动强度的3 h扰动 $K$ 指数分成3类：$K=5$ 为中常磁暴，记为M；$K=6,7$ 为中烈磁暴，记为MS；$K=8,9$ 为强烈磁暴，记为S。根据北京地磁台的磁暴报告，$K$ 指数和地磁水平($H$)分量的最大扰幅对应关系见表5-1。

**表5-1　$K$ 指数对应的 $H$ 分量扰幅**

| $K$ 指数 | 5 | 6 | 7 | 8 | 9 |
|---|---|---|---|---|---|
| 地磁 $H$ 分量扰幅/nT | 40 | 70 | 120 | 200 | 300 |

2.TEC暴分类

分析磁暴与TEC扰动的相关关系，必须了解磁暴发生期间TEC是否也产生了异常扰动、扰动何时发生以及扰动程度有多大，也就是TEC暴的检测和分类。

第3章中基于TEC逐日变化，给出了TEC扰动检测方法——扰动指数法，其定义式为

$$\mathrm{DI}(t)=\frac{\mathrm{TEC}(t)-\mathrm{TEC}m(t)}{\mathrm{TEC}m(t)}$$

当DI>0.15或DI<-0.15且持续时间在4 h以上，定义为发生了扰动。为了分析磁暴与不同TEC扰动的相关性，对TEC扰动进行了以下分类：

(1)按照TEC扰动正负，在一次扰动事件中，DI为正的扰动称为正相扰动，DI为负的扰动称为负相扰动，DI正负值都出现的扰动称为正负相扰动；

(2)按照TEC扰动强度，采用王世凯等对电离层暴的等级划分标准[35]，见表5-2；

(3)按照TEC扰动与磁暴开始时间的先后关系，将先于磁暴的TEC扰动称为超前扰动，后于磁暴的TEC扰动称为滞后扰动。

**表5-2　TEC暴分类**

| 类型 | 小型暴 | 中型暴 | 大型暴 | 特大型暴 |
|---|---|---|---|---|
| 正相扰动DI | 0.15～0.50 | 0.51～0.80 | 0.81～1.00 | ≥1.00 |
| 负相扰动DI | -0.40～-0.15 | -0.60～-0.41 | -0.80～-0.61 | ≤-0.81 |

### 5.2.2 磁暴与TEC扰动统计相关性分析

1.所用数据来源

下面利用1996—2004年120°E子午链上中纬度地区的地磁和电离层TEC数据,对磁暴期间电离层TEC扰动与地磁扰动的相关关系进行统计研究。

地磁数据和磁暴报告来自于北京地磁台(40°02′22″N,116°10′30″E),根据北京地磁台的磁暴报告,1996—2004年共发生了119次磁暴,经统计,各类磁暴出现频次分别为急始型90,缓始型29,M型28,MS型75,S型16。

TEC数据来自于中科院地质与地球物理研究所在120°E子午链上的TEC监测台站实测数据的归算值(纬度分辨率为2.5°,时间分辨率为1 min),主要选取距离北京地磁台最近位置上(40°N,120°E)的TEC时间序列作为研究对象。

2.磁暴期间TEC是否扰动统计

本章所指的磁暴期间的电离层扰动,是磁暴发生的前后3 d时间内,电离层TEC的扰动指数DI>0.15或DI<-0.15且持续时间在4 h以上。统计结果表明,TEC发生扰动的有118次,比率为99.1%,其中仅有1次没有出现扰动,正相扰动有37次,负相扰动有18次,正负相扰动有63次,所占百分比见表5-3。可见,TEC扰动会伴随磁暴而出现,而且正相扰动比负相扰动出现的频率高,大部分情况下正负扰动均出现。

**表5-3 119次磁暴期间TEC出现正相、负相扰动频次统计**

| 扰动类型 | 正相扰动 | 负相扰动 | 正负相扰动 | 无扰动 |
|---|---|---|---|---|
| 扰动频次 | 37 | 18 | 63 | 1 |
| 百分比/(%) | 31.1 | 15.1 | 52.9 | 0.9 |

3.TEC扰动与磁暴发生的时间先后关系

在119次磁暴期间有118次出现TEC扰动,其中超前扰动有85次,占71.4%,滞后扰动有33次,占27.6%。

(1)TEC扰动先后与扰动正负的关系。85次TEC超前扰动中,正相扰动有22次,负相扰动有18次,正负相扰动有45次。33次TEC滞后扰动中,正相扰动有15次,负相扰动有0次,正负相扰动有18次。

扰动时间先后与TEC扰动正负相的关系见表5-4,可以得出,超前扰动在正相、负相和正负相扰动中所占的比例分别为59.5%,100%和71.43%,即所有负相扰动均为超前扰动。

**表5-4 扰动时间先后与TEC扰动正负相的关系**

| 类型 | 正相扰动 | 负相扰动 | 正负相扰动 |
|---|---|---|---|
| 超前扰动频次 | 22 | 18 | 45 |
| 滞后扰动频次 | 15 | 0 | 18 |
| 总计频次 | 37 | 18 | 63 |

(2)TEC 扰动先后与磁暴起始类型的关系。85 次 TEC 超前扰动中,有 68 次磁暴为急始,17 次为缓始;急始与超前的相关性为 80%,与滞后的相关性为 66.67%。33 次 TEC 滞后扰动中,有 22 次磁暴为急始,11 次为缓始;缓始与超前的相关性为 20%,与滞后的相关性为 33.33%。可见,急始型磁暴与 TEC 超前扰动的相关性最强。

(3)TEC 扰动最大值时间与磁暴最大扰幅时间的先后关系。在 118 次 TEC 扰动中,TEC 扰动最大值时间超前于磁暴最大扰幅时间的频次为 23,比率为 19.33%;TEC 扰动最大值时间滞后于磁暴最大扰幅时间的频次为 95,比率为 79.83%。

*4. 磁暴强度与 TEC 扰动的相关性分析*

1996—2004 年发生的 119 次磁暴中 M 型磁暴有 28 次,MS 型磁暴有 75 次,S 型磁暴有 16 次。

在磁暴期间发生的 TEC 扰动中,TEC 小型暴 26 次,TEC 中型暴 55 次,TEC 大型暴 12 次,TEC 特大型暴 24 次。

对不同磁暴强度下 TEC 扰动的频次和百分比进行统计,分别见表 5-5 和图 5-6。中常磁暴频次为 28,TEC 扰动发生频次为 27,相关程度为 96.43%;中烈磁暴频次为 75,TEC 扰动发生频次为 75,相关程度为 100%;强烈磁暴频次为 16,TEC 扰动发生频次为 16,相关程度为 100%。

由图 5-6 可得:

(1)三类磁暴下,TEC 小型暴发生比例相当,在 20%左右;

(2)S 型磁暴下,TEC 大型暴出现的比例最低,为 0;TEC 特大型暴出现的比例最高,为 25%;

(3)M 型磁暴下,TEC 正相和负相扰动比例较高,正负相扰动最低,为 39.29%;

(4)S 型磁暴下,TEC 正相和负相扰动比例较低,正负相扰动最高,为 62.5%;

(5)M 型磁暴下,TEC 超前扰动比例最高,为 64.29%,滞后扰动最低,为 32.14%;

(6)S 型磁暴下,TEC 超前扰动比例最高,为 81.25%,滞后扰动最低,为 18.75%;

(7)MS 型磁暴下,TEC 小型暴的比例最低,为 20%,TEC 中型暴的比例最高,为 49.33%。

**表 5-5 不同磁暴强度下 TEC 扰动的频次**

| 磁暴强度 | TEC 扰动强度 | | | | TEC 扰动正负相 | | | TEC 扰动先后 | |
|---|---|---|---|---|---|---|---|---|---|
| | 小型暴 | 中型暴 | 大型暴 | 特大型暴 | 正相 | 负相 | 正负相 | 超前 | 滞后 |
| 中常 M(28) | 7 | 11 | 4 | 5 | 11 | 6 | 11 | 18 | 9 |
| 中烈 MS(75) | 15 | 37 | 8 | 14 | 22 | 10 | 42 | 54 | 21 |
| 强烈 S(16) | 4 | 7 | 0 | 5 | 4 | 2 | 10 | 13 | 3 |
| 共计 | 26 | 55 | 12 | 24 | 37 | 18 | 63 | 85 | 33 |

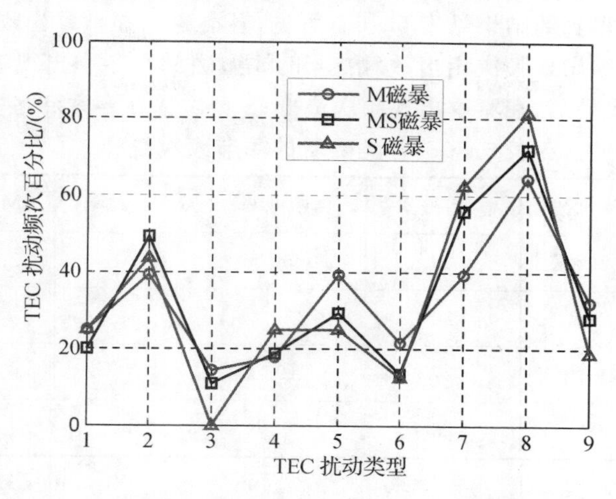


图 5-6 不同磁暴强度对应 TEC 扰动的频次百分比

注：横坐标中，1 为 TEC 小型暴，2 为 TEC 中型暴，3 为 TEC 大型暴，4 为 TEC 特大型暴，5 为 TEC 正相扰动，6 为 TEC 负相扰动，7 为 TEC 正负相扰动，8 为 TEC 超前扰动，9 为 TEC 滞后扰动。

5. 磁暴发生的季节与 TEC 扰动的关系

将季节所对应的月份划分如下：春季为 2 月、3 月、4 月，夏季为 5 月、6 月、7 月，秋季为 8 月、9 月、10 月，冬季为 11 月、12 月、1 月。

1)不同类型磁暴次数随季节变化

统计不同类型的磁暴次数年变化，得到磁暴次数的年变化曲线如图 5-7 所示。对统计结果进行分析可知：

(1)急始型、MS 型和 S 型磁暴次数的年变化曲线趋势与磁暴总数的年变化曲线趋势一致，在 4 月和 11 月为峰值期，2 月、6 月和 12 月为谷值期；

(2)缓始型磁暴次数在 5 月和 9 月为谷值期，而在 7 月为峰值期；

(3)M 型磁暴次数在 4 月和 9 月为峰值期，而在 11 月为谷值期。

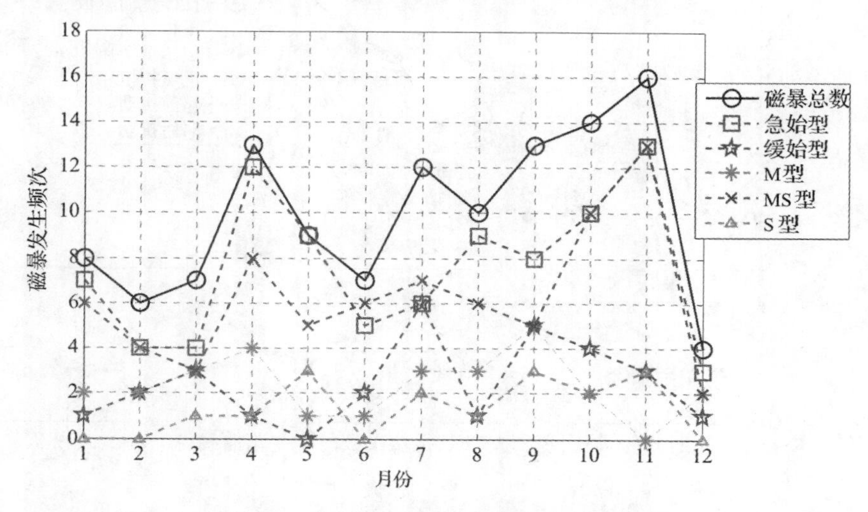


图 5-7 不同类型磁暴次数的年变化曲线

按季节进行统计，得到的结果见表5－6。可见，各类磁暴在秋季出现的频次最高；急始型磁暴在春季、夏季和冬季出现频次相当；缓始型和M型磁暴在冬季出现频次最低；MS型磁暴在秋季和冬季出现频次最高，在春季出现频次最低；S型磁暴在春季和冬季出现频次最低。

**表5－6　各类磁暴的季节频次统计**

| 季节 | 磁暴总数 | 急始磁暴 | 缓始磁暴 | M磁暴 | MS磁暴 | S磁暴 |
|---|---|---|---|---|---|---|
| 春季 | 26 | 20 | 6 | 9 | 15 | 2 |
| 夏季 | 28 | 20 | 8 | 5 | 18 | 5 |
| 秋季 | 37 | 27 | 10 | 10 | 21 | 6 |
| 冬季 | 28 | 23 | 5 | 4 | 21 | 3 |

2）不同类型TEC扰动次数随季节变化

统计不同类型的TEC扰动频次年变化，得到曲线如图5－8所示。

对统计结果进行分析可知：

（1）正相、负相和正负相扰动与TEC扰动总次数的年变化曲线趋势一致，在4月和11月为峰值期，2月、6月和12月为谷值期；

（2）TEC超前扰动次数在4月和11月为峰值期，而在3月和12月为谷值期；

（3）TEC滞后扰动次数在9月为峰值期，而在1月和8月为谷值期。

按季节进行统计，得到的结果见表5－7。可见，各类TEC扰动在秋季出现的频次最高；正相扰动在春季、秋季和冬季出现频次相当，在夏季出现频次最低；负相扰动在四季出现频次相当；正负相扰动在春季和冬季频次低，而在夏季和秋季出现频次高；超前扰动在春季出现频次最低，在夏季和秋季出现频次相当；滞后扰动在春季、夏季和冬季出现频次相当。

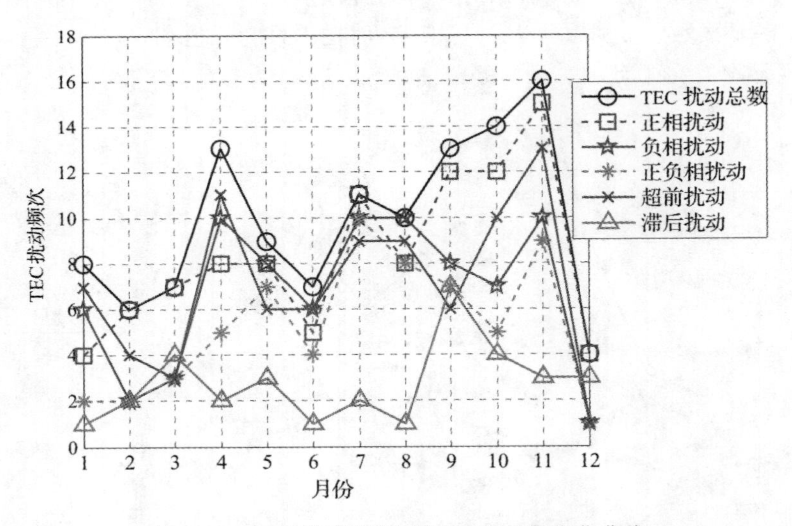


图5－8　不同类型TEC扰动次数的年变化曲线

表 5-7　各类 TEC 扰动发生季节频次统计

| 季节 | TEC 扰动总数 | 正相扰动 | 负相扰动 | 正负相扰动 | 超前扰动 | 滞后扰动 |
|---|---|---|---|---|---|---|
| 春季 | 26 | 11 | 5 | 10 | 18 | 8 |
| 夏季 | 27 | 3 | 3 | 21 | 21 | 6 |
| 秋季 | 37 | 12 | 5 | 20 | 25 | 12 |
| 冬季 | 28 | 11 | 5 | 12 | 21 | 7 |

3)磁暴扰动次数年变化与 TEC 扰动次数年变化的相关性分析

按季节对各类磁暴和 TEC 扰动出现频次进行相关性分析，统计结果见表 5-8，可见夏季相关性最弱，春季、秋季和冬季的季节相关性都较强，达到 0.9 以上。

磁暴扰动次数年变化与 TEC 扰动次数年变化的相关系数为 0.763 2，相关系数大于 0.8 的各类磁暴和各类 TEC 扰动见表 5-9。

表 5-8　磁暴和 TEC 扰动出现频次的季节相关性

| 季节 | 春季 | 夏季 | 秋季 | 冬季 |
|---|---|---|---|---|
| 相关系数 | 0.941 5 | 0.622 5 | 0.920 9 | 0.924 7 |

表 5-9　年变化相关系数大于 0.8 的各类磁暴和各类 TEC 扰动

| 磁暴类型 | TEC 扰动类型 | 相关系数 | 磁暴类型 | TEC 扰动类型 | 相关系数 |
|---|---|---|---|---|---|
| 磁暴总数 | TEC 扰动总数 | 0.996 9 | 急始型磁暴 | TEC 正相扰动 | 0.888 5 |
| 磁暴总数 | TEC 正相扰动 | 0.906 2 | 急始型磁暴 | TEC 负相扰动 | 0.808 7 |
| 磁暴总数 | TEC 超前扰动 | 0.889 1 | MS 型磁暴 | TEC 超前扰动 | 0.933 4 |
| 磁暴总数 | TEC 负相扰动 | 0.818 9 | MS 型磁暴 | TEC 扰动总数 | 0.864 8 |
| 急始型磁暴 | TEC 超前扰动 | 0.893 8 | S 型磁暴 | TEC 正相扰动 | 0.858 4 |

## 5.2.3　磁暴发生地方时与 TEC 扰动的关系

1. 不同类型磁暴次数随地方时变化

统计不同类型的磁暴次数日变化，得到磁暴次数的日变化曲线如图 5-9 所示。

对统计结果进行分析可知：

(1)急始型、缓始型、M 型和 MS 型磁暴次数的日变化曲线趋势与磁暴总数的日变化曲线趋势一致，在地方时 1:00—3:00，8:00—10:00，12:00—14:00，17:00—19:00 为峰值期，在地方时 4:00—8:00 和 10:00—12:00，20:00—21:00 为谷值期。

(2)S 型磁暴在地方时 3:00—5:00，10:00—13:00 发生次数为 0，为禁期。

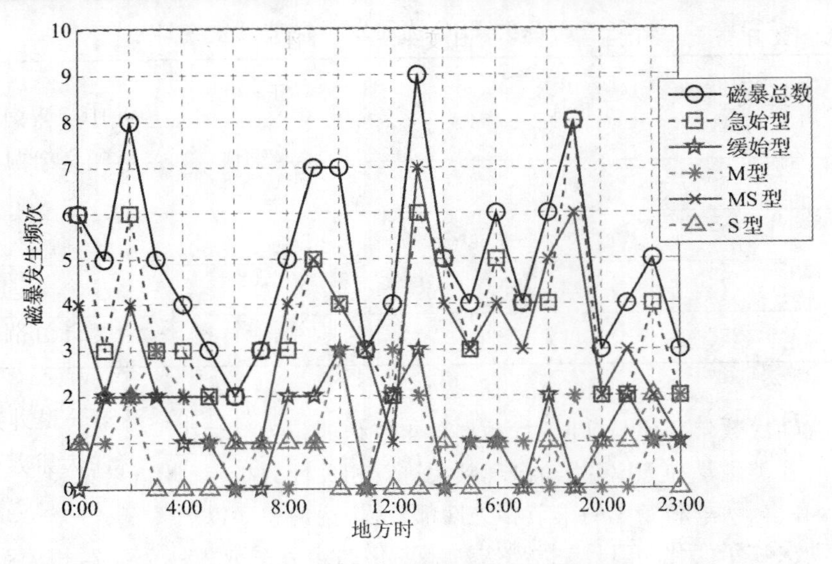


图 5-9　不同类型磁暴次数的日变化曲线

2.不同类型 TEC 扰动次数随地方时变化

统计不同类型的 TEC 扰动次数日变化，得到 TEC 扰动次数的日变化曲线如图 5-10 所示。

对统计结果进行分析可知：

(1)TEC 正相扰动、负相扰动、正负相扰动和超前扰动次数的日变化曲线趋势与 TEC 扰动总数的日变化曲线趋势一致，在地方时 1:00—3:00,8:00—10:00,12:00—14:00,17:00—19:00 为峰值期，在地方时 4:00—8:00,10:00—12:00,14:00—15:00,20:00—21:00 为谷值期。

(2)TEC 滞后扰动在地方时 2:00—4:00,8:00—10:00,13:00,15:00,18:00—20:00 发生次数为峰值期，在地方时 6:00,14:00,17:00 为禁期。

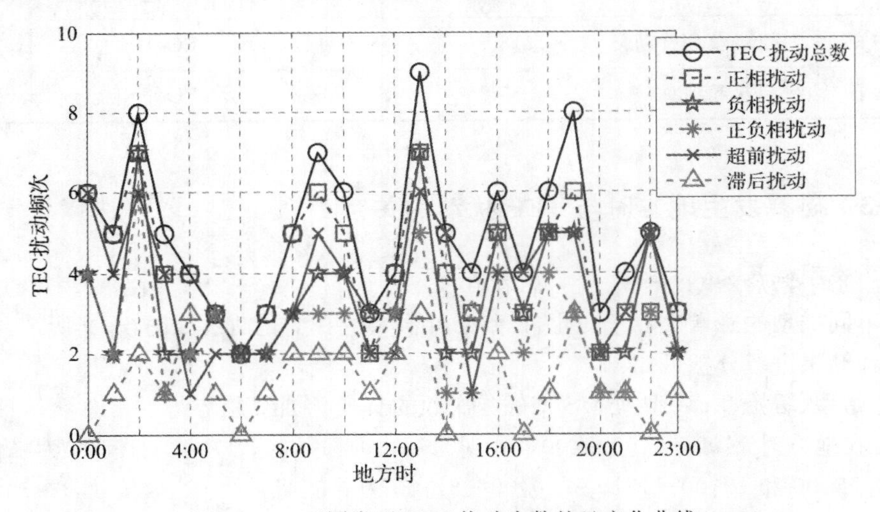


图 5-10　不同类型 TEC 扰动次数的日变化曲线

3.磁暴次数日变化与TEC扰动次数日变化的相关性分析

磁暴次数日变化与TEC扰动次数日变化的相关系数为0.739 9。相关系数大于0.85的所有磁暴类型与所有TEC扰动类型对应关系见表5-10。

**表5-10　发生频次日变化相关系数大于0.85的各类磁暴和各类TEC扰动对应关系**

| 磁暴类型 | TEC扰动类型 | 相关系数 |
|---|---|---|
| 磁暴总数 | TEC扰动总数 | 0.994 0 |
| 磁暴总数 | TEC正相扰动 | 0.927 2 |
| 急始型磁暴 | TEC正相扰动 | 0.863 7 |
| MS型磁暴 | TEC扰动总数 | 0.859 1 |

## 5.3　本章小结

由于电离层中电子密度的时空变化以地磁场为背景场，因此，其变化必然受到地磁场的约束。太阳照射以及大气潮汐风等因素作用使得电离层中带电粒子切割磁力线，形成发电机效应，产生电场和电流，电流的磁效应反过来又影响地磁场的时空变化。本章利用CODE数据中心提供的电离层GIM数据和Swarm卫星的地磁场和电离层测量数据，结合地磁场的CHAOS-5模型以及张量秩分解、主成分分析等分析方法，分别从地磁场对电离层时空变化的影响以及电离层对地磁场时空变化的影响两个角度，分析了太阳平静期不同纬度地区电离层和地磁场时空变化之间的相互作用，其中包括由地磁场影响导致的电离层赤道异常和极盖吸收等现象，以及电离层中赤道电集流、$S_q$电流体系和极区电集流等产生的磁效应等。

磁暴与电离层TEC扰动、电离层暴的关系是日地能量耦合中的难点问题，本章从统计的角度，对1996—2004年119次磁暴期间120°E子午链上中纬度地区电离层TEC扰动与地磁扰动的相关关系进行了研究，得到的主要定性结论如下：①伴随磁暴发生，TEC出现扰动的比例为99%以上，中烈和强烈磁暴发生与TEC扰动发生的相关程度为100%，且正相扰动比负相扰动出现的比例高，大部分情况下正负扰动均出现，所有负相扰动均超前于磁暴，TEC扰动超前于磁暴的比例比滞后于磁暴的比率高，TEC最大值出现时间滞后于磁暴最大扰幅出现时间的可能性较大；②各类磁暴和TEC扰动均在秋季出现的频次最高，强烈磁暴在春季和冬季出现频次最低。不同强度的磁暴与TEC扰动的相关性存在较大差异，各类磁暴与TEC扰动次数年变化的相关性在夏季最弱，TEC超前扰动与磁暴急始相关性高，达到80%；③各类磁暴和TEC扰动均在秋季出现的频次最高，在其他季节的频次规律有差异，磁暴与TEC扰动次数的年变化相关性和日变化相关性都大于0.7，出现峰值和谷值的时间具有较大的相似性；④S型磁暴在地方时3:00—5:00,10:00—13:00为禁期，发生次数为0，TEC扰动与磁暴频发的地方时为1:00—3:00,8:00—10:00,12:00—14:00,17:00—19:00。

# 参考文献

[1] ERCHA A, HUANG W, YU S, et al. A regional ionospheric TEC mapping technique over China and adjacent areas on the basis of data assimilation[J]. Journal of Geophysical Research: Space Physics, 2015, 120(6):5049 - 5061.

[2] KLOBUCHAR J A. Ionospheric time - delay algorithm for single - frequency GPS users [J]. IEEE Transactions on Aerospace & Electronic Systems, 2007, AES - 23(3): 325 - 331.

[3] ALKEN P. Observation and modeling of the ionospheric gravity and diamagnetic current systems from CHAMP and Swarm satellite[J]. Journal of Geophysical Research: Space Physics, 2016, 121(1): 589 - 601.

[4] JUUSOLA L, ARCHER W E, Kauristie K, et al. Ionospheric conductances and currents of a morning sector auroral arc from Swarm - A electric and magnetic field measurements[J]. Geophysical Research Letters, 2016, 43(22): 11519 - 11527.

[5] ALKEN P, MAUS S. Spatio - temporal characterization of the equatorial electrojet from CHAMP, Ørsted, and SAC - C satellite magnetic measurements[J]. Journal of Geophysical Research: Space Physics, 2007, 112(A9): A09305.

[6] HANSON W B, MOFFETT R J. Ionization transport effects in the equatorial F region [J]. Journal of Geophysical Research, 1966, 71(23): 5559 - 5572.

[7] 熊年禄.电离层物理概论[M].武汉:武汉大学出版社,1999.

[8] 徐文耀.地球电磁现象物理学[M].合肥:中国科学技术大学出版社,2009.

[9] ROSE D C, ZIAUDDIN S. The polar cap absorption effect[J]. Space Science Reviews, 1962, 1(1): 115 - 134.

[10] CHEN Z, ZHANG S, ANTHEA J, et al. EOF analysis and modeling of GPS TEC climatology over North America[J]. Journal of Geophysical Research Space Physics, 2015, 120(4): 3118 - 3129.

[11] STOLLE C, MICHAELIS I, RAUBERG J. The role of high - resolution geomagnetic field models for investigating ionospheric currents at low Earth orbit satellites[J]. Earth Planets & Space, 2016, 68(1):1 - 10.

[12] FINLAY C C, OLSEN N, TØFFNER - CLAUSEN L. DTU candidate field models for IGRF - 12 and the CHAOS - 5 geomagnetic field model[J]. Earth Planets & Space, 2015, 67(1):274 - 276.

[13] OLSEN N, STOLLE C. Magnetic signatures of ionospheric and magnetospheric current systems during geomagnetic quiet conditions - An overview[J]. Space Science Reviews, 2016, 206: 1 - 21.

[14] STENING R J. What drives the equatorial electrojet? [J]. Journal of Atmospheric & Terrestrial Physics, 1995, 57(10):1117 - 1128.

[15] ONWUMECHILI A C. Study of the return current of the equatorial electrojet[J].

Journal of Geomagnetism and Geoelectricity, 1992, 44(1): 1-42.

[16] TARPLEY J D. The ionospheric wind dynamo - Ⅱ. Solar tides[J]. Planetary and Space Science, 1970, 18(7):1091-1103.

[17] GEESE A, KORTE M, KOTZE P B, et al. Southern African geomagnetic secular variation from 2005 to 2009[J]. South African Journal of Geology, 2011, 114(3-4):515-524.

[18] RITTER P, LÜHR H. Search for magnetically quiet CHAMP polar passes and the characteristics of ionospheric currents during the dark season[J]. Annales Geophysicae, 2006, 24(11):2997-3009.

[19] LÜHR H, PARK J, GJERLOEV J W, et al. Field-aligned currents' scale analysis performed with the Swarm constellation[J]. Geophysical Research Letters, 2015, 42(1):1-8.

[20] LÜHR H, KERVALISHVILI G, MICHAELIS I, et al. The interhemispheric and F region dynamo currents revisited with the Swarm constellation[J]. Geophysical Research Letters, 2015, 42(9): 3069-3075.

[21] HARGREAVES J K. An introduction to geospace - the science of the terrestrial upper atmosphere, ionosphere and magnetosphere. The solar-terrestrial environment[M]. Cambriclge: Cambridge University Press, 1992.

[22] MENDILLO M. Storms in the ionosphere: Patterns and processes for total electron content[J]. Reviews of Geophysics, 2006, 44(4):RG4001.

[23] LUIS G, JUAN I, ANDREA M, et al. Determination of a geomagnetic storm and substorm effects on the ionospheric variability from GPS observations at high latitudes[J]. Journal of Atmospheric and Solar-Terrestrial Physics, 2007, 69(8): 955-968.

[24] MUKHERJEE S, SARKAR S, PUROHIT P K, et al. Seasonal variation of total electron content at crest of equatorial anomaly station during low solar activity conditions [J]. Advances in Space Research, 2010, 46(3): 291-295.

[25] KUMAR S, SINGH A K. GPS derived ionospheric TEC response to geomagnetic storm on 24 August 2005 at Indian low latitude stations[J]. Advances in Space Research, 2011, 47(4): 710-717.

[26] 高琴,刘立波,赵必强,等.东亚扇区中低纬地区电离层暴的统计分析[J].地球物理学报,2008,51(3):626-634.

[27] 夏淳亮,万卫星,袁洪,等.2000年7月和2003年10月大磁暴期间东亚地区中低纬电离层的GPSTEC的响应研究[J].空间科学学报,2005,25(4):259-266.

[28] ZHAO B, WAN W, LIU L, et al. Morphology in the total electron content under geomagnetic disturbed conditions: results from global ionosphere maps[J]. Annales Geophysicae, 2007, 25(7):1555-1568.

[29] ZHAO B, WAN W, TSCHU K, et al. Ionosphere disturbances observed throughout Southeast Asia of the superstorm of 20-22 November 2003[J]. Journal of Geophysical Research(Space Physics), 2008(113): A00A04.

[30] 李强,张东和,覃建生,等. 2004 年 11 月一次磁暴期间全球电离层 TEC 扰动分析[J]. 空间科学学报,2006(6):440-444.

[31] SONG L, LIU Q H. Ground-penetrating radar land mine imaging: Two-dimensional seismic migration and three-dimensional inverse scattering in layered media[J]. Radio Science, 2005, 40(1): RS1S90.

[32] LI G, NING B, ZHAO B, et al. Effects of geomagnetic storm on GPS ionospheric scintillations at Sanya[J]. Journal of Atmospheric & Solar Terrestrial Physics, 2008, 70(7):1034-1045.

[33] BALAN N, OTSUKA Y, NISHIOKA M, et al. Physical mechanisms of the ionospheric storms at equatorial and higher latitudes during the recovery phase of geomagnetic storms[J]. Journal of Geophysical Research Space Physics, 2013, 118(5): 2660-2669.

[34] WANG W, LEI J, BURNS A G, et al. Ionospheric response to the initial phase of geomagnetic storms: Common features[J]. Journal of Geophysical Research Space Physics, 2010, 115: A7321.

[35] 王世凯,柳文,鲁转侠,等. 电离层暴时经验模型 STORM 在中国区域的适应性研究[J]. 空间科学学报, 2010, 30(2): 132-140.

# 第 6 章　电离层和地磁场时空建模

在全球电离层内部，不同位置的电离层变化之间存在着相互作用，一个地点的电离层变化可能导致其他位置的电离层发生变化，因此，可以将电离层视为一个在空间上分布的复杂系统。本章基于概率理论中条件独立假设，通过 FGES 方法构建电离层网络（即贝叶斯概率图），对全球电离层时空变化中的信息传递关系进行建模，探索全球电离层内部不同位置上 VTEC 变化之间的关系。

为了更加精细地研究电离层的时空变化特征，本章利用层析方法（Computerized Ionospheric Tomography，CIT）反演电离层内部的电子密度，获取电离层电子密度在高度上的变化特征，所以电离层数据将从时间-经度-纬度（三维）扩展到时间-经度-纬度-高度（四维）。

在对电离层与地磁场相关性研究的基础上，本章从地质统计学的角度，基于协同 Kriging 方法，对地磁场与电离层 TEC 进行联合建模。

## 6.1　基于复杂网络的全球电离层时空变化建模

本节基于构建有向复杂网络建立全球电离层时空变换模型，与单一时间维度的数据分析相比，复杂网络能够从二维空间上对电离层时空变化进行分析，因此，借助复杂网络分析方法，我们可以更加深刻地理解电离层内部时空变化的动态过程并研究电离层的全球变化特征，将电离层内部动态过程解释为有向网络中的信息流。本节选择由 CODE 数据中心提供的 2012 年 VTEC 数据集，分别从电离层年变化和月变化的角度对全球电离层内部时空变化的动态过程进行研究。

### 6.1.1　数据和方法描述

1. 电离层数据描述

本章所选择的电离层 VTEC 数据与 4.4.1 小节中的电离层数据描述相同，同样为了降低计算量，将经纬度的分辨率降低为$10^\circ \times 5^\circ$，因此，获取的电离层 GIM 数据中的格点数目为 1 296（$36 \times 36$），每个格点作为复杂网络中变量节点，被称为 GIM 单元。本章选用 2012 年的数据，每个空间格点上观测的时间间隔为 2 h，因此，对于 2012 年全年的观测，每个变量的数据长度为 4 392（$12 \times 366$）。本章还将电离层数据在时间维度上进行细化，将 2012 年的电离层数据分成 12 个月，每个月按照 30 d 计算，数据长度为 360（$12 \times 30$），然后，对 12 个月的电离层变化分别构建复杂网络。

2. 复杂网络的构建

作为一个复杂的动态系统，电离层的变化具有很多相互关联的特征，而且这些特征通常具有空间分布的特性。受到多种因素的影响,电离层时空变化本身具有很大的不确定性,而且,我们的观测中总是含有噪声,即使那些被观测到的参量也经常出现一些误差,因此,需要用概率来描述这些随机性。基于概率图模型的电离层建模方法,可以描述电离层变化的空间关联性和随机性,同时,也可以从全局角度有效地描述电离层时空变化内部的非线性特征,因此,本章选用概率图来对不同空间位置电离层变化的不确定性、非线性及其之间的相互关联性进行建模,电离层 GIM 数据可以看作是多变量概率图模型在全球空间网络上的实现。

概率图是高维空间上复杂概率分布的一种基于图的表示,是将多变量之间相互作用可视化的有效方法[1]。因此,除了概率推断之外,概率图也可以用来挖掘多变量之间相互作用中所隐含的"知识"。作为一种复杂网络,概率图是通过条件独立(Conditional Independent,CI)假设来表示多变量联合概率分布的。概率图中的节点代表变量,边代表 CI 假设,两个节点之间没有边意味着对应的两个变量在其他所有变量已知的条件下是独立的[2]。基于概率理论,当且仅当两个变量条件联合分布可以写成条件边缘分布的乘积时,这两个变量是条件独立的,即

$$X \perp Y \mid Z \Leftrightarrow p(X,Y \mid Z) = p(X \mid Z)p(Y \mid Z) \tag{6-1}$$

在应用中,$X$ 和 $Y$ 分别为两个给定的 GIM 单元,$Z$ 为除 $X$ 和 $Y$ 以外的所有 GIM 单元,因此,概率图的分析是基于全局视角进行的,而不是只关注两个待分析的变量。假设两个 GIM 单元在电离层网络中不直接相连(条件独立),那么去除网络中的所有边以后,这两个 GIM 单元之间就不存在相互作用。如参考文献[3]中所描述的,与无向网络相比,有向网络能够提供更多的信息,例如父节点和子节点的区分等。因此,本章中构建的网络是有向的,网络中的有向边表示 GIM 单元 VTEC 变化之间的因果关系,也就是说,在某个 GIM 单元上的 VTEC 发生变化之后,与之相连的 GIM 单元中会出现一些相关的变化。本章构建有向电离层网络(也称为贝叶斯概率图或贝叶斯网络),通过分析网络中的信息流来研究全球电离层时空变化动态过程的传播特性,这些动态过程由 GIM 单元之间的一系列因果作用构成,电离层中动态过程的传播可能是能量和离子的转移导致的,体现的是电离层的时空变化特征。网络中边的存在和边的方向可以利用基于变量集的条件独立性测试来确定[4]。

将 GIM 单元作为电离层网络上的节点变量,这些变量按照不同的地理空间位置进行区分。本章采用贝叶斯网络的结构学习算法来构建电离层网络,在当前应用背景下,这 1 296 个变量的观测值都是连续的。同时,为了构建有向网络,我们需要从全局角度来确定任意两个变量之间边的存在性和方向性。由 Ramsey 等提出的快速贪婪等价搜索(Fast Greedy Equivalence Search,FGES)算法适用于大量连续变量的贝叶斯网络构建问题,该算法采用的策略是,根据网络 BIC(Bayesian Information Criterion)得分的增量最大原则,从空网络开始迭代地添加边,其中变量的概率分布被假定为高斯分布[5]。我们使用具有非常方便的用户界面的 TETRAD 软件包(版本 5.3.0-2①)来实现 FGES 算法,并将惩罚系数设为 10,得到的电离层网络包括全球 1 296 个节点和 10 985 条有向边,是一个非常复杂的网络。

① http://www.phil.cmu.edu/projects/tetrad/

### 6.1.2　基于 2012 年全年数据分析的结果与讨论

1. 电离层网络的度分布

为了研究某个 GIM 单元上 VTEC 变化对整个电离层时空变化的影响程度，下述重点研究电离层复杂网络的"度"。作为描述复杂网络中节点性质的重要参数，度是指网络中节点所拥有的边的数量，对于电离层复杂网络来说，GIM 单元的度可以用来描述全球范围内与该 GIM 单元有因果作用的 GIM 单元数目，也就是说，度越大的 GIM 单元可以影响的 GIM 单元数目越多。在复杂网络中，"中心"(hub 点)是指具有大量边的节点，hub 点拥有的边的数目明显超过所有节点的平均值，因此 hub 点对复杂网络具有重要作用。hub 点的存在与否取决于网络的无标度(scale - free)特性[6]。对于电离层有向网络而言，hub 点对应的是电离层动态过程的起源点和汇聚点。为了研究电离层网络中的 hub 点，先需要对网络中的度分布进行无标度检测，其中，度分布是指整个网络中所有节点度的概率密度分布。对于有向网络而言，度分布可以划分为两种：出度分布(从给定节点指向其他节点边的数目的分布)和入度分布(从其他节点指向给定节点边的数目的分布)。电离层网络的出度和入度分布如图 6 - 1 所示。

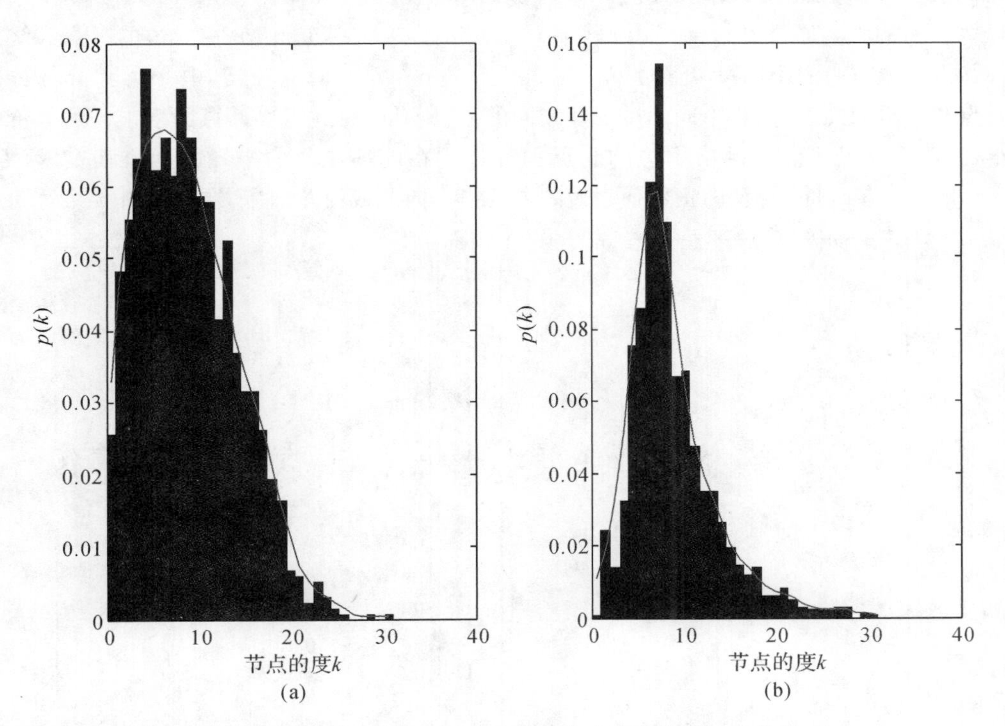


图 6 - 1　电离层网络的度分布(曲线代表度分布的拟合曲线)

(a)出度分布；(b)入度分布

研究表明，实际中的很多复杂网络都表现出无标度特性[6]，这意味着它们的度分布服从或近似服从幂律分布，即节点的度 $k$ 服从幂律分布 $p(k) \sim k^{-\gamma}$，其中 $\gamma$ 是幂律分布的参数，范围主要是 $2 < \gamma < 3$，$p(k)$ 用 $k$ 的统计频率来表示。由图 6 - 1 中的分布特征很难直接判断获得的度分布是否服从幂律分布，Clauset 等提出了一种基于假设检验的统计策略来判断数据是否服从幂律分布[7]。按照 Clauset 等的策略，对电离层网络的出度和入度的幂律分布假设进

行了检验，结果表明出度和入度的检验结果均拒绝幂律分布的假设，这说明电离层网络不是无标度的。因此，在电离层网络中，各 GIM 单元所拥有的边的数量相当，也就是说，全球电离层网络中边的分布是均匀的。对于电离层时空变化中的动态过程而言，不存在特殊的空间位置来扮演源头或汇聚点的作用，这种特征与具有南北极的地磁场完全不同。由此说明，在全球电离层时空变化中不存在某一空间位置作为 hub 点存在。另外，从图 6－1 中度分布的拟合曲线来看，电离层复杂网络的出度和入度分布都与泊松分布相似，这与气候网络类似[8]。

2. 电离层网络边的距离的分布

为了分析电离层时空变化中动态过程的空间传播特性，本章计算了电离层网络中边的距离的分布，其中边的距离定义为边的起点和终点在地理空间中的距离。CODE 数据中心提供的 VTEC 的数据高度 $H = 450$ km。地球可以近似地看作是一个球体，这样地球上两点之间的距离可以通过计算球面上两点间的弧长获得，即 $d = R\theta$，其中 $R = R_0 + H$，$R_0$ 是地球半径，$\theta$ 是弧长对应的中心角。与无向网络相比，有向网络可以提供电离层时空变化中关于因果作用方向的信息，为了研究全球电离层时空变化中动态过程传播的方向性特征，我们将网络中边的距离分别投影到经线和纬线方向。

经线方向的距离通过 $d_{\text{lon}} = (\text{lat}_2 - \text{lat}_1)R$ 获得，其中 $\text{lat}_1$ 和 $\text{lat}_2$ 分别为边的起点和终点的纬度；同时，纬线方向的距离可以通过 $d_{\text{lat}} = (\text{lon}_2 - \text{lon}_1)R'$ 计算获得，其中 $\text{lon}_1$ 和 $\text{lon}_2$ 分别为边的起点和终点的经度，由于不同纬度的纬线圈的半径不同，因此需要计算网络中边的等价纬线圈的半径 $R'$。这里我们用网络中边的起点和终点所在的纬线圈的半径的均值来表示，$R' = 0.5[\cos(\text{lat}_1) + \cos(\text{lat}_2)]R$。正数代表边的方向由南向北或由西向东，结果如图 6－2 所示。

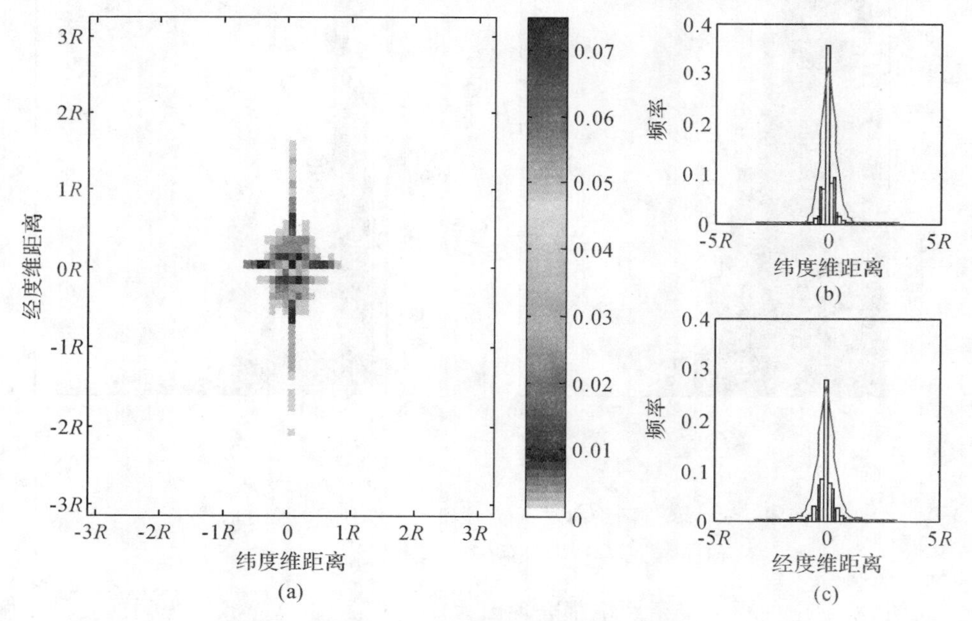


图 6－2　全球电离层网络中有向边距离的分布

(a)电离层网络边在经线和纬线方向上的距离的联合分布；(b)电离层网络边在纬线方向上的距离的分布；(c)电离层网络边在经线方向上的距离的分布

(彩图见彩插图 6－2)

如图6-2(a)所示，电离层网络的边主要分布在坐标系的原点附近，这说明在电离层网络中GIM单元主要与在地理空间上与其邻近的GIM单元相连接。这种就近连接的现象说明，电离层时空变化动态过程的传播主要受地理空间距离的影响，服从就近原则。另外，从图6-2(b)(c)呈现出的左右近似对称性可以看出，电离层时空变化动态过程的东向和西向(南向和北向)传播相似；图6-2(b)(c)还表明，随着纬线和经线方向上距离的增加，边的数量迅速减少，这也说明，在电离层网络中就近连接占很大的比例，这种动态过程就近传播的特性可能主要是电离层中粒子的扩散作用导致的。另外，边的经线方向和纬线方向距离的标准差分别为0.53和0.28，经线方向的分布曲线比纬线方向更加平缓，说明电离层时空变化的动态过程沿经线方向传播得更远、更高效，这种现象可能与地磁场对电离层中电子运动的约束作用或者电离层中的南北向电流有关。此外，电离层网络中的节点之间并不是完全就近连接的，在经线和纬线方向上都出现了长距离的边，这种长距离的传播可能是由地磁场或者其他全球性的因素导致的，因此，电离层网络中的边主要是有序的就近连接，同时又存在一些远距离的相互作用。

3.电离层网络的小世界结构

为了对全球电离层时空变化中动态过程传播的稳定性和高效性进行分析，下面着重对电离层网络的小世界结构进行研究。对于复杂网络来说，“稳定”是指网络的稳健性好，承受干扰攻击的能力强。换句话说，稳定网络的拓扑结构不容易被破坏，即使在一些边被干扰攻击而消除的情况下，动态过程仍然可以在网络中传播。“高效”是指网络中动态过程的快速有效传播的能力。Watts等首先发现有些网络具有很强的集聚性(类似于规则的晶格)，又有比较小的平均最短路径(类似于随机网络)[9]。具有这样特征的网络，就称为小世界网络。所以，小世界网络具有较大的聚类系数(与随机网络相比)和较小的平均最短路径长度(与规则网络相比)。当每个节点的边数较多时，网络将具有较高的聚类系数。在这种情况下，因干扰去掉一些边不会将网络分解成互不相连的独立部分，因此网络是稳定的。另外，两个节点之间的平均最短路径长度$L$小，意味着远处的节点可以像附近的节点一样容易地连接在一起。$L$越小，网络中动态过程的传播越容易。这样，在$L$比较小的网络中，动态过程可以高效传播。因此，小世界网络中动态过程的传播展现出高效和稳定的特点[8]。

小世界网络介于完全随机和完全规则网络之间，其中的一个节点到达另外任意一节点的步数与网络节点的总数相比很小[10]，社交网络中的“六度分割”理论是一个著名的例子。为了研究电离层网络的小世界结构，原来的有向网络需要去掉其方向性[11]。另外，为了在数学上描述复杂网络的小世界结构，常常选择两个重要的参数，即平均聚类系数$C$和平均最短路径长度$L$，其定义见下式：

$$C_i = \frac{2\Delta_i}{k_i(k_i - 1)} \tag{6-2}$$

$$C = \frac{1}{N}\sum_{i=1}^{N} C_i \tag{6-3}$$

$$L = \frac{2}{N(N-1)}\sum_{i \geq j} d_{ij} \tag{6-4}$$

式中，$C_i$为节点$i$的聚类系数；$k_i$为节点$i$的度；$\Delta_i$为与节点$i$相连的节点之间边的数目；$C$为网络中所有节点聚类系数的平均值；$N$为节点数目；$d_{ij}$为节点$i$和$j$之间的最短路径长度，可以通过 Dijkstra 算法获得[12]。因此,$C$ 描述了电离层网络的局部连接性,$L$ 表征了电离层网络的全局连接性[3]。为了定量地定义小世界网络,须将描述给定网络性质的参数与等价随机网络的参数进行对比,其中,等价随机网络是指,在平均意义上与给定网络的节点有相同度分布的随机网络,Humphuries 等(2008 年)提出小世界性的度量[13]为

$$\sigma = \frac{C/C_r}{L/L_r} \tag{6-5}$$

式中,$C$ 和 $L$ 是给定网络的平均聚类系数和平均最短路径长度;$C_r$ 和 $L_r$ 是等价随机网络对应的参数。如果给定的网络满足 $\sigma > 1$ 且 $C / C_r > 1$,那么,网络符合小世界性的条件。为了减少等价随机网络的随机性带来的影响,图 6-3 中展示了基于 150 个与电离层网络等价的随机网络得到的 $\sigma$ 和 $C / C_r$ 计算结果。

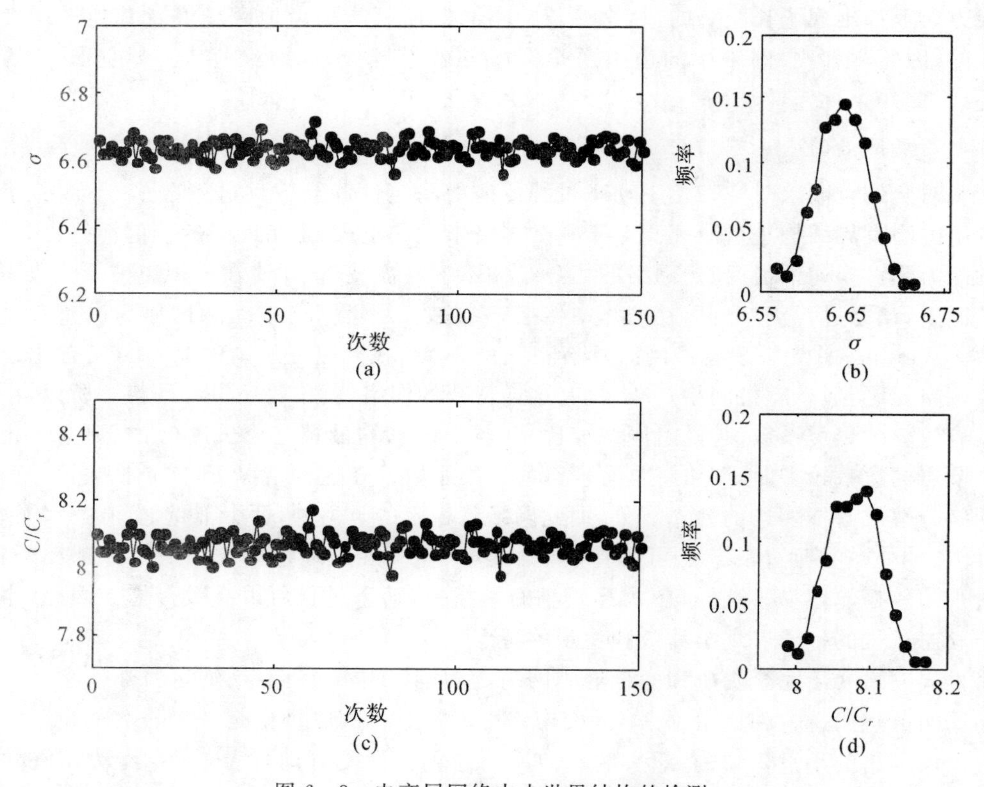


图 6-3 电离层网络中小世界结构的检测

(a) $\sigma$ 的 150 次实现结果;(b) $\sigma$ 结果的频数统计;(c) $C/C_r$ 的 150 次实现结果;(d) $C/C_r$ 结果的频数统计

从图 6-3(a)(c)可知,所有的结果均满足 $\sigma > 1$ 且 $C / C_r > 1$,而且图 6-3(b)(d)中的频率近似服从高斯分布,其对应的标准差分别为 0.028 和 0.035,如此小的标准差表明所有的结果都非常接近真实值(均值)6.64 和 8.08。因此,电离层网络是一个小世界网络,全球电离层时空变化中动态过程的传播表现出小世界特性。由于电离层网络平均最短路径长度较短,聚类系数较大,因此,电离层网络具有使内部动态过程稳定和高效传输的特性。如同大气所具有的小世界特性[14]一样,电离层的小世界特性也是远距离连接导致的,这种远距离连接在稳定电离层动态系统和使电离层变化高效传输方面起着重要作用。如果电离层在某个地点产生扰

动，则电离层网络的小世界结构能够使电离层对这些扰动做出迅速而一致的反应，这种动态过程的传播机制可以使电离层的局部变化在整个系统中扩散缓冲，从而减少了电离层中产生长时间局部异常的可能性，避免了能量的局部积累，使得电离层时空变化更加稳定，因此电离层产生巨大变化的可能性大大降低。

### 6.1.3　基于 2012 年 12 个月数据分析的结果与讨论

6.1.2 节利用 2012 年全年电离层的数据，通过复杂网络分析对全球电离层的时空变化特征进行了研究。由于电离层的时空具有明显的季节变化特征（如 4.3 节所述），本小节将电离层数据在时间维度上进行细化，基于 2012 年 12 个月的电离层数据对电离层时空变化中动态过程的传播特性分别进行分析讨论。

1. 电离层网络的社区结构

对于复杂网络而言，社区是指网络中的一组节点，其内部节点之间连接紧密，而与其他社区中节点之间的连接比较稀疏[15]，网络中的社区结构在实际中非常常见，例如社交网络、生物网络和信息网络等[16]。同时，社区因其特定的功能性在网络结构化系统的研究中具有重要意义[17]。社区检测的目的在于基于网络中的结构信息将节点进行分组，使其成为具有较强内部连接的“簇”[18]。与网络中小世界结构研究类似，为了进行社区检测，通常需要忽略网络中边的方向性，将网络视为无向网络[19]。在本节中，我们选择 GCDA 算法[20]，这种方法能够将社区大小的异质性考虑在内，以确保在检测过程中平等地对待不同规模的社区。

复杂网络社区结构的概念是 Girvan 和 Newman 在 2002 年提出的[21]，2004 年他们又提出了模块率的概念，也就是 $Q$ 函数，随后 Newman 提出了通过最大化 $Q$ 函数来检测网络中社区结构的 FN 算法[22]。模块率函数 $Q$ 定义如下[23]：

（1）假设将网络划分为 $k$ 个社区，定义 $k\times k$ 的矩阵 $\boldsymbol{e}$，其元素 $e_{ij}$ 为从社区 $i$ 到社区 $j$ 之间连接的边的数目 $l_{ij}$ 在网络中所有边 $l_{\text{total}}$ 中的比例，即 $e_{ij}=l_{ij}/l_{\text{total}}$；

（2）矩阵 $\boldsymbol{e}$ 的迹 $\text{Tr}\boldsymbol{e}=\sum_i e_{ii}$ 为处于相同社区的边所占的比例，定义矩阵 $\boldsymbol{e}$ 的行和（或列和）$a_i=\sum_j e_{ij}$，代表连接社区 $i$ 中的点的边所占的比例，则 $Q$ 函数为

$$Q=\sum_i\left(e_{ii}-{a_i}^2\right)=\text{Tr}\,\boldsymbol{e}-\|\boldsymbol{e}^2\| \tag{6-6}$$

式中，$\|\boldsymbol{e}^2\|$ 代表矩阵 $\boldsymbol{e}^2$ 所有元素的和，$Q$ 函数度量了相同社区划分条件下，给定的网络社区内连接和随机化网络社区内连接之间的差异。

对于给定的网络划分，假设将社区 $i$ 和 $j$ 进行合并，那么，对应的 $Q$ 函数的变化为

$$\text{d}Q_{ij}=2\left(e_{ij}-\frac{a_i a_j}{L_{\text{total}}}\right) \tag{6-7}$$

式中，$\text{d}Q_{ij}$ 可以解释为两个社区 $i$ 和 $j$ 之间相似性的一种度量，$\text{d}Q_{ij}$ 越大则对应的两个社区越相近。Newman 提出的快速算法 FN 是一种自下而上的层次聚类，初始时网络中每个节点作为一个社区，然后对社区进行合并；对于每次迭代，合并操作选择使模块率 $Q$ 增加最大的方式（即 $\text{d}Q_{ij}$ 最大）进行，最终网络中所有节点被聚类成一个社区，并且形成一个关于聚类过程的层级聚类树，然后以模块率 $Q$ 最大的方式对层次聚类树进行分割，得到最终的网络社区结构。Danon 等通过计算证明，FN 方法的结果受社区中节点数目的影响，为了能够将社区大小的异质性考虑在内，他们对 FN 方法中的 $\text{d}Q_{ij}$ 用 $a_i$ 进行归一化，即进行以下改进[24]：

$$dQ'_{ij}=\frac{dQ_{ij}}{a_i}=\frac{2}{a_i}\left(e_{ij}-\frac{a_i a_j}{L_{\text{total}}}\right) \tag{6-8}$$

然后，按照FN算法中层次聚类的操作以 $dQ'_{ij}$ 最大的方式进行合并聚类，这种归一化操作能够保证边比较少的社区有比较大的 $dQ'_{ij}$ 值，因此，可以确保在社区检测过程中不同规模的社区能够被平等地对待。

为了描述电离层网络中社区的形状，引入体态比参数 $T$，$T=a/b$，其中 $a$ 和 $b$ 是给定社区的最小外接矩形的竖长与横长。因此，当 $T<1$ 时，给定社区的形状是扁平的；当 $T>1$ 时，给定社区的形状是竖长的。将社区形状的体态比赋值给该社区中的GIM单元，相同社区的GIM单元具有相同的体态比 $T$。在画图时不同的体态比用不同颜色来表示。基于社区检测算法GCDA，电离层网络中每一个GIM单元都会被分配到一个社区当中，并获得对应的体态比，最后将所有的GIM单元的体态比所对应的颜色铺到地理空间上，就可以得到社区体态比的全球分布。

对2012年12个月的电离层网络的社区体态比结果进行平均，得到的结果如图6-4所示。

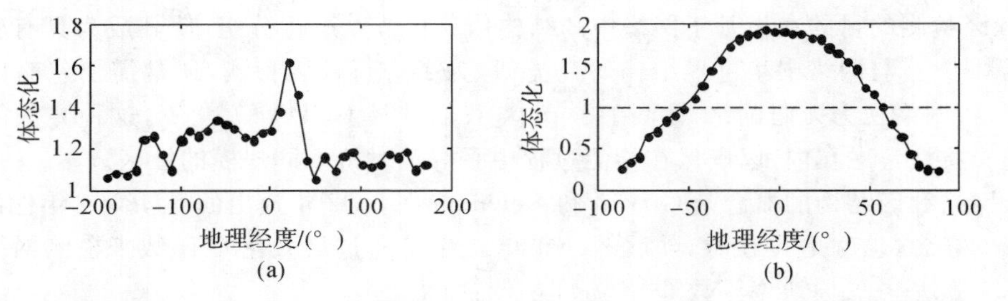


图6-4　2012年12个月的全球电离层网络中社区体态比的均值图（负值代表西半球和南半球）

(a)经度分布；(b)纬度分布

体态比均值的全球空间分布具有明显的区域变化特征。为了研究社区体态比的经度和纬度变化，计算了全球电离层网络社区体态比沿经线和纬线方向的均值，结果如图6-4(a)和(b)所示。尽管图6-4(a)中显示的社区形状沿经度的变化缺少规律性，但图6-4(b)中显示的社区形状沿纬度的变化具有明显的特点，即从高纬地区到低纬地区，体态比单调增加，从 $T<1$ 增加到 $T>1$，表明电离层网络中社区的形状从扁平变为竖长。

由于网络中的社区内的节点连接紧密而社区间节点连接稀疏，电离层网络中低纬地区社区的竖长结构表明，低纬地区电离层GIM单元之间沿经线方向的连接更加紧密，而沿纬线方向的连接比较稀疏。贝叶斯网络中的边代表着节点之间的因果信息流[4,25]，因此在低纬度地区，电离层内的因果信息流主要是沿经线方向分布。高纬度地区体态比 $T<1$，这表明高纬度地区社区的形状主要是纬线方向的，这可能主要由粒子扩散作用导致。由于地球的形状近似为球形，高纬度地区的纬线圈半径比低纬地区的小，因此，在高纬度地区水平相邻的两个GIM单元之间的距离比竖直相邻的两个GIM单元之间的距离要小。如6.1.2小节所述，在地理空间中相邻的GIM单元之间更有可能建立连接，因此，在高纬地区，基于地理空间距离的粒子扩散作用导致了电离层网络中社区的扁平形状。图6-4(b)中体态比1对应的纬度为南北纬50°左右，因此，在电离层网络中，中低纬地区的社区体态比基本都大于1，也就是说这些社区的形状主要是竖直的，这种现象可能是地磁场对电离层中经线方向动态过程传播的增强作用

导致的。地球主磁场的方向与经线方向只有很小的角度差异，电离层中电流和电场的变化可以通过磁场进行传播；同时，受洛伦兹力的影响，运动的带电粒子沿磁场线螺旋前进，所以，在电离层中粒子沿磁场线的经向传播被增强，这也是场向电流形成的重要原因[26]。

2. 电离层网络的分形特性

在自然界中，从树叶到雪花，其几何结构在不同尺度下都具有相似性，这种自相似结构被称为分形[27]，在统计物理中，分形的出现具有重要的意义[10]。在之前的研究中，分形理论已经被成功应用于电离层分析中，例如，小尺度的电离层不均匀体[28]、中纬度地区电离层扰动[29]和极区电离层变化[30-31]等电离层局部变化，本节关注的是电离层全球尺度的分形特性。尽管自相似特征往往都是关于几何形状的，但复杂网络中也被证明存在着分形结构[32]。

电离层的空间预测，特别是区域预测，依赖于其内部变化的相似性，通过分形分析来研究电离层的自相似结构，可以更深入地理解全球电离层时空变化特征。Song 等（2005 年）利用盒子覆盖法揭示出很多现实网络具有的分形特性，例如社交网络和蛋白质相互作用网络等[32]。按照传统的分形分析，分形维 $d_B$ 可以通过盒子覆盖法获得，在分形网络中，能够覆盖网络的最少盒子数 $N_B(l_B)$ 和盒子的尺寸 $l_B$ 服从以下的幂律分布，即

$$N_B(l_B) \sim l_B^{-d_B} \tag{6-9}$$

对于给定的网络，如果式(6-9)成立，则有 $\lg N_B(l_B) \sim - d_B \lg l_B$，因此，分形维 $d_B$ 可以通过下式获得，在实际应用中，$d_B$ 往往是通过计算 $\lg N_B(l_B)$ 关于 $\lg l_B$ 直线拟合的负斜率获得[33]的，有

$$d_B = -\lim_{l_B \to 0} \frac{\lg N_B(l_B)}{\lg l_B} \tag{6-10}$$

盒子覆盖法的最终目标是，给定任意盒子尺寸 $l_B$ 后确定覆盖网络的最少盒子数目 $N_B(l_B)$。盒子覆盖法是最早运用于欧式空间计算分形体分形维的方法[34]，这种方法适用于能够嵌入二维平面的几何体，它既可以判断分形特征，也可以计算分形维数。在复杂网络空间中，节点之间的距离用两点间最短路径边数来表征，但此时盒子覆盖法的关键问题是，在给定盒子尺寸的条件下，如何确定能够覆盖整个网络的盒子的最小数目。Song 等（2007 年）发现这是一个 NP 难的问题，可以将其构造成图的着色问题，从而利用贪婪着色法进行求解[35]。正如参考文献[32]所描述的，贪婪着色法既可以检测网络中的自相似结构，又可以进一步确定网络的分形维。这种方法的策略是，先需要对给定网络建立对偶网络，然后对对偶网络进行重整化，所谓的重整化就是利用不同的测量度（盒子尺寸 $l_B$）将对偶网络中的节点划入不同的盒子，然后再将盒子中的点作为一个整体视为对偶网络中的一个节点，同时将同一个盒子中的节点赋值为同一种颜色[35]，算法的细节如下。

(1)将网络中的节点从 $1 \sim N$ 依次编号，所有节点的颜色设置为空。

(2)对于所有的盒子尺寸 $l_B$，将颜色值 0 赋值给标号为“1”的节点，即 $c_{1l} = 0$。

(3)对于序号 $i$ 为 $2 \sim N$ 的节点，重复下述步骤：

a. 计算网络中从节点 $i$ 到节点 $j$ 的距离（$j < i$）；

b. 令盒子尺寸 $l_B = 1$；

c. 从所有满足 $j < i$ 且 $l_{ij} \geqslant l_B$ 的节点中选择未使用过的颜色值，作为给定盒子尺寸 $l_B$ 的条件下节点 $i$ 的颜色 $c_{il_B}$；

d. 以步长为 1 逐步增加盒子尺寸 $l_B$，重复步骤 c，直到 $l_B = l_B^{\max}$（$l_B^{\max}$ 是电离层网络中的最

大距离加 1)。

(4)计算 $c_{il}$ 中每一列用过的颜色值的种类,即为不同盒子尺寸 $l_B$ 对应的覆盖网络所需的最小盒子数 $N_B(l_B)$,通过最小二乘拟合获得 $\lg[N_B(l_B)]$ 与 $\lg(l_B)$ 之间变化的斜率,其负值即为网络的分形维。

由于贪婪着色法的结果依赖于最初的着色顺序,因此,我们对着色顺序进行 1 000 次随机选择,并利用贪婪着色法获得对应的最小盒子数 $N_B(l_B)$,然后对 1 000 个 $N_B(l_B)$ 取平均值来代表其最佳取值。将贪婪着色法应用于 2012 年 12 个月的电离层网络,结果如图 6-5 所示。

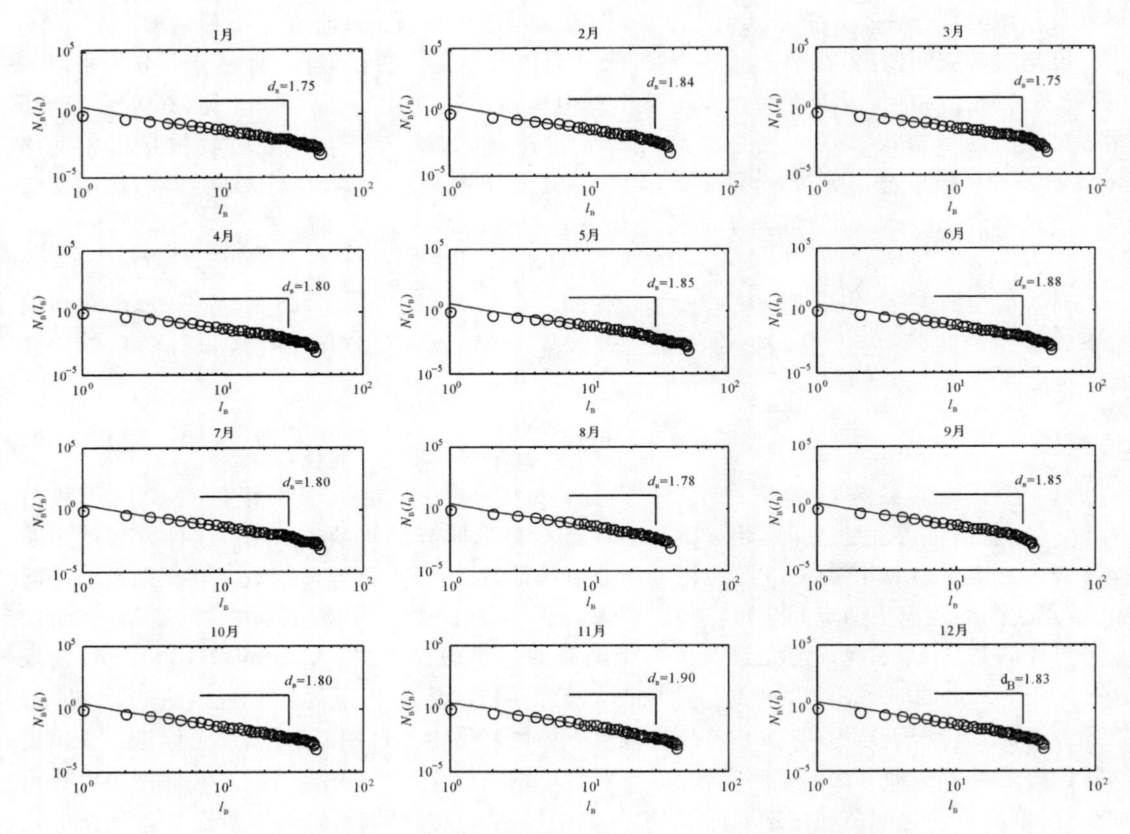


图 6-5　2012 年 12 个月电离层网络关于不同盒子尺寸 $l_B$ 对应的最小盒子数目 $N_B(l_B)$ 在对数坐标系下的结果(其中蓝色圈代表 1 000 个 $N_B(l_B)$ 的均值,红色直线的负斜率 $d_B$ 是通过最小二乘拟合获得的分形维数)

(彩图见彩插图 6-5)

从图 6-5 可以明显地看出 $\lg[N_B(l_B)]$ 和 $\lg(l_B)$ 之间的关系是近似线性的,因此满足复杂网络分形特性的定义式 $N_B(l_B) \sim l_B^{-d_B}$ 。这种线性关系揭示了全球范围内电离层时空变化存在自相似特征,因此 2012 年各月份的全球电离层时空变化动态过程的传播具有分形特性。本小节利用最小二乘法来获得 $\lg[N_B(l_B)]$ 和 $\lg(l_B)$ 之间线性关系的负斜率 $d_B$,即分形维数。我们发现图 6-5 中的 12 个电离层网络的分形维都在 1.8 左右,因此电离层网络所具有的自相似结构随日地距离的变化比较稳定。综上所述,通过复杂网络的分形分析,我们发现在全球尺度上，电离层时空变化具有自相似的分形结构，这说明不同空间位置电离层变化之间的相似性，这也说明了利用已知区域的电离层数据来预测未知区域电离层 VTEC 的合理性。

## 6.2　基于扩展 Kalman 滤波的电离层层析方法初探

基于双频 GPS 信号测量的电离层总电子含量是电磁波传播路径上电子密度的和，因此，CODE 数据中心提供的 VTEC 数据只是在二维空间（经度和纬度）上展开的，而实际上电离层内部电子密度的变化还有高程信息，电离层的时空变化应该是在时间-经度-纬度-高度四维空间中展开的。本节利用基于 Message Passing 的扩展 Kalman 滤波层析方法反演电离层的四维时空模型。

### 6.2.1　模型构建

根据等离子体中电磁波传播的 A－H 折射公式，利用不同频率 GPS 信号经过电离层的折射率不同，计算信号传播路径上的电离层总电子含量，即 $\mathrm{TEC}=\int_P N_e \mathrm{d}s$ ，式中，$P$ 为电离层中 GPS 信号的传播路径，$N_e$ 为信号路径上的电子密度，这是当前测量电离层 TEC 精度最高的一种方法[36]。由于电子密度 $N_e$ 是空间位置 $r$ 以及时间 $t$ 的函数，则有 $N_e=N_e(\boldsymbol{r},t)$ ，电离层总电子含量可以表示为

$$\mathrm{TEC}=\int_P N_e(\boldsymbol{r},t)\mathrm{d}s \tag{6-11}$$

式中，$\boldsymbol{r}$ 为 GPS 信号所经过的空间位置矢量（包含经度、纬度和高度）。为了便于计算，在建模过程中将电离层电子密度在三维空间上离散化，如图 6－6 所示，电离层空间中的一个网络为一个像素。

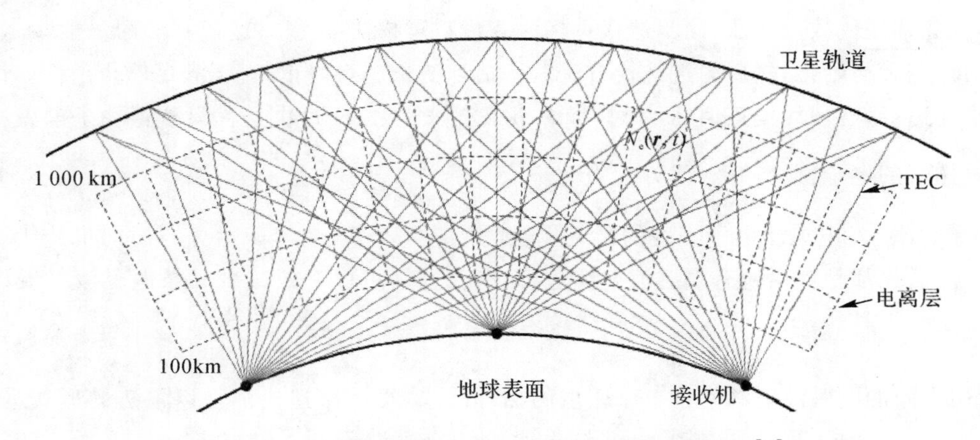


图 6－6　电离层内部电子密度反演空间离散化原理图[37]

在不考虑电离层剧烈变化的情况下，电离层电子密度反演模型中的一个基本假设是，在测量过程中每个像素内电子密度在时间和空间上是常量。这样，在忽略高阶泰勒项的前提下，对于第 $i$ 个电离层总电子含量（沿着电磁波传播路径）测量值 $\mathrm{TEC}_i$ ，可以写为

$$\mathrm{TEC}_i = \sum_{j=1}^{n} a_{ij} x_j + \varepsilon_i \tag{6-12}$$

式中，$x_j$ 为像素 $j$ 中的电子密度；$a_{ij}$ 为 $\mathrm{TEC}_i$ 对应的电磁波在像素 $j$ 中的路径长度；$n$ 为电离层待研究区域像素的总数；$\varepsilon_i$ 为高斯观测噪声。将 $m$ 个电离层 TEC 测量值联合写成矩阵形式，可得

$$\boldsymbol{y}_{m\times 1} = \boldsymbol{A}_{m\times n} \cdot \boldsymbol{x}_{n\times 1} + \boldsymbol{\varepsilon}_{m\times 1} \tag{6-13}$$

式中，$\boldsymbol{y}_{m\times 1}$ 是 $m$ 个电离层 TEC 测量值构成的列向量；矩阵 $\boldsymbol{A}_{m\times n}$ 为 $m$ 个 GPS 信号在 $n$ 个电离层网络中的路径长度；$\boldsymbol{x}_{n\times 1}$ 为 $n$ 个电离层网络对应的电子密度构成的列向量；$\boldsymbol{\varepsilon}_{m\times 1}$ 为 $m$ 维观测噪声[38]。

GPS 接收机分布不均匀且数量有限，再加上接收机对接收电磁波的角度限制，致使矩阵 $\boldsymbol{A}$ 是一个条件数很大的秩亏矩阵，因此，式(6-13)的求解是一个典型的病态问题，由此产生了不同的求解电离层电子密度 $\boldsymbol{x}_{n\times 1}$ 的层析反演方法。

### 6.2.2 传统的电离层电子密度层析反演方法

传统的电离层电子密度层析反演往往是基于图像反演方法，再结合电离层电子密度实际的空间分布特征，加入不同的约束，进而寻找电子密度的最优估计，具体方法可以概括为以下几种。

1. 基于目标函数 $J = \min_x(||\boldsymbol{Ax} - \boldsymbol{y}|| + \gamma ||\boldsymbol{Lx}||)$ 的层析反演方法

由于矩阵 $\boldsymbol{A}$ 是一个奇异矩阵，而且具有很强的不适定性，因此，$\boldsymbol{A}$ 的伪逆并不稳定，为了解决这个问题，有些学者提出了迭代计算方法和正则化方法，正则化方法是通过增加约束条件 $\gamma ||\boldsymbol{Lx}||$ 来获得稳定的最优解[39]。

当 $\gamma = 0$ 时，$J = \min_x ||\boldsymbol{Ax} - \boldsymbol{y}||$。迭代重构算法能够有效避免矩阵不适定性对结果的影响，例如乘法代数重构法、同步迭代重构法和代数重构法等[40]。迭代算法的一般步骤为，先对待估计变量初始化，然后通过迭代方法对待估计变量进行修正，直至满足停止条件。代数重构算法在进行迭代时，校正值 $\Delta x^{(k)}$ 只考虑一条电磁波射线，每次迭代只校正一条电磁波射线所经过像素的电子密度，其迭代方式为 $x^{(k+1)} = x^{(k)} + \lambda_k \dfrac{y_i - < x^{(k)}, \boldsymbol{a}_i >}{||\boldsymbol{a}_i||^2}\boldsymbol{a}_i$（$\boldsymbol{a}_i$ 是矩阵 $\boldsymbol{A}$ 的第 $i$ 行向量，$x^{(k)}$ 是电离层电子密度的第 $k$ 步迭代结果，$<\cdot>$ 是内积运算）；而同步迭代重构法的每一次迭代都是利用所有电磁波射线进行校正，这样可以有效减少某条电磁波射线误差带来的影响，$x^{(k+1)} = x^{(k)} + \lambda_k \sum_i \dfrac{y_i - < x^{(k)}, \boldsymbol{a}_i >}{||\boldsymbol{a}_i||^2}\boldsymbol{a}_i$。乘法代数重构法是基于最大熵原理提出的，利用不同的电磁波射线修正电子密度的估计结果，每一次迭代都是以乘法的形式进行的，$x^{(k+1)} = x^{(k)} \left(\dfrac{y_i}{< \boldsymbol{a}_i{}^{\mathrm{T}}, x^k >}\right)^{\lambda_k \frac{a_{ij}}{||\boldsymbol{a}_i||}}$，这可以使得奇异值产生的可能性最小[41-42]。为了提高乘法代数重构法的收敛速度和估计精度，武汉大学的姚宜斌课题组提出了联合迭代的自适应重构算法，将同步迭代重构法中的因子 $\dfrac{a_{ij}}{||\boldsymbol{a}_i||^2}$ 与估计量 $x^{(k)}$ 融合到自适应因子 $\dfrac{a_{ij} x_j{}^{(k)}}{\sum_j a_{ij}{}^2 x_j{}^{(k)}}$ 中，

同时,他们也对该算法的收敛性进行了研究[43-44]。上述方法存在的主要问题是对迭代初始值比较敏感,尤其是对于没有电磁波射线经过的那部分像素,将不能够进行有效的迭代寻优[45]。

为了能够得到稳定的最优解,同时将电子密度的空间变化特点融合到目标函数中,形成了具有正则项 $||\boldsymbol{Lx}||$ 的目标函数。Tikhonov 方法是最为常见的一种正则化方法,其正则项为约束 $\boldsymbol{Lx}$ 的 $l_2$-范数[46-47],闭式解为 $x=(\boldsymbol{A}^{\mathrm{T}}\boldsymbol{A}+\gamma\boldsymbol{L}^{\mathrm{T}}\boldsymbol{L})^{-1}\boldsymbol{A}^{\mathrm{T}}b$,矩阵 $\boldsymbol{L}$ 是电子密度空间变化的矩阵描述,闻德堡等分别利用二阶拉普拉斯算子的九点差分近似法和电离层相邻空间位置电子密度变化的连续性原则,及垂直高度变化的比例约束等先验知识设置矩阵 $\boldsymbol{L}$[36]。同样,根据电离层电子密度在空间上变化平缓的物理特性,Thomas 等(2008 年)提出了带约束的同时迭代重构方法,利用拉普拉斯算子的近似矩阵来描述电离层电子密度空间分布的平缓性[48]。

当矩阵 $\boldsymbol{L}$ 为单位阵且取全变分范数 $||\cdot||_{\mathrm{TV}}$ 时,这实际是增加了电离层电子密度空间变化的平滑性约束,因为当 $||\cdot||_{\mathrm{TV}}$ 取最小值时,可以用来约束数据的快速变化,减少估计结果的边缘特征[36]。为了获得全变分约束下的电离层电子密度的最优估计,汤俊等(2015 年)将乘法代数重构法引入到求解过程中,将乘法代数重构法得到的电子密度估计 $x^{(k)}$ 作为目标函数 $x^{(k')}=\arg\min_x(||\boldsymbol{Ax}-\boldsymbol{y}||_2{}^2+\gamma||\boldsymbol{x}||_{\mathrm{TV}})$ 的输入,然后再将 $\boldsymbol{x}^{(k')}$ 作为乘法代数重构法的输入,循环迭代直到满足停止条件[49]。

2. 加入凸约束的层析方法

加入凸约束的层析方法是将电离层电子密度的空间结构转化成凸集约束的形式,然后利用凸集投影定理获得最优估计[37],这种方法通常用于电离层电子密度的空间结构特征不能表示成矩阵形式的情形。该方法的一般过程如下:假设电离层电子密度的一系列先验限制条件对应的凸集分别为 $C_1,C_2\cdots,C_l$,对应的投影矩阵为 $\boldsymbol{P}_{C_1},\boldsymbol{P}_{C_2},\cdots,\boldsymbol{P}_{C_l}$,则待估计的电离层电子密度 $\boldsymbol{x}\in\bigcap_{i=1}^{l}C_i$;在利用迭代方法求解时,将目标函数 $J=\min_x(||\boldsymbol{Ax}-\boldsymbol{y}||+\gamma||\boldsymbol{Lx}||)$ 得到的电子密度估计值 $x^{(k)}$ 利用投影矩阵投影后重新进行迭代,即

$$x^{(k+1)}=\boldsymbol{P}_{C_1}\boldsymbol{P}_{C_2}\cdots\boldsymbol{P}_{C_l}x^k$$

3. 基于系数矩阵 $\boldsymbol{A}$ 的反演方法

以上描述的层析方法都是针对电离层电子密度 $\boldsymbol{x}$ 的空间变化特征设计目标函数,然后进行计算获得,但是对于系数矩阵 $\boldsymbol{A}$ 的求解过程也是有误差存在的,这些误差的产生主要是由于电磁波射线路径计算过程中的精度以及对电磁波传播的射线假设本身等导致的。针对矩阵 $\boldsymbol{A}$ 存在的误差,通常利用截断奇异值分解的方法消除,即 $\boldsymbol{A}_{\mathrm{T}}=\sum_{i=1}^{k}\boldsymbol{U}_i\boldsymbol{D}_i\boldsymbol{V}_i{}^{\mathrm{T}}$($k$ 为截断阶数,其计算方法参见文献[50]),然后利用 $\boldsymbol{A}_{\mathrm{T}}$ 的伪逆 $\boldsymbol{A}_{\mathrm{T}}{}^{+}$ 得到电离层电子密度的估计 $\hat{\boldsymbol{x}}=\boldsymbol{A}_{\mathrm{T}}{}^{+}\boldsymbol{y}$。欧明等(2014 年)将截断奇异值分解方法与经验正交函数及球谐函数融合,利用广义交叉验证的方法选择截断阶数 $k$,实现了电离层电子密度的有效反演[51]。Wen 等(2008 年)为了进一步消除系数矩阵 $\boldsymbol{A}_{\mathrm{T}}$ 不适定性带来的影响,将 $\hat{\boldsymbol{x}}=\boldsymbol{A}_{\mathrm{T}}{}^{+}\boldsymbol{y}$ 得到的结果作为电离层电子密度估计的初始值应用于迭代重构算法[52]。

### 6.2.3　基于 Message Passing 的扩展 Kalman 滤波层析方法

传统的电离层层析方法[见(式(6-13)]是基于某一时刻观测获得电离层内部电子密度,

但是电离层本身是一个时变系统，为了克服式(6-13)非时变的局限性，我们尝试利用扩展Kalman滤波对电离层层析模型进行改进，将之前的电离层观测信息引入对当前电离层内部电子密度的估计中。与传统模型不同的是需要引入状态变量。将电离层内部不同像素(网络)的电子密度作为状态变量，构建状态转移方程和观测方程，则有

$$\left.\begin{aligned} \boldsymbol{x}_{t+1} &= f(\boldsymbol{x}_t) + \boldsymbol{w} \\ \boldsymbol{y}_t &= \boldsymbol{A}_t \cdot \boldsymbol{x}_t + \boldsymbol{\varepsilon} \end{aligned}\right\} \tag{6-14}$$

式中，$\boldsymbol{x}_t$ 为 $t$ 时刻电离层 $n$ 个像素对应的电子密度组成的列向量 $\boldsymbol{x}_t = [\boldsymbol{x}_t(1), \boldsymbol{x}_t(2), \cdots, \boldsymbol{x}_t(n)]^{\mathrm{T}}$；$f(\cdot)$ 表示 $n$ 个像素对应的电子密度在时间维度上的变化函数关系，$f(x_t) = [f_1(x_t), f_2(x_t), \cdots, f_n(x_t)]^{\mathrm{T}}$；$\boldsymbol{x}_{t+1}(i) = f_i(x_t) + \boldsymbol{w}_i$，$1 \leqslant i \leqslant n$，$i$ 是指第 $i$ 个电离层像素；$\boldsymbol{w}$ 为 $n$ 维的状态噪声，服从标准正态分布 $N(0, \boldsymbol{\Sigma}_w)$，$\boldsymbol{\Sigma}_w$ 为协方差矩阵，$\boldsymbol{y}_t$ 为 $t$ 时刻 $m$ 个电离层TEC观测值组成的列向量。由于卫星与观测站点之间相对位置随时间变化，因此观测矩阵也是随时间变化的，用 $\boldsymbol{A}_t$ 表示，观测噪声 $\boldsymbol{\varepsilon}$ 与式(6-13)中定义相同。另外，式中 $\boldsymbol{x}_t$ 和 $\boldsymbol{y}_t$ 的维数与式(6-13)中的 $\boldsymbol{x}$ 和 $\boldsymbol{y}$ 定义相同。由于电离层电子密度随时间的变化是非线性的，因此 $f(\cdot)$ 为非线性函数，这里，我们利用 $f(\cdot)$ 泰勒级数展开的前两项来线性逼近状态转移方程，即，$\boldsymbol{x}_{t+1} = f(\hat{\boldsymbol{x}}_{t|y_t}) + \left[\dfrac{\partial f^{\mathrm{T}}(x_t)}{\partial(x_t)}\Big|_{x_t=\hat{x}_{t|y_t}}\right]^{\mathrm{T}} (\boldsymbol{x}_t - \hat{\boldsymbol{x}}_{t|y_t}) + \boldsymbol{w}$。$\hat{\boldsymbol{x}}_{t|y_t}$ 为 $t$ 时刻，利用观测 $\boldsymbol{y}_t$ 对电子密度的估计，有

$$\frac{\partial f^{\mathrm{T}}(x_t)}{\partial(x_t)} = \begin{bmatrix} \dfrac{\partial f_1(x_t)}{\partial(x_t(1))} & \dfrac{\partial f_2(x_t)}{\partial(x_t(1))} & \cdots & \dfrac{\partial f_n(x_t)}{\partial(x_t(1))} \\ \dfrac{\partial f_1(x_t)}{\partial(x_t(2))} & \dfrac{\partial f_2(x_t)}{\partial(x_t(2))} & \cdots & \dfrac{\partial f_n(x_t)}{\partial(x_t(2))} \\ \vdots & \vdots & & \vdots \\ \dfrac{\partial f_1(x_t)}{\partial(x_t(n))} & \dfrac{\partial f_2(x_t)}{\partial(x_t(n))} & \cdots & \dfrac{\partial f_n(x_t)}{\partial(x_t(n))} \end{bmatrix}_{n\times n} \tag{6-15}$$

令 $\left[\dfrac{\partial f^{T}(x_t)}{\partial(x_t)}\Big|_{x_t=\hat{x}_{t|y_t}}\right]^{\mathrm{T}}$ 为矩阵 $\boldsymbol{F}_t$，则原状态方程变为

$$\boldsymbol{x}_{t+1} = \boldsymbol{F}_t(x_t - \hat{x}_{t|y_t}) + f(\hat{x}_{t|y_t}) + \boldsymbol{w} \tag{6-16}$$

因此，问题的关键在于如何获得电离层各像素电子密度随时间变化的函数 $f(\cdot)$。对于电离层层析而言，需要估计 $n$ 个像素对应的电子密度，传统的扩展Kalman滤波计算量大，计算效率低。基于因子图上的信息传递(message passing)方法通过乘法分配律把乘法运算后移，把加法运算提前，这样能够避免重复计算，从而提高运算效率，降低计算量。我们尝试通过基于因子图的message passing方法来实现扩展Kalman滤波。基于因子图上的message passing的运算规则如图6-7所示，其中圆圈表示变量，正方形表示因子。

以图6-7(a)为例，由变量 $\alpha_1, \alpha_2, \cdots, \alpha_M$ 到因子 $f_s$ 传递的信息 $\mu = \mu_{\alpha_1\to f_s}(\alpha_1) \cdot \cdots \cdot \mu_{\alpha_M\to f_s}(\alpha_M)$，而由因子 $f_s$ 到变量 $\alpha$ 传递的信息 $\mu_{f_s\to\alpha}(\alpha) = \int_{\alpha_1}\cdots\int_{\alpha_M} \mu f_s(\alpha, \alpha_1, \cdots, \alpha_M)\mathrm{d}\alpha_1\cdots\mathrm{d}\alpha_M$，把从上游变量传递来的信息与因子自身的信息融合(相乘)，然后以积分获得的边缘分布作为信息传递到下一个因子。因子图在信息传递过程中，其初始化如图6-7(b)(c)所示。

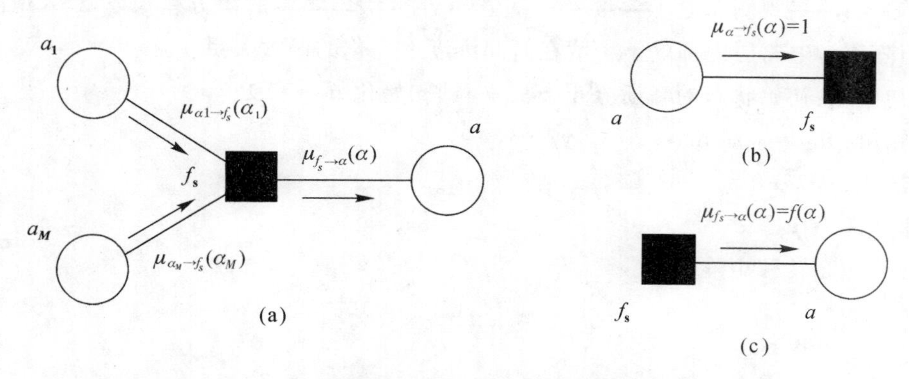


图 6-7 因子图上的 message passing 的运算规则示意图

从概率推断上讲，我们希望获得使后验概率最大的电子密度，即 $\text{argmax}_{x_t} p(x_t \mid y_1,\cdots,y_t)$。由于 $p(x_t \mid y_1,\cdots,y_t)=\dfrac{p(x_k,y_1,\cdots,y_t)}{p(y_1,\cdots,y_t)}$，从贝叶斯估计的角度来看，观测的概率 $p(y_1,\cdots,y_t)$ 为常数，因此，电离层电子密度的最大后验概率推断 $\text{argmax}_{x_t} p(x_t \mid y_1,\cdots,y_t)$ 与 $\text{argmax}_{x_t} p(x_t,y_1,\cdots,y_t)$ 相等。利用全概率公式以及乘法的分配律，可以得到 $t$ 时刻关于电子密度 $x_t$ 的等价后验概率，即

$$p(x_t,y_1,\cdots,y_t)=\int_{x_{t-1}} p(x_t \mid x_{t-1})p(x_{t-1} \mid y_1,\cdots,y_{t-1})\mathrm{d}x_{t-1}\,p(y_t \mid x_t) \tag{6-17}$$

式(6-17)可以利用因子图上的 message passing 来实现，具体实现过程如图 6-8 所示。

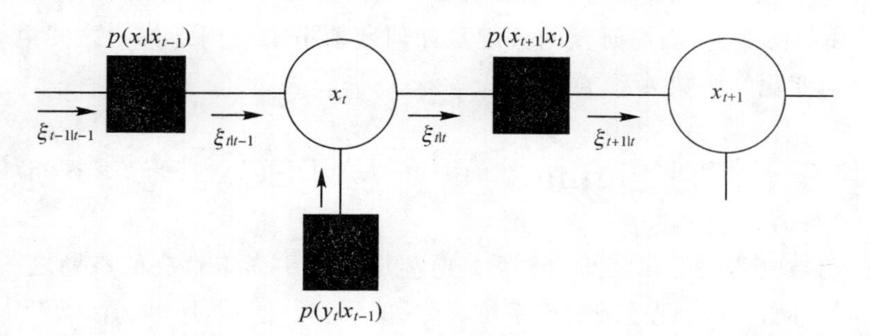


图 6-8 基于因子图上 message passing 的扩展 Kalman 滤波表述

定义图中 $\xi_{t-1|t-1}=p(x_{t-1},y_1,\cdots,y_{t-1})$，为在 $t-1$ 时刻获得的电离层电子密度的估计信息，预测信息 $\xi_{t|t-1}=\int_{x_{t-1}}\xi_{t-1|t-1}p(x_t \mid x_{t-1})\mathrm{d}x_{t-1}$ 融合了来自 $\xi_{t-1|t-1}$ 和因子 $p(x_t \mid x_{t-1})$ 的信息，另外，$\xi_{t|t}=\xi_{t|t-1}p(y_t \mid x_t)$ 融合了 $\xi_{t|t-1}$ 和 $p(y_t \mid x_t)$ 的信息。需要说明的是，对于两个高斯分布，其乘积仍然满足高斯分布的形式，即 $N_X(m_1,\Sigma_1)\cdot N_X(m_2,\Sigma_2)=c_cN_X(m_c,\Sigma_c)$，其中，$c_c=N_{m_1}[m_2,(\Sigma_1+\Sigma_2)]$，$m_c=(\Sigma_1^{-1}+\Sigma_2^{-1})^{-1}(\Sigma_1^{-1}m_1+\Sigma_2^{-1}m_2)$，$\Sigma_c=(\Sigma_1^{-1}+\Sigma_2^{-1})^{-1}$，可得 $N_X(m_1,\Sigma_1)\cdot N_X(m_2,\Sigma_2)\propto N_X(m_c,\Sigma_c)$。在电离层层析模型式(6-14)中，$w$ 和 $\varepsilon$ 均为高斯分布，由于两个高斯分布的线性组合及乘积仍为高斯分布的形式，因此，因子图(见图 6-8)中的信息传递是以高斯分布的形式进行的，这种信息传递又称为高斯信息传递(Gaussian Message Passing，GMP)。对于电离层层析模型式(6-14)而言，GMP 的具体实现步骤如下。

(1)输入:原始观测总电子含量 $\{y_1,y_2,\cdots,y_t\}$,状态噪声的协方差矩阵 $\boldsymbol{\Sigma}_w$,观测噪声的协方差矩阵 $\boldsymbol{\Sigma}_\varepsilon$,电离层内部电子密度在时间维度上变化的函数关系 $f(\cdot)$。

(2)初始化:初始状态的高斯分布 $p(x_0)$,即初始化 $\boldsymbol{\mu}_{0|0}$ 和 $\boldsymbol{\Sigma}_{0|0}$。

(3)输出:$\boldsymbol{u}_{t|t}=\arg\max_{x_t} p(\boldsymbol{x}_t,\boldsymbol{y}_1,\cdots,\boldsymbol{y}_t)$。

(4)迭代:从 $k=0$ 到 $k=t-1$。

a. 计算 $\hat{\boldsymbol{X}}=\boldsymbol{\mu}_{k|k}$;

b. 计算状态转移矩阵 $\boldsymbol{F}_k$,

$$\boldsymbol{F}_k=\left[\frac{\partial f^{\mathrm{T}}(x_k)}{\partial(x_k)}\Big|_{x_k=\hat{X}_k}\right]^0$$

c. 更新 $\xi_{k+1|k}$,则有

$$\boldsymbol{\Sigma}_0=[(\boldsymbol{\Sigma}_{k|k})^{-1}+\boldsymbol{F}_k{}^{\mathrm{T}}\boldsymbol{\Sigma}_w{}^{-1}\boldsymbol{F}_k]^{-1}$$

$$(\boldsymbol{\Sigma}_{k+1|k})^{-1}=\boldsymbol{\Sigma}_w{}^{-1}-\boldsymbol{\Sigma}_w{}^{-1}\boldsymbol{F}_k\boldsymbol{\Sigma}_0\boldsymbol{F}_k{}^{\mathrm{T}}\boldsymbol{\Sigma}_w{}^{-1}$$

$$\boldsymbol{\mu}_{k+1|k}=\boldsymbol{\Sigma}_{k+1|k}[\boldsymbol{\Sigma}_w{}^{-1}\boldsymbol{F}_k\boldsymbol{\Sigma}_0(\boldsymbol{\Sigma}_{k|k}{}^{-1}\hat{\boldsymbol{X}}_k+\boldsymbol{F}_k{}^{\mathrm{T}}\boldsymbol{\Sigma}_w{}^{-1}\hat{\boldsymbol{X}}_k)-\boldsymbol{\Sigma}_w{}^{-1}\hat{\boldsymbol{X}}_k]$$

d. 根据 $k+1$ 时刻 GPS 卫星与地面观测站之间的位置关系,计算观测矩阵 $\mathbf{A}_{k+1}$,

e. 计算 $\xi_{k+1|k+1}$,则有

$$\boldsymbol{\Sigma}_{k+1|k+1}=[(\boldsymbol{\Sigma}_{k+1|k})^{-1}+\boldsymbol{A}_{k+1}{}^{T}\boldsymbol{\Sigma}_\varepsilon{}^{-1}\boldsymbol{A}_{k+1}]^{-1},$$

$$\boldsymbol{\mu}_{k+1|k+1}=\boldsymbol{\Sigma}_{k+1|k+1}[(\boldsymbol{\Sigma}_{k+1|k})^{-1}\boldsymbol{\mu}_{k+1|k}+\boldsymbol{A}_{k+1}{}^{T}\boldsymbol{\Sigma}_\varepsilon{}^{-1}y_k],$$

对于高斯分布而言,$t$ 时刻 $\boldsymbol{x}_t$ 的最大后验概率估计为均值 $\boldsymbol{\mu}_{t|t}$。因此,将此前电离层观测的信息融合到对当前电离层内部电子密度的估计中,可以获得电离层内部电子密度的最大后验估计 $\boldsymbol{\mu}_{t|t}$。如前文所述,当前研究的关键是如何获取电离层内部像素之间电子密度的相互作用以及随时间变化的函数关系 $f(\cdot)$。

## 6.3 基于协同 Kriging 的电离层 TEC 与地磁场联合建模

地磁场活动与电离层变化之间的关系是电离层物理中尚未解决的难题之一,要彻底解决需从地磁-电离层耦合的物理链条进行系统、深入的研究。但是,地磁场活动和电离层 TEC 变化都是源于太阳扰动,这两者之间又确实存在某种相关关系。电离层结构和变化过程复杂,地球磁场作为电离层变化的一个背景场,对电离层的分布产生着影响。同时,地磁场日变化的一个起因,是电离层高空电流体系的变化。在研究电离层的过程中,通常将地磁场的活动特性作为重要参量进行分析;同时,电离层也影响着地磁场的分布和变化。作为描述电离层结构特征和形态变化的一个重要参量,电离层 TEC 也与地磁场活动有一定的相关关系。地磁场与电离层的相关性,为我们联合建模提供了依据。本节以地磁场为对象,利用电离层 TEC 数据及两者之间的相关性,进行联合建模。从观测数据的角度对信号进行数值建模,结合物理机理,从信号的角度探寻可靠的建模方法。

### 6.3.1 基于协同 Kriging 的数据联合分析

协同 Kriging(克里金)是针对多变量问题提出的估计技术,利用多种数据对另一种数据进

行估计以减小误差，实现最优线性无偏估计[53]。由于无偏、预测方差最小等优势，协同 Kriging 在分析石油储量[54-56]、地下水位[57-60]等领域已经有大量应用。在地质勘探过程中，硬数据(井位数据等)往往非常少，而软数据(地震测线数据等)却相对丰富，协同 Kriging 能够弥补硬数据采样的不足，结合软数据提高估值的准确性[61]。在遥感图像处理中，协同 Kriging 将高分辨率灰度图像与低分辨率多通道图像进行融合，提高多通道图像的空间分辨率[62-63]。由于协同 Kriging 在计算过程中考虑了每一个变量的自相关函数以及不同变量之间的互相关函数等信息，并且在应用时能够融合其他域的信息，在功能上具有很强扩展性[64-65]，目前已经取得了大量的应用。

在地理和地质学领域，协同 Kriging 的应用也较为广泛。徐驰等在监测土壤含水率时，以土壤耕作层的含水率为主变量、土壤表层的含水量为协变量，进行协同 Kriging 联合建模，解决了计算过程中主变量采样点少、变差函数不稳定的问题[66]。向晶等用协同 Kriging 分析了取用水量，并与反距离加权法、普通 Kriging 进行对比分析，证明了协同 Kriging 在应用中的优越性[67]。胡丹桂等以东北地区 1970—2009 年的年均降水量为一个协变量，用协同 Kriging 对该地区的年均湿度建模，结果也优于普通 Kriging[68]。王红等以土壤中的 $Cl^-$ 浓度为主变量、全盐量为协变量，实现了联合建模[69]。于正军等在研究储层物性的空间分布特性时，以孔隙度为主变量、相控因子为协变量，用协同 Kriging 实现了联合建模，提高了孔隙度的模型精度[70]。孙树海等在文献[54]工作的基础上，提出了广义的协同 Kriging。他们用空间相关函数来模拟储层中地震数据与孔隙度的横向变化，考虑了储层物性空间分布的结构性和随机性[71]。Li 等用协同 Kriging，以河流排放数据作为协变量，分析了河流的悬挂沉积物数据，他们利用文献[72]开发的程序，用周、两周、月数据对悬挂沉积物的日变化数据进行插值预测[73]。姜忠朋用协同 Kriging 方法将地震数据和测井数据进行融合，建立了精确的速度场。他首先用断层空间恢复法对断层进行修复，再用协同 Kriging 进行插值，得到了更为精确的无偏估计[74]。Journel 等用协同 Kriging 分析了矿藏分布[75]，Liao 等利用协同 Kriging 分析了土壤中阳离子的交换能力[76]，均取得了较好的效果。毕经武用协同 Kriging 分析了表面温度场，成功提取了中尺度涡[77]。

类似于地质勘探过程，在地磁场的分析过程中，观测台站的数量有限，硬数据较少，而传统经验模型往往可以提供丰富的计算结果，即所谓的软数据。基于以上讨论，考虑用协同 Kriging方法，借助 JPL－GIM 模型的电离层 TEC 数据辅助分析地磁场，实现地磁数据与电离层数据的联合分析。

1. 协同 Kriging 理论模型

为简化起见，本节以两个变量的协同 Kriging 估值为例，介绍协同 Kriging 估计的原理。假设在研究区域 $A$ 内的两个变量分别为 $Z_1(x)$ 和 $Z_2(y)$，定义其中的 $Z_1(x)$ 为协变量。它们的观测点分别是 $Z_1(x_i)(i=1,2,\cdots,N)$ 和 $Z_2(y_i)(j=1,2,\cdots,M)$ 对于区域 $A$ 中的任意一个点 $x$，其主变量的协同 Kriging 估计值可以表示为

$$Z_1^*(x)=\sum_{i=1}^{N}\lambda_i Z_1(x_i)+\sum_{j=1}^{M}\xi_j Z_2(y_j),x,y\in A \tag{6-18}$$

式(6－18)中，权重系数 $\lambda_i$ 和 $\xi_j$ 可以由协同 Kriging 方程组求出，即

$$\left.\begin{aligned}&\sum_{i=1}^{N}\lambda_i\boldsymbol{C}_{11}(x_i,x_j)+\sum_{i=1}^{M}\xi_i\boldsymbol{C}_{12}(x_i,y_j)+\mu_1=\boldsymbol{C}_{11}(x_0,x_j)\quad(j=1,2,\cdots,N)\\&\sum_{i=1}^{N}\lambda_i\boldsymbol{C}_{12}(x_i,x_j)+\sum_{i=1}^{M}\xi_i\boldsymbol{C}_{22}(x_i,y_j)+\mu_2=\boldsymbol{C}_{12}(x_0,x_j)\quad(j=1,2,\cdots,M)\\&\sum_{i=1}^{N}\lambda_i=1\\&\sum_{i=1}^{N}\xi_i=0\end{aligned}\right\}\tag{6-19}$$

式中，$\boldsymbol{C}_{11}(x_i,y_j)$、$\boldsymbol{C}_{22}(y_i,y_j)$ 及 $\boldsymbol{C}_{12}(x_i,y_j)$ 分别为主变量各信号之间的协方差函数、协变量各信号之间的协方差函数，以及主变量和协变量的交叉协方差函数，$\mu_1$、$\mu_2$ 是 Lagrange 乘子。也可以用变差函数替换协方差函数，得到变差函数形式的方程组，即

$$\left.\begin{aligned}&\sum_{i=1}^{N}\lambda_i\gamma_{11}(x_i,x_j)+\sum_{i=1}^{M}\xi_i\gamma_{12}(x_i,y_j)+\mu_1=\gamma_{11}(x_0,x_j)\quad(j=1,2,\cdots,N)\\&\sum_{i=1}^{N}\lambda_i\gamma_{12}(x_i,y_j)+\sum_{i=1}^{M}\xi_i\gamma_{22}(y_i,y_j)+\mu_2=\gamma_{12}(x_0,y_j)\quad(j=1,2,\cdots,M)\\&\sum_{i=1}^{N}\lambda_i=1\\&\sum_{i=1}^{N}\xi_i=0\end{aligned}\right\}\tag{6-20}$$

式中，$\gamma_{11}(x_i,y_j)$，$\gamma_{22}(x_i,y_j)$，$\gamma_{12}(x_i,y_j)$ 分别是主变量变差函数、协变量变差函数以及变量之间的交叉变差函数。由方程组(6－19)或(6－20)解得权重系数 $\lambda_i$ 和 $\xi_j$，代入式(6－18)可以计算待估值点处的主变量估计值。

协同 Kriging 应用中的问题在于，交叉协方差函数 $\boldsymbol{C}_{12}(x_i,y_j)$、交叉变差函数 $\gamma_{12}(x_i,y_j)$ 的推导和计算都很复杂[78]，即使求出了交叉协方差函数或交叉变差函数，Kriging 方程组在计算时也容易遇到奇异矩阵的问题，使得 Kriging 方程组无解。为此，人们用减少协变量采样点的办法，使得矩阵中各样本值有较大的差异，避免矩阵奇异，进而提出了同位协同 Kriging 方法，用于更有效插值。

2. 同位协同 Kriging 联合分析

一个始终干扰协同 Kriging 方法的问题是，由协变量密集采样引起的矩阵不稳定。相对于主变量(地磁场数据)而言，协变量(电离层 TEC 数据)的采样更密集，且数据连续性更好、自相关函数更大，前后采样的变化不明显，使得协同 Kriging 方程组(6－19)和(6－20)易产生奇异矩阵，从而导致求逆的过程不稳定。解决这个问题的一个思路是，在对某一点 $x$ 进行估计时，只用到 $x$ 处的协变量，即在式(6－18)中令 $M=1$，从而降低协变量的空间连续性，去除冗余数据。由此提出了同位 Kriging 的一个简化形式，同位协同 Kriging(Collocated CoKriging)。

同位协同 Kriging 是对协同 Kriging 的简化，在对协变量进行采样时，只用到了估值点 $x$ 处的协变量，从而简化了计算。协变量采样点与估值点位置相同，是同位协同 Kriging 名称的

具体含义[79-80]。相比于式(6-18)，同位协同 Kriging 的估计值为

$$Z_1^*(x) = \sum_{i=1}^{N}\lambda_i Z_1(x_i) + \xi Z_2(x), x \in A \tag{6-21}$$

而同位协同 Kriging 的方程组可以写成[81]

$$\left.\begin{aligned}&\sum_{i=1}^{N}\lambda_i \boldsymbol{C}_{11}(x_i,x_j) + \xi\boldsymbol{C}_{12}(x_0,x_j) = \boldsymbol{C}_{11}(x_0,x_j) \quad (j = 1,2,\cdots,N)\\&\sum_{i=1}^{N}\lambda_i \boldsymbol{C}_{12}(x_i,x_j) + \xi\boldsymbol{C}_2(0) = \boldsymbol{C}_{12}(0) \quad (j = 1,2,\cdots,N)\end{aligned}\right\} \tag{6-22}$$

其中自协方差 $\boldsymbol{C}_{11}(x_i,x_j)$ 和 $\boldsymbol{C}_{12}(x_i,x_j)$ 容易得到，关键在于求取变量间的交叉协方差函数 $\boldsymbol{C}_{12}(x_i,x_j)$，而 $\boldsymbol{C}_{12}(x_i,x_j)$ 可以通过以下的模型来近似[82]，有

$$\boldsymbol{C}_{12}(x_i,x_j) = \beta\boldsymbol{C}_{11}(x_i,x_j) \tag{6-23}$$

其中，$\beta = P_{12}(0)\sqrt{\boldsymbol{C}_2(0)/\boldsymbol{C}_1(0)}$，$\boldsymbol{C}_1(0)$ 和 $\boldsymbol{C}_2(0)$ 是主变量、协变量各自的方差，$P_{12}(0)$ 是同位的主变量和协变量之间的线性相关系数。当 $P_{12}(0) = 0$ 时，$\xi = 0$，待估计值处的电离层信息被忽略；当 $P_{12}(0) = 1$ 时，$\lambda = 0$，估计值等同于同位的电离层提供的信息。这样只需要计算线性相关系数 $P_{12}(0)$，就可以通过式(6-23)得到交叉变差函数 $\boldsymbol{C}_{12}(x_i,x_j)$，避免了直接计算 $\boldsymbol{C}_{12}(x_i,x_j)$ 时的烦琐过程。该方法既考虑了地磁场与电离层数据的相关性，又充分运用了采样点之间的地质统计特征。

当前，同位协同 Kriging 已经在很多领域得到应用。张丽红等利用同位协同 Kriging，将地震振幅作为协变量，对桃园矿区的煤层厚度进行建模，其估计结果与已知的钻孔探测资料相吻合[83]。刘文岭等以地震主频数据为协变量，用同位协同 Kriging 对砂岩厚度实现了联合建模[78]。陈建阳等以多个地震属性为协变量，用同位协同 Kriging 分析了鄂尔多斯盆地大牛地气田河的砂体厚度[84]。李少华等以煤储层的孔隙度为主变量、灰分产率为协变量，实现了联合建模[85]。李玉君等用同位协同 Kriging 对自然伽马场和自然电位场进行联合建模，并以此为依据研究岩相构造，有效弥补了井间信息的不足[86]。

本章使用地磁场数据作为主变量，电离层 TEC 数据作为协变量，用同位协同 Kriging 对地磁场和电离层信息进行联合分析。同位协同 Kriging 要求在所有估值点处获得对应的电离层 TEC 数据的值，这可以通过 JPL-GIM 模型解算得到。

3. 插值实验和交叉验证

1)实验数据预处理

对地磁场进行分析，采用的数据是中国地磁台网中的 32 个观测台站(中国地磁台网现有 37 个台站，呼和浩特、昌黎、西昌、泉州、广州共 5 个台站的数据未获取，其余 32 个台站的数据用于本书实验)从 2002 年 1 月 1 日到 2002 年 9 月 30 日，共 273 天的地磁场 $Z$ 分量日均值序列。实验中，计算某一时刻 $t$ 的值，用其前 20 d 的观测量建立数据库，即用区间$[t-20,t-1]$内的所有观测值进行分析。

地磁场的记录数据中，含有一些季节性的积累误差，在插值之前，应该首先对这些成分进行拟合、消除。Kriging 与时空 Kriging 方法都应该满足二次平稳假设，即研究区域内的区域化变量应先符合以下两个条件：

a. 对于任意点 $x$，区域化变量 $Z(x)$ 的数学期望等于常数；

b. 对任意 $x$ 和 $h$，$Z(x)$ 的协方差函数 $\mathrm{Cov}[Z(x),Z(x,h)]$ 存在且只与两点间距离 $h$ 有关。

因此,先对每个台站的时间序列进行标准化,以使数据独立不相关[87]。

预处理分为以下两步:

a. 各台站的积累误差都不相同,对各台站分别进行拟合,得到趋势项,再进行消除,从而得到余项 $\varepsilon_i(t)$ 。

$$z_i(t) = \text{trend}_i(t) + \varepsilon_i(t), i = 1,2,\cdots,N \tag{6-24}$$

b. 用各自的均值、方差对余项 $\varepsilon_i(t)$ 进行标准化,有

$$\mu_i(t) = \frac{\varepsilon_i(t) - E[\varepsilon(t)]}{\delta[\varepsilon(t)]}, i = 1,2,\cdots,N \tag{6-25}$$

采用电离层 TEC 作为协变量,对地磁场进行协同分析。TEC 数据由 JPL - GIM 模式计算得到[88]。

对同时段(2002 年 1 月 1 日—2002 年 9 月 30 日)的电离层 TEC 数据进行采集、计算,得到日均值序列。为使数据满足二次平稳条件,先对 TEC 数据进行消除趋势项和标准化预处理。以满洲里和银川台站位置的 TEC 数据为例,其预处理的过程如图 6-9、图 6-10 所示。

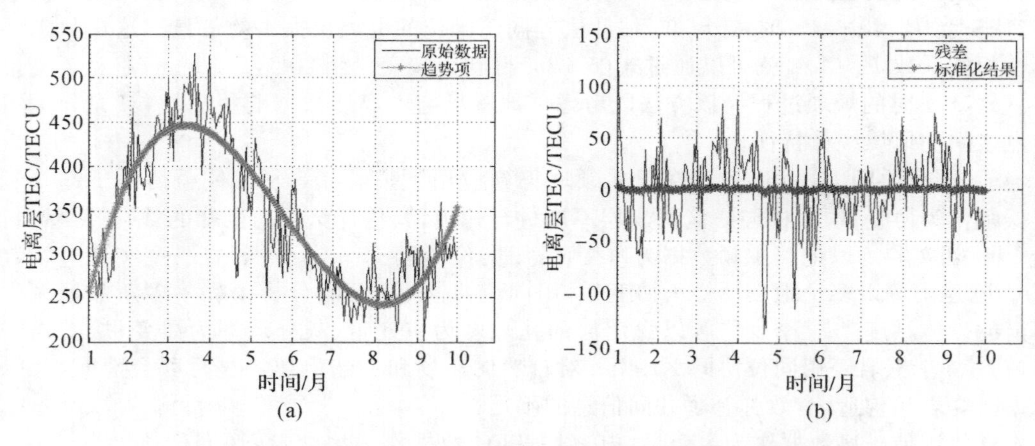


图 6-9 满洲里地磁台(MZL)处 TEC 数据的预处理过程

(a)原始数据及拟合的趋势项;(b)拟合余项及其标准化结果

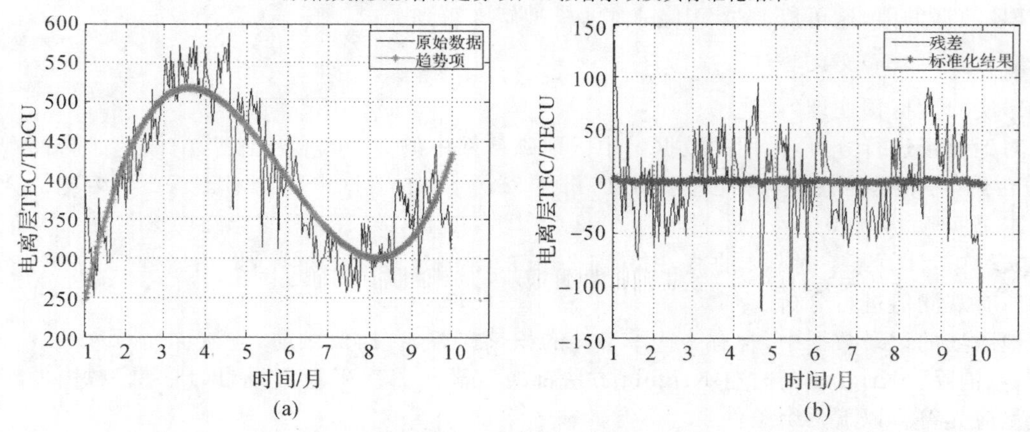


图 6-10 银川地磁台(YCB)处 TEC 数据的预处理过程

(a)原始数据及拟合的趋势项;(b)拟合余项及其标准化结果

两个台站处电离层 TEC 数据在预处理前后的自相关函数如图 6－11 所示。预处理之后，自相关函数在非零点处能够迅速减小，且速度远大于原始数据。由此可见，预处理后数据的平稳性增加，使得数据能更好地满足 Kriging 方法要求的二次平稳条件。

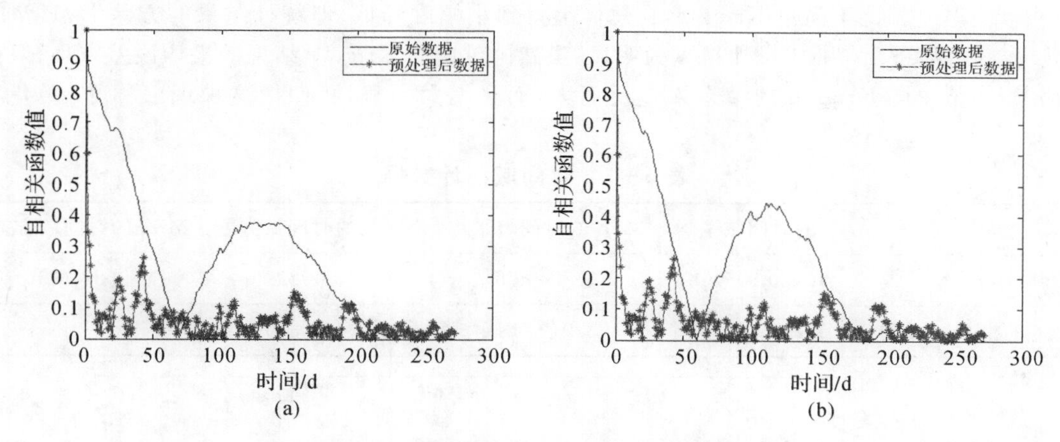


图 6－11　地磁台站处电离层 TEC 的自相关函数图

(a) MZL；(b) YCB

图 6－12 是 2002 年 1 月 1 日—2002 年 9 月 30 日的每一天里，电离层 TEC 数据与地磁场数据的相关系数的绝对值，其定义为

$$r=\left|\frac{\sum_{i=1}^{n}(x_i-E(x))(y_i-E(y))}{\sqrt{\sum_{i=1}^{n}(x_i-E(x)^2)\cdot\sum_{i=1}^{n}(y_i-E(y))^2}}\right| \tag{6-26}$$

相关系数反映了数据之间的线性相关程度。由图 6－12 可知，在大部分时间里，相关系数的绝对值集中在[0.3，0.8]的区间内，数据间有相关性，但线性相关的程度不大。

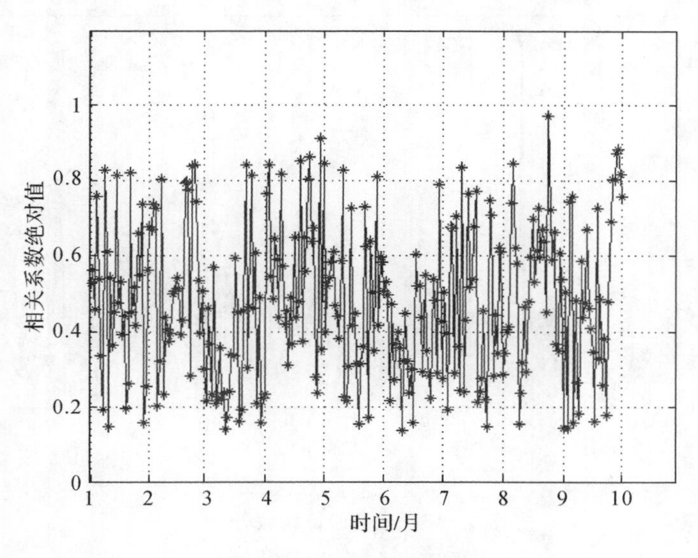


图 6－12　变量间的相关系数

2)结果分析

用同位协同 Kriging 的方法,以地磁场观测数据为主变量、电离层 TEC 为协变量,对地磁场进行插值预测,并将交叉验证的结果与简单 Kriging 的结果进行对比,见表 6-1。同位协同 Kriging 的误差相比于简单 Kriging,在总体上得到小幅度降低,但统计结果的方差大幅增加。这种现象在图 6-13(b)中反映得更为明显:虽然同位协同 Kriging 结果的平均误差减小,但在个别点,同位协同 Kriging 的结果误差反而大,而且增大明显,我们把这种现象称为"误差激增"。

**表 6-1 时间域统计数据**

| 方法 | MAE 的时间域平均 | MSE 的时间域平均 | MAE 的时间域方差 | MSE 的时间域方差 |
|---|---|---|---|---|
| Kriging | 1.420 805 | 3.795 456 | 0.082 299 | 3.082 178 |
| 同位协同 Kriging | 1.219 532 | 3.012 561 | 0.132 835 | 5.247 455 |

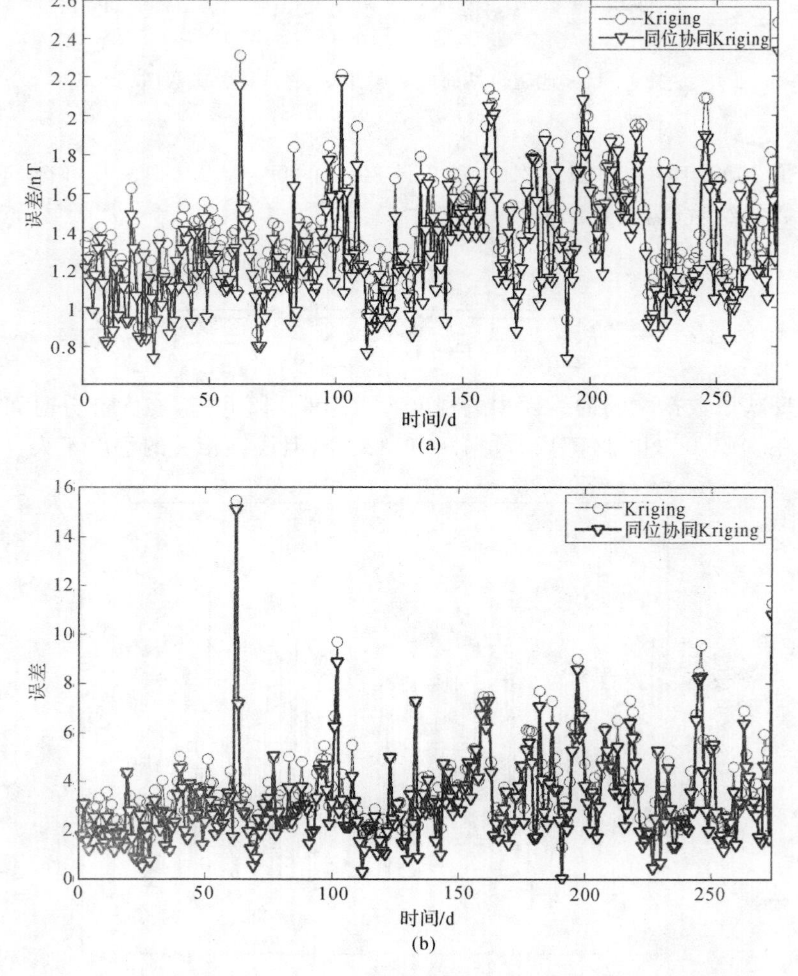


图 6-13 交叉验证误差分布

(a) MAE;(b) MSE

在每一个时间点处，用简单 Kriging 的误差结果减去同位协同 Kriging 的误差结果，得到的差值反映了方法改进的幅度。将差值与相关系数放在一起进行对比，如图 6-14 所示。差值虽然与相关系数的量纲不同，但变化的趋势存在很强的一致性。分析原因可知，在主变量与协变量相关系数大的点，较好的相关性使得数据融合的效果更好，同位协同 Kriging 的优势更加明显，估值误差减小更多，性能的差异则更大，反映在图 6-14 中的差值也更大；在相关性小的点，同位协同 Kriging 的优势非但不明显，反而降低了估值精度，在部分点处甚至出现了误差激增、大于简单 Kriging 的情况。由图 6-14 中的结果可知，同位协同 Kriging 的时间域方差相对较大，是因为同位协同 Kriging 的插值结果依赖于数据间的相关性，该方法不具备统计意义的稳定性。

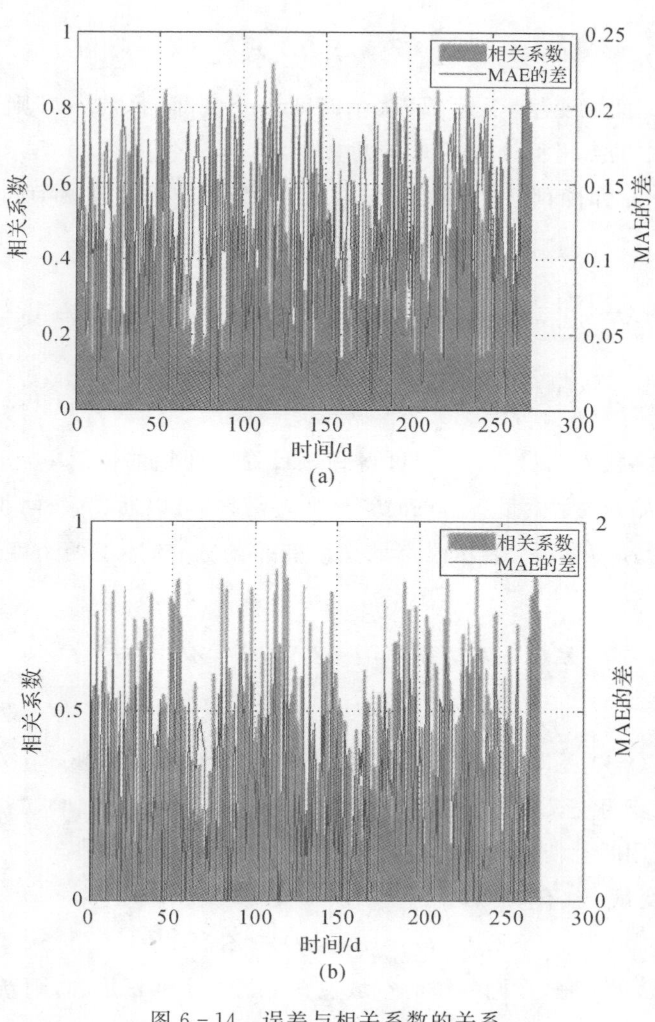


图 6-14 误差与相关系数的关系

(a) MAZ；(b) MSE

（彩图见彩插图 6-14）

### 6.3.2 基于时空协同 Kriging 的联合分析

本小节在协同 Kriging 的基础上，考虑地磁场与电离层信号的时间域特性，在时空域中用电离层信号作为协变量分析地磁场，因此，先对协同 Kriging 进行时空域扩展，在时间-空间域中定义协同 Kriging 方法。

1. 协同 Kriging 的时空域扩展

时空协同 Kriging 是在协同 Kriging 算法的基础上，引入时间域的连续性与相关性。假设在时空域的邻域 $L(r_s, r_t)$（$r$ 表示邻域的半径）中，共有 $N_1$ 个主变量和 $N_2$ 个协变量参与到某一点 $(s,t)$ 的估值计算，则时空协同 Kriging 的插值公式为

$$Z_{1ST}^{*}(s,t) = \sum_{i=1}^{N_1} \lambda_i Z_{1ST}(s_i, t_i) + \sum_{j=1}^{N_2} \xi_i Z_{2ST}(s_j, t_j) \tag{6-27}$$

式中，下标“$S$”表示空间域变量，下标“$T$”表示时间域变量，而下标“$ST$”则表示时空联合域的变量；$s$ 表示空间域中的点坐标；$t$ 表示时间域中的点坐标；$Z_{1ST}(s_i, t_i)$ 表示主变量在邻域中的采样点，空间位置为 $s_i$，时间域位置为 $t_i$；$Z_{2ST}(s_j, t_j)$ 为协变量在邻域中的采样点。则可以通过方程组：

$$\left.\begin{aligned} \sum_{i=1}^{N_1} \lambda_i \gamma_{11}(h_{Si}, h_{Tj}) + \sum_{i=1}^{N_1} \xi_i \gamma_{12}(h_{Si}, h_{Tj}) + \mu_1 = \gamma_{11}(h_{S0}, h_{Tj}) \quad (j = 1, 2, \cdots, N_2) \\ \sum_{i=1}^{N_1} \lambda_i \gamma_{12}(h_{Si}, h_{Tj}) + \sum_{i=1}^{N_1} \xi_i \gamma_{22}(h_{Si}, h_{Tj}) + \mu_2 = \gamma_{12}(h_{S0}, h_{Tj}) \quad (j = 1, 2, \cdots, N_2) \end{aligned}\right\} \tag{6-28}$$

计算权重 $\lambda$ 和 $\xi$，代入式(6-27)即可得到该点处主变量的值 $Z_{ST}^{*}(s,t)$。式(6-28)中，$\gamma_{11}(h_S, h_T)$、$\gamma_{22}(h_S, h_T)$ 表示变量各自的时空域变差函数，可以通过采样、拟合等步骤，结合已有模型计算得到，而 $\gamma_{12}(h_S, h_T)$ 表示时空域交叉变差函数，描述了两个变量交叉的时空域连续性，其定义为

$$\hat{\gamma}_{12}(h_S, h_T) = \frac{1}{2} E[Z_1(s+h_S, t+h_T) - Z_1(s,t)][Z_2(s+h_S, t+h_T) - Z_2(s,t)] \tag{6-29}$$

式中，$Z_1(s,t)$ 和 $Z_2(s,t)$ 是时空域中同一位置上的两个不同的变量。在实际的计算过程中，直接用式(6-29)来获得交叉变差函数的时空域分布是困难的。如何求取变量之间的时空域交叉变差函数，是使用时空协同 Kriging 的关键。

定义一个新的变量[89]，有

$$Z_{12}^{*}(s,t) = Z_1(s,t) + Z_2(s,t) \tag{6-30}$$

式中 $Z_{12}^{*}(s,t)$ 的实际意义是，在同一个时空域位置上的两个变量之和，则新变量 $Z_{12}^{*}(s,t)$ 的变差函数为

$$\gamma_{12}^{*}(h_S, h_T) = \frac{1}{2} E\{[Z_{12}^{*}(s+h_S, t+h_T) - Z_{12}^{*}(s,t)]^2\} \tag{6-31}$$

$\gamma_{12}^{*}(h_S, h_T)$ 与式(6-31)中的变差函数 $\gamma_{11}(h_S, h_T)$、$\gamma_{22}(h_S, h_T)$ 及交叉变差函数 $\gamma_{12}(h_S,$

$h_T$）之间，存在着以下关系，即

$$\begin{aligned}\gamma_{12}(h_S,h_T) &= \frac{1}{2}E\{\{[Z_1(s+h_S,t+h_T)+Z_2(s+h_S,t+h_T)]- \\ &\quad [Z_1(s,t)+Z_2(s,t)]\}^2\} = \\ &\quad \gamma_{11}(h_S,h_T)+\gamma_{22}(h_S,h_T)]+2\gamma_{12}(h_S,h_T)]\end{aligned} \tag{6-32}$$

可得

$$\gamma_{12}(h_S,h_T) = \frac{1}{2}[\gamma_{12}^*(h_S,h_T)-\gamma_{11}(h_S,h_T)-\gamma_{22}(h_S,h_T)] \tag{6-33}$$

根据式(6-33)，要求出 $\gamma_{12}(h_S,h_T)$，只需要分别计算 $\gamma_{12}^*(h_S,h_T)$，$\gamma_{11}(h_S,h_T)$ 与 $\gamma_{22}(h_S,h_T)$ 的分布即可。

2. 时空协同 Kriging 的计算过程

在时空协同 Kriging 方法中，地磁场数据的时间采样间隔为 1 d，而 JPL-GIM TEC 数据的时间间隔为 2 h。主变量和协变量都是连续变化的物理过程，过高的采样精度使得 Kriging 方程组(6-28)中矩阵中相邻项的差异不明显，在求逆时易产生奇异解。因此，借鉴同位协同 Kriging 的处理思路，我们将 TEC 数据的时间间隔调整为 1 d，空间上取与地磁观测台站地理位置相同的点，使得变量差异较为明显，以避免奇异矩阵的问题。采样点相对少的另一个优势在于，减少机器的计算负担。

实验中，取数据库长度为 20 d，即每次计算 $t$ 时刻的主变量时，时间区间 $[t-20,t-1]$ 内的所有观测值都纳入数据库。先分别计算主变量、协变量及联合变量 $\gamma_{12}^*(s,t)$ 的时空域变差函数 $\gamma_{11}(h_S,h_T)$，$\gamma_{12}(h_S,h_T)$ 与 $\gamma_{12}^*(h_S,h_T)$，再利用式(6-33)计算得出交叉协变差函数的时空域表达式 $\gamma_{12}(h_S,h_T)$。将以上各参量代入时空协同 Kriging 方程组(6-28)，最终计算得到时空域中某一点处主变量(地磁场)的值。

1)各变量时空域变差函数的构建

构建主变量(地磁场)时空域变差函数 $\gamma_{11}(h_S,h_T)$，经过了拟合条件变差函数、用 Product-Sum 模型计算时空联合域变差函数等步骤，计算得到时空变差函数的理论分布。本小节重点阐述协变量及联合变量 $Z_{12}^*(s,t)$ 构建时空域变差函数的过程。

(1)协变量时空域变差函数的构建。用式(6-32)分别估计协变量在空间域和时间域的条件变差函数，并进行拟合。先从变差函数估计值的分布形状判断，空间域变差函数接近于 Gauss 分布，时间域变差函数符合 index 分布。对函数的参数进行拟合，得到空间域条件变差函数和时间域条件变差函数分别为

$$\left.\begin{aligned}\gamma_S(h_S,0) &= 0.004\,797+0.015\,264\left[1-\exp\left(-\frac{(3h_S)^2}{38.724\,086^2}\right)\right] \\ \gamma_S(0,h_T) &= 0.415\,335+0.669\,489\left[1-\exp\left(-\frac{3h_T}{35.039445}\right)\right]\end{aligned}\right\} \tag{6-34}$$

拟合结果如图 6-15 所示。利用条件分布函数来构建时空域变差函数，采用 Product-Sum 模型进行计算，$C_{ST}(0)$ 取实际变差函数的最大值 1.200 759[87]。

协变量时空域变差函数 $\gamma_{22}(h_S,h_T)$ 的分布如图 6-16 所示。

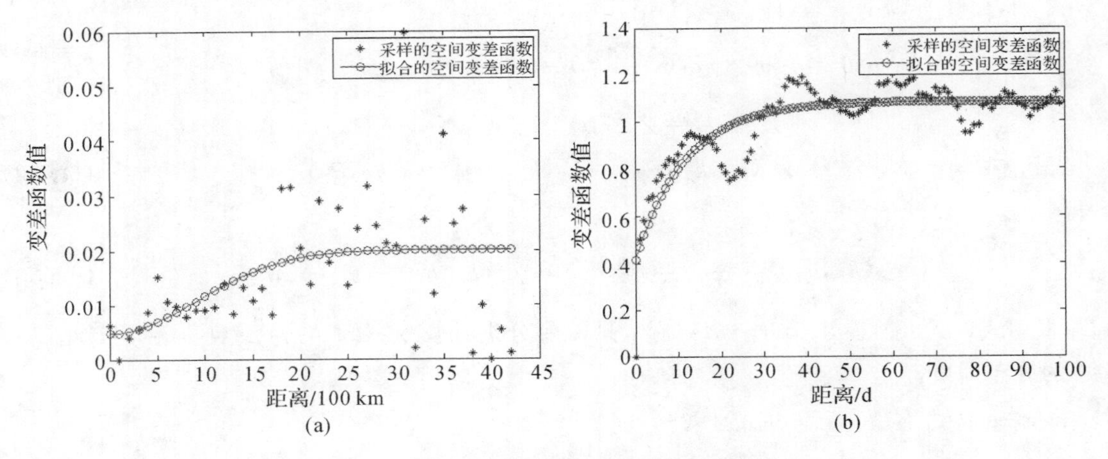


图 6-15 协变量的条件变差函数拟合结果

(a) 空间变差函数；(b) 时间变差函数

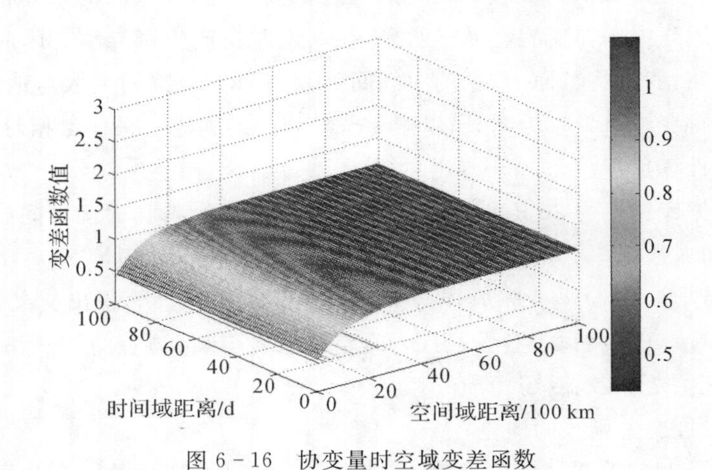


图 6-16 协变量时空域变差函数

(彩图见彩插图 6-16)

(2)联合变量时空域变差函数的构建。对于式(6-30)定义的新的时空变量 $Z_{12}^{*}(s,t)$，用下式分别估计空间域和时间域的条件变差函数，即

$$\left.\begin{aligned}\hat{\gamma}_{ST}(h_S,0)&=\frac{1}{2N}\sum_{i=1}^{N}[Z(x_i)-Z(x_i+h_S)]^2\\\hat{\gamma}_{ST}(0,h_T)&=\frac{1}{2M}\sum_{j=1}^{M}[Z(t_j)-Z(t_j+h_T)]^2\end{aligned}\right\}\qquad(6-35)$$

根据采样数据的实际分布判断，空间域变差函数接近于球形函数分布，时间域变差函数也接近球形函数的分布。分别对空间域和时间域变差函数进行拟合，可得

$$\gamma_S(h_S,0)=0.002\,574+0.031\,040\left[\frac{3}{2}\times\frac{h_S}{24.950\,916}-\frac{1}{2}\left(\frac{h_S}{24.950\,916}\right)^3\right]$$

$$\gamma_T(0,h_T)=1.005\,216+1.227\,815\left[\frac{3}{2}\times\frac{h_T}{61.992\,035}-\frac{1}{2}\left(\frac{h_T}{61.992\,035}\right)^3\right]$$

拟合如图 6-17 所示。

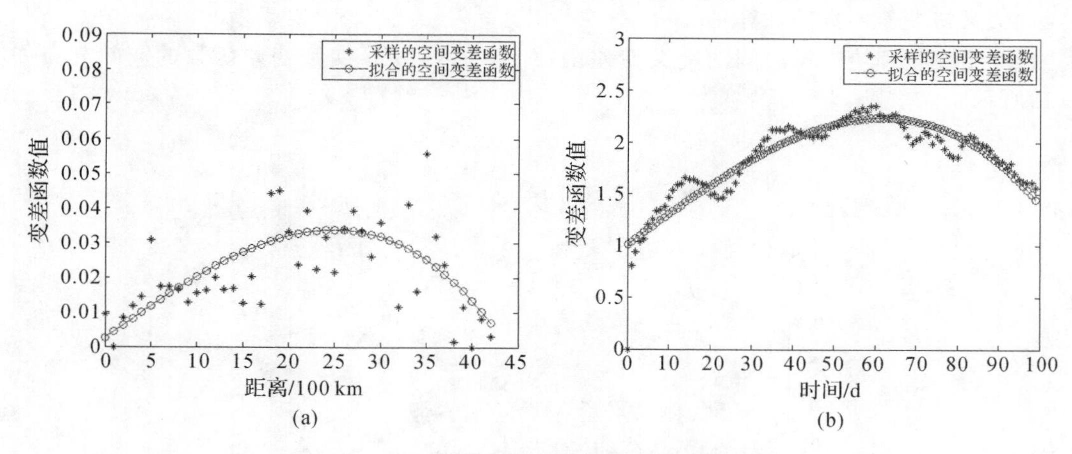


图 6 - 17　联合变量的条件变差函数拟合结果

(a) 空间变差函数；(b) 时间变差函数

利用条件分布函数来构建时空域变差函数，采用 Product - Sum 模型进行计算，$C_{ST}(0)$ 取实际变差函数的最大值 2.243 855[90]。得到时空变差函数为

$$\gamma_{12}^{*}(h_S,h_T)=\gamma_S(h_S)+\gamma_T(h_T)-0.241070\gamma_S(h_S)\gamma_T(h_T)=$$

$$1.007166+0.023518\left[\frac{3}{2}\times\frac{h_S}{24.950916}-\frac{1}{2}\left(\frac{h_S}{24.950916}\right)^3\right]+$$

$$1.227053\left[\frac{3}{2}\times\frac{h_S}{61.992035}-\frac{1}{2}\left(\frac{h_S}{61.992035}\right)^3\right]-$$

$$0.009186\cdot\left[\frac{3}{2}\times\frac{h_S}{24.950916}-\frac{1}{2}\left(\frac{h_S}{24.950916}\right)^3\right]\cdot$$

$$\left[\frac{3}{2}\times\frac{h_T}{61.992035}-\frac{1}{2}\left(\frac{h_T}{61.992035}\right)^3\right]\qquad(6-36)$$

$\gamma_{12}^{*}(h_S,h_T)$ 的空间分布如图 6 - 18 所示。

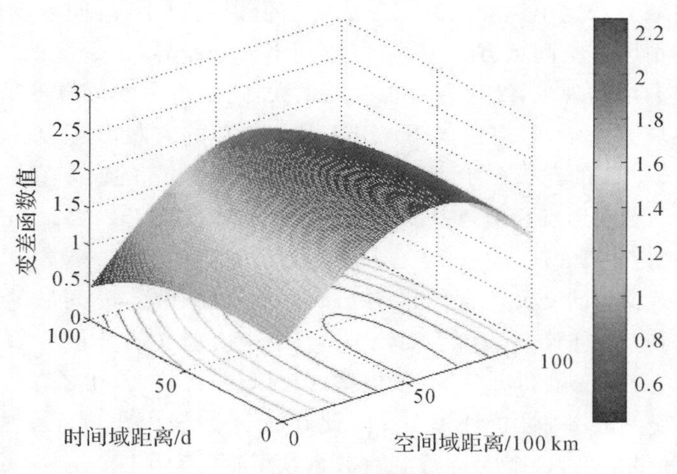


图 6 - 18　联合变量时空域变差函数

(彩图见彩插图 6 - 18)

2)交叉协变差函数的计算

计算主变量和协变量之间的交叉变差函数 $\gamma_{12}(h_S, h_T)$。交叉变差函数的空间分布如图 6-19所示。

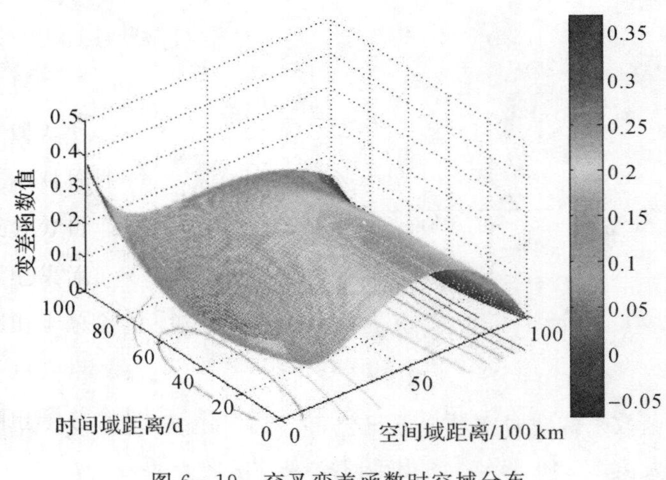


图 6-19　交叉变差函数时空域分布

(彩图见彩插图 6-19)

将 $\gamma_{11}(h_S, h_T)$,$\gamma_{22}(h_S, h_T)$ 与 $\gamma_{12}(h_S, h_T)$ 作为时空协同 Kriging 方程组(6-18)的输入,计算各组权重系数的值,计算得到主变量 $Z_{1ST}^*(s,t)$ 的时空域协同 Kriging 估计值。

3. 结果分析

以中国地磁台网 32 个台站的地磁场 $Z$ 分量的观测数据作为主变量,应用 JPL-GIM 的 TEC 数据作为协变量,通过联合建模估计地磁场 $Z$ 分量在某一时刻某点处的值。用交叉验证的方法进行结果验证,并与之前得到的 Kriging、协同 Kriging 以及时空 Kriging 方法进行对比,考察时空协同 Kriging 的估值性能。将各方法在上述时间段内集中比较,如图 6-20 所示,可以看出,时空域方法比单纯的空间域方法的估值误差更小,时间域的相关性使得插值的结果具有相对高的精度。空间域方法中,同位协同 Kriging 比 Kriging 的插值误差小,但在局部点处出现了误差激增的现象,结果方差也因此增大,这是由主变量与协变量在这些点处相关性低引起的。时空域方法中,时空协同 Kriging 误差分布的宏观形态接近于时空 Kriging(见图 6-20),而从图 6-21 的比较中不难发现,时空协同 Kriging 的误差值的总体分布是小于时空 Kriging 结果的。宏观形态相似,说明二者误差在分布上方差较为接近,没有出现误差激增的情况,性能相对稳定。

将时空协同 Kriging 的交叉验证结果与其他方法进行比较,时间域的统计值见表 6-2。从统计数据来看,时空协同 Kriging 的总体误差最小。由前文的分析可知,同位协同 Kriging 的一个主要限制是,受主变量和协变量之间相关性的影响比较大,在二者相关系数绝对值小的情况下,容易产生较大误差,性能不稳定,因此在统计数据中出现了大的方差。在将协同 Kriging 扩展到时间域之后,这个问题得到有效解决。时空协同 Kriging 的统计数据反映出,不仅统计数据的误差平均值减小,方差也大为减小。由分析可知,在时空协同 Kriging 中,主变量的时间域相关性、协变量的时间域相关性,降低了主变量与协变量之间的相关性在计算过程中的比例，结果不再单纯地依赖于变量之间的相关性，因此更加稳定，而各变量的时间域相关性，在计算过程中也有效提高了建模的精度。

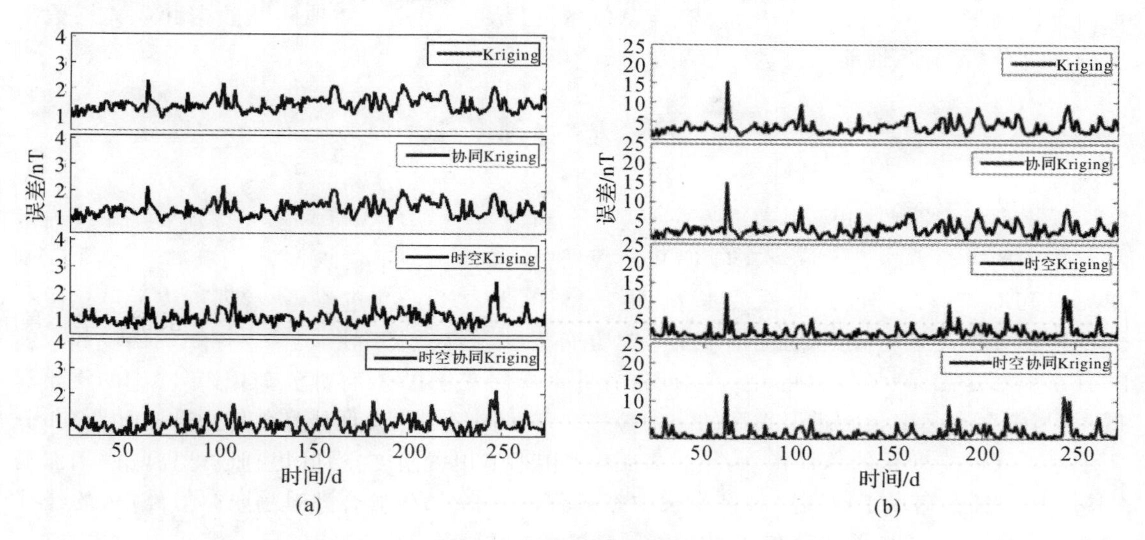


图 6－20　交叉验证误差分布

(a) MAE；(b) MSE

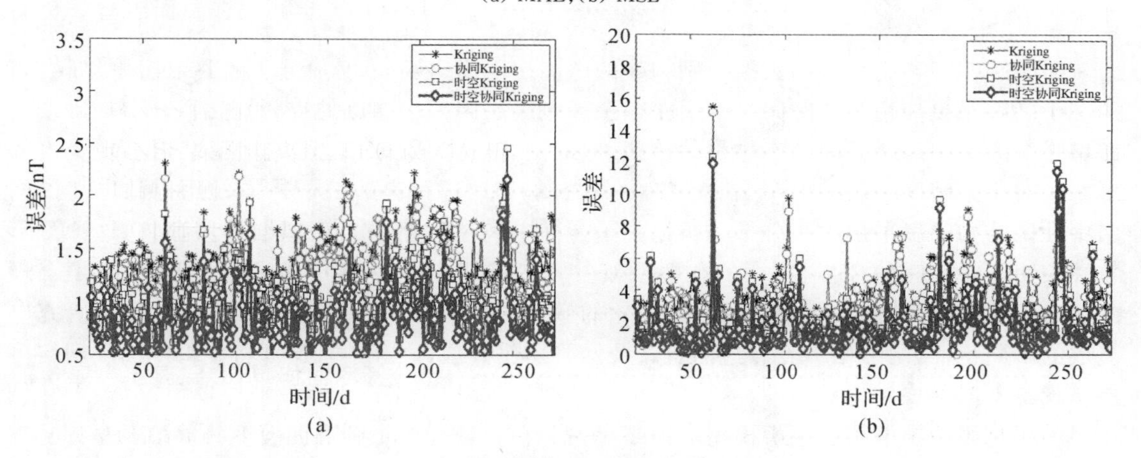


图 6－21　交叉验证结果比较

(a) MAE；(b) MSE

(彩图见彩插图 6－21)

**表 6－2　时间域的统计分析**

| 方法 | MAE 的时间域平均 | MSE 的时间域平均 | MAE 的时间域方差 | MSE 的时间域方差 |
|---|---|---|---|---|
| Kriging | 1.420 805 | 3.795 456 | 0.082 299 | 3.082 178 |
| 同位协同 Kriging | 1.219 532 | 3.012 561 | 0.132 835 | 5.247 455 |
| 时空 Kriging | 1.044 532 | 2.287 708 | 0.093 078 | 3.765 384 |
| 时空协同 Kriging | 0.859 657 | 1.796 023 | 0.097 858 | 3.986 273 |

相比于时空 Kriging 方法，时空协同 Kriging 对地磁场数据和电离层 TEC 数据进行了融合，用电离层 TEC 来协同分析地磁场。这两种方法在方差即结果稳定性方面，性能差异不大，但时空协同 Kriging 的误差平均值减小，总体精度得到了提高。对地磁场数据和电离层数据实施联合分析之后，性能的改进比较明显。

## 6.4 本章小结

受多种因素影响，电离层表现为在空间上分布的复杂系统，复杂网络是描述复杂系统内部相互作用的重要方法。本章对来自 CODE 数据中心的 2012 年全球 VTEC 电离层不同 GIM 单元 VTEC 变化之间的因果关系进行建模，先利用 2012 年全年的 GIM 数据构建了电离层有向网络并分析其结构特点，对网络度的幂律分布假设检验结果表明，电离层网络的出度和入度的分布都不是无标度的；因此，各个空间位置的电离层变化在电离层动态过程传播中的重要程度相似，不存在起着异常重要作用的空间位置。基于网络中边在经线和纬线方向上的距离，分析了电离层时空变化的传播特性，结果表明电离层网络中的边主要存在于地理空间中相邻的 GIM 单元之间，揭示了电离层时空变化动态过程的传播主要服从就近原则。另外，边的经线和纬线方向上距离的联合分布表明，电离层动态过程沿经线方向传播比沿纬线方向更高效。我们还发现电离层网络具有明显的小世界结构，这使得电离层网络中的信息传播更加高效和稳定。

对于 2012 年 12 个月的数据分别构建的电离层网络，检测和分析了其社区和分形结构，目的在于能够在更加精细的时间尺度上获得全球电离层因果信息流的空间变化特征。地磁场能够增强电离层中经线方向动态过程的传播，造成网络中中低纬度地区的社区结构呈现竖直的形状。对于高纬度地区的电离层时空变化来说，基于地理距离的粒子扩散作用导致电离层网络中社区结构的扁平形状。分形分析揭示了全球电离层网络中自相似结构的存在，这种分形特性表明，利用其他空间位置上的电离层观测对特定位置上电离层 VTEC 进行预测是合理的。总而言之，复杂网络为电离层时空变化的研究提供了一个独特的视角，同时，为了研究电离层的不同特征，网络中节点和边的定义及网络构建方法可能不同，这都将使得电离层网络可能呈现出不同形式。

为了克服传统电离层层析模型非时变的局限性，本章尝试利用扩展 Kalman 滤波对电离层层析方法进行改进，并利用因子图上的高斯信息传递来降低计算量，进而实现基于扩展 Kalman 滤波的电离层内部电子密度的最大后验估计。当前问题的关键在于构建电离层内部电子密度变化的函数，这将是我们下一步研究的重点。电离层内部电子密度的层析反演作为一种深入研究电离层的内部结构的技术，仍然是需要进一步研究的重要领域。

本章用协同 Kriging 的方法对地磁场数据和电离层 TEC 数据进行了融合分析。以中国地磁台网观测数据为主变量、JPL－GIM 的电离层 TEC 数据为协变量，用同位协同 Kriging 方法进行联合建模，相对于完全用地磁场数据建模，取得了较高的精度；在此基础上，对协同 Kriging 进行时空域扩展，并用时空协同 Kriging 方法对数据进行分析。时空协同 Kriging 有效克服了协同 Kriging 的不足，使得模型的稳定性及精度提高。

# 参 考 文 献


[1] KOLLER D, FRIEDMAN N. Probabilistic graphical models: principles and techniques [M]. Cambridge: MIT Press, 2009.

[2] MURPHY K P. Machine learning: A probabilistic perspective[M]. Cambridge: MIT Press, 2012.

[3] ZERENNER T, FRIEDERICHS P, LEHNERTZ K, et al. A Gaussian graphical model approach to climate networks[J]. Chaos An Interdisciplinary Journal of Nonlinear Science, 2014, 24(2): 47.

[4] EBERT - UPHOFF I, DENG Y. A new type of climate network based on probabilistic graphical models: Results of boreal winter versus summer[J]. Geophysical Research Letters, 2012, 39(19):19701.

[5] RAMSEY J, GLYMOUR M, SANCHEZ - ROMERO R, et al. A million variables and more: the fast greedy equivalence search algorithm for learning high - dimensional graphical causal models, with an application to functional magnetic resonance images [J]. International Journal of Data Science and Analytics, 2017, 3(2):121 - 129.

[6] BARABASI A L, ALBERT R. Emergence of scaling in random networks[J]. Science, 1999, 286:509 - 512.

[7] CLAUSET A, SHALIZI C R, NEWMAN M E J. Power - law distributions in empirical data[J]. Siam Review, 2009, 51(4): 661 - 703.

[8] TSONIS A A, SWANSON K L, WANG G. et al. On the role of atmospheric teleconnections in climate[J]. Journal of Climate, 2008, 21(12): 2990 - 3001.

[9] WATTS D, STROGATZ S. Collective dynamics of 'small - world' networks (see comments)[J]. Nature, 1998, 393: 440 - 442.

[10] GALLOS L K, SONG C, MAKSE H A. A review of fractality and self - similarity in complex networks[J]. Physica A: Statistical Mechanics and Its Applications, 2007, 386(2):686 - 691.

[11] ABE S, SUZUKI N. Main shocks and evolution of complex earthquake networks[J]. Brazilian Journal of Physics, 2009, 39: 428 - 430.

[12] JAKOWSKI N, SCHLÜTER S, SARDON E. Total electron content of the ionosphere during the geomagnetic storm on 10 January 1997[J]. Journal of Atmospheric and Solar -Terrestrial Physics, 1999, 61(3 - 4):299 - 307.

[13] HUMPHRIES M D, GURNEY K, PRESCOTT T J. The brainstem reticular formation is a small - world, not scale - free, network[J]. Proceedings of the Royal Society B: Biological Sciences, 2006, 273:503 - 511.

[14] DONGES J F, ZOU Y, MARWAN N, et al. The backbone of the climate network[J]. EPL (Europhysics Letters), 2010, 87(4):48007.

[15] PORTER M A, ONNELA J P, MUCHA P J. Communities in networks[J]. Notices of

the American Mathematical Society, 2009, 56(9):4294 - 4303.

[16] 汪晓帆,李翔,陈关荣.网络科学导论[M].北京:高等教育出版社,2012.

[17] NEWMAN M E J. Spectral methods for community detection and graph partitioning [J]. Physical Review E Statistical Nonlinear & Soft Matter Physics, 2013, 88(4 - 1):042822.

[18] WANG M, WANG C, YU J, et al. Community detection in social networks: an in - depth benchmarking study with a procedure - oriented framework[J]. Proceedings of the VLDB Endowment, 2015, 8(10):998 - 1009.

[19] FORTUNATO S. Community detection in graphs[J]. Physics Reports, 2010, 486(3 - 5):75 - 174.

[20] DANON L, DÍAZ - GUILERA A, ARENAS A. Effect of size heterogeneity on community identification in complex networks[J]. Journal of Statistical Mechanics: Theory & Experiment, 2006(11): 1 - 6.

[21] GIRVAN M, NEWMAN M E J. Community structure in social and biological networks [J]. Proceedings of the National Academy of Sciences of the United States of America, 2002, 99(12): 7821 - 7826.

[22] NEWMAN M E J. Fast algorithm for detecting community structure in networks[J]. Physical Review E Statistical Nonlinear & Soft Matter Physics, 2004, 69: 066133.

[23] NEWMAN M E J. Detecting community structure in networks[J]. European Physical Journal B, 2004, 38(2): 321 - 330.

[24] DANON L, DÍAZ - GUILERA A, ARENAS A. Effect of size heterogeneity on community identification in complex networks[J]. Journal of Statistical Mechanics Theory & Experiment, 2006(11):11010.

[25] AY N, POLANI D. Information flows in causal networks[J]. Advances in Complex Systems, 2008, 11(1): 17 - 41.

[26] ALFVEN H, ARRHENIUS G. Evolution of the solar system[J]. Nasa Special Publication, 1976, 345(6): 27 - 36.

[27] SONG C, HAVLIN S, MAKSE H A. Origin of fractality in the growth of complex networks[J]. Nature Physics APS Meeting, 2006(2): 275 - 281.

[28] ALIMOV V A, VYBORNOV F I, RAKHLIN A V. On fractal properties of small—scale ionospheric irregularities[J]. Radiophysics & Quantum Electronics, 2007, 50 (4):274 - 280.

[29] LOPEZ - MONTES R, PEREZ - ENRIQUEZ R, ARAUJO - PRADERE E A, et al. Fractal and wavelet analysis evaluation of the mid latitude ionospheric disturbances associated with major geomagnetic storms[J]. Advances in Space Research, 2015, 55 (2):586 - 596.

[30] KOZELOV B V, CHERNYSHOV A A, MOGILEVSKY M M, et al. Study of auroral ionosphere using percolation theory and fractal geometry[J]. Journal of Atmospheric and Solar - Terrestrial Physics, 2017, 161: 127 - 133.

[31] CHERNYSHOV A A, MOGILEVSKY M M, KOZELOV B V. Use of fractal approach to investigate ionospheric conductivity in the auroral zone[J]. Journal of Geophysical Research Space Physics, 2013, 118(7):4108 - 4118.

[32] SONG C, HAVLIN S, MAKSE H A. Self - similarity of complex networks[J]. Nature, 2005, 433: 392 - 392.

[33] MOLONTAY R. Fractal characterization of complex networks[D]. Budapest: Budapest University of Technology and Economics, 2015.

[34] 王江涛,杨建梅.复杂网络的分形研究方法综述[J].复杂系统与复杂性科学,2013,10(4):1 - 7.

[35] SONG C,GALLOS L K, HAVLIN S, et al. How to calculate the fractal dimension of a complex network: the box covering algorithm[J]. Journal of Statistical Mechanics Theory & Experiment, 2007(3): 297 - 316.

[36] 闻德保.基于GNSS的电离层层析算法及其应用[M].北京:测绘出版社,2013.

[37] YAO Y, TANG J, CHEN P, et al. An Improved Iterative Algorithm for 3 - D Ionospheric Tomography Reconstruction[J]. IEEE Transactions on Geoscience & Remote Sensing, 2014, 52(8): 4696 - 4706.

[38] 杨帆.基于GPS的区域电离层层析算法及其应用研究[D].沈阳:东北大学,2013.

[39] KAMALABADI F, SHARIF B. Robust regularized tomographic imaging with convex projections[C]. Genova:Proceedings of IEEE International Conference on Image Processing, 2005.

[40] 肖宏波.电离层层析成像及掩星反演方法[D].西安:西安电子科技大学,2007.

[41] JIN S, PARK J U, WANg J L, et al. Electron density profiles derived from ground - based GPS observations[J]. Journal of Navigation, 2006, 59(3): 395 - 402.

[42] RAYMUND T D, AUSTEN J R, FRANKE S J, et al. Application of computerized tomography to the investigation of ionospheric structures[J]. Radio Science, 1990, 25(5): 771 - 789.

[43] 李东.基于地基GPS的长三角地区电离层层析研究[D].青岛:山东科技大学,2008.

[44] 姚宜斌,汤俊,张良,等.电离层三维层析成像的自适应联合迭代重构算法[J].地球物理学报,2014,57(2):345 - 353.

[45] CHEN C H, SAITO A, LIN C H, et al. Medium - scale traveling ionospheric disturbances by three - dimensional ionospheric GPS tomography[J]. Earth Planets & Space, 2016, 68(1):32.

[46] LEE J K, KAMALABADI F, MAKELA J J. Localized three - dimensional ionospheric tomography with GPS ground receiver measurements[J]. Radio Science, 2007, 42(4): 229 - 238.

[47] VOGEL C R, OMAN M E. Fast, robust total variation - based reconstruction of noisy, blurred images[J]. IEEE Transactions on Image Processing, 1998, 7(6):813 - 824.

[48] THOMAS H, TETSURO K, YASUHIRO K. Constrained simultaneous algebraic reconstruction technique (C - SART)- a new and simple algorithm applied to ionospheric

tomography[J]. Earth Planets & Space, 2008, 60(7):727 - 735.

[49] 汤俊,姚宜斌,张良.一种适用于电离层层析成像的 TV - MART 算法[J]. 武汉大学学报(信息科学版),2015,40(7):870 - 876.

[50] KUNITAKE M, OHTAKA K, MARUYAMA T, et al. Tomographic imaging of the ionosphere over Japan by the modified truncated SVD method[J]. Annales Geophyscience, 1995, 13(12):1303 - 1310.

[51] 欧明,甄卫民,於晓,等. 一种基于截断奇异值分解正则化的电离层层析成像算法[J]. 电波科学学报,2014,29(2):345 - 352.

[52] WEN D, YUAN Y, OU J, et al. A hybrid reconstruction algorithm for 3 - D ionosperic tomography[J]. IEEE Transaction on Geoscience & Remote Sensing, 2008, 46(6):1733 - 1739.

[53] WACKERNAGEL H. Collocated Cokriging [M]. Berlin: Springer Berlin Heidelberg, 2003.

[54] DOYEN P M, BUYL M H D, GUIDISH T M. Porosity from seismic data, a geostatistical approach[J]. Exploration Geophysics, 1989, 20(2):245 - 245.

[55] XU W, TRAN T, SRIVASTAVA R, et al. Integrating seismic data in reservoir modeling: The Collocated Cokriging alternative[C]. Washington: SPE Annual Technical Conference and Exhibition, 1992: 833 - 834.

[56] HOHN M. Geostatistics and petroleum geology[M]. Berlin: Springer, 2013.

[57] KITANIDIS P. Introduction to geostatistics: Applications in hydrogeology[M]. Cambridge:Cambridge Cambridge University Press, 1997.

[58] AHMED S, DE MARSILY G. Comparison of geostatistical methods for estimating transmissivity using data on transmissivity and specific capacity[J]. Water Resources Research, 1987, 23(9):1717 - 1737.

[59] YATES S R, WARRICK A W. Estimating soil water content using Cokriging[J]. Soil Science Society of America Journal, 1987, 51(1):23 - 30.

[60] STEIN A, VAN DOOREMOLEN W, BOUMA J, et al. Cokriging point data on moisture deficit[J]. Soil Science Society of America Journal, 1988, 52(5): 1418 - 1423.

[61] 牛文杰,孟完海,李吉刚.结合软数据的同位置协同克里金估值新方法[J].煤田地质与勘探,2011,39(2):13 - 17.

[62] PARDO - IGÚZQUIZA E, CHICA - OLMO M, ATKINSON P M. Downscaling Cokriging for image sharpening[J]. Remote Sensing of Environment, 2006, 102(1):86 - 98.

[63] PARDO - IGÚZQUIZA E, RODRIGUEZ - GALIANO V F, CHICA - OLMO M, et al. Image fusion by spatially adaptive filtering using downscaling cokriging[J]. Isprs Journal of Photogrammetry & Remote Sensing, 2011, 66(3):337 - 346.

[64] PARDO - IGÚZQUIZA E, ATKINSON P M. Modelling the semivariograms and cross - semivariograms required in downscaling CoKriging by numerical convolution - decon-

volution[J]. Computers & Geosciences, 2007, 33(10): 1273 - 1284.

[65] PARDO - IGÚZQUIZA E, ATKINSON P M, CHICA - OLMO M. Dscokri: A library of computer programs for downscaling CoKriging in support of remote sensing applications[J]. Computers & Geosciences, 2010, 36(7): 881 - 894.

[66] 徐驰,曾文治,黄介生,等.基于高光谱与协同克里金的土壤耕作层含水率反演[J].农业工程学报,2014,30(13):94 - 103.

[67] 向晶,孙金彦,张国玉,等.基于协同克里金法的取用水量审核模型[J].计算机与数字工程,2014,42(8):1321 - 1324.

[68] 胡丹桂,舒红.基于协同克里金空气湿度空间插值研究[J].湖北农业科学,2014,25(9):2045 - 2049.

[69] 王红,刘高焕,宫鹏.利用 Cokriging 提高估算土壤盐离子浓度分布的精度——以黄河三角洲为例[J].地理学报,2005,60(3):511 - 518.

[70] 于正军,董冬冬,宋维琪,等.相带控制下协克里金方法孔隙度预测[J].地球物理学进展,2012,27(4):1581 - 1587.

[71] 孙树海,刘雪莹.用地震资料预测孔隙度的广义协克里格法[J].地球物理学报,1993,36(6):798 - 804.

[72] DEUTSCH C, JOURNEL A. Gslib: Geostatistical software library and user's guide [M]. New York: Oxford University Press, 1998.

[73] LI Z, ZHANG Y K, SCHILLING K, et al. Cokriging estimation of daily suspended sediment loads[J]. Journal of Hydrology, 2006, 327(3): 389 - 398.

[74] 姜忠朋.基于井和解释结果建立高精度速度模型[D].北京:中国石油大学,2004.

[75] JOURNEL A G, HUIJBREGTS C. Mining geostatistics[M]. Manhattan: Academic Press, 1978.

[76] LIAO K H, XU S H, WU J C, et al. CoKriging of soil cation exchange capacity using the first principal component derived from soil physico - chemical properties[J]. Agricultural Sciences in China, 2011, 10(8): 1246 - 1253.

[77] 毕经武.基于多源遥感数据的太平洋中尺度涡克里金提取方法研究[D].济南:山东师范大学,2015.

[78] 刘文岭,夏海英.同位协同克里金方法在储层横向预测中的应用[J].勘探地球物理进展,2004,27(5):367 - 370.

[79] BABAK O, DEUTSCH C V. Collocated CoKriging based on merged secondary attributes[J]. Mathematical Geosciences, 2009, 41(8): 921 - 926.

[80] BABAK O, DEUTSCH C V. Improved spatial modeling by merging multiple secondary data for intrinsic collocated CoKriging[J]. Journal of Petroleum Science & Engineering, 2009, 69(1): 93 - 99.

[81] ABEDI M, ASGHARI O, NOROUZI G H. Collocated CoKriging of iron deposit based on a model of magnetic susceptibility: A case study in Morvarid mine, Iran[J]. Arabian Journal of Geosciences, 2015, 8(4): 2179 - 2189.

[82] 安振昌.1936 年中国地磁参考场的冠谐模型[J].地球物理学报,2003,46(5):624 - 627.

[83] 张丽红,师素珍,李赋斌,等.利用合成地震波振幅预测煤层厚度及其方法研究[J].湖南科技大学学报(自然科学版),2010,25(3):12-14.

[84] 陈建阳,于兴河,李胜利,等.同位协同地震属性进行储层预测的方法及应用[J].内蒙古石油化工,2007,33(9):1-3.

[85] 李少华,张昌民,胡爱梅,等.煤储层孔隙度的协同模拟[J].煤炭学报,2007,32(9):980-983.

[86] 李玉君,邓宏文,田文,等.波阻抗约束下的测井信息在储集层岩相随机建模中的应用[J].石油勘探与开发,2006,33(5):569-571.

[87] 李莎,舒红,董林.基于时空变异函数的 Kriging 插值及实现[J].计算机工程与应用,2011,47(23):25-26.

[88] 张辉,马娟,缪杰,等.基于 JPL-GIM 数据研究昆明地区 VTEC 的变化特征[J].震灾防御技术,2015,10(B10):739-749.

[89] 胡丹桂,舒红,胡泓达.时空 CoKriging 的变异函数建模[J].华中师范大学学报(自然科学版),2015,49(4):596-602.

[90] 赵敏华,石萌,曾雨莲,等.基于磁强计的卫星自主定轨算法[J].系统工程与电子技术,2004,26(9):1236-1238.

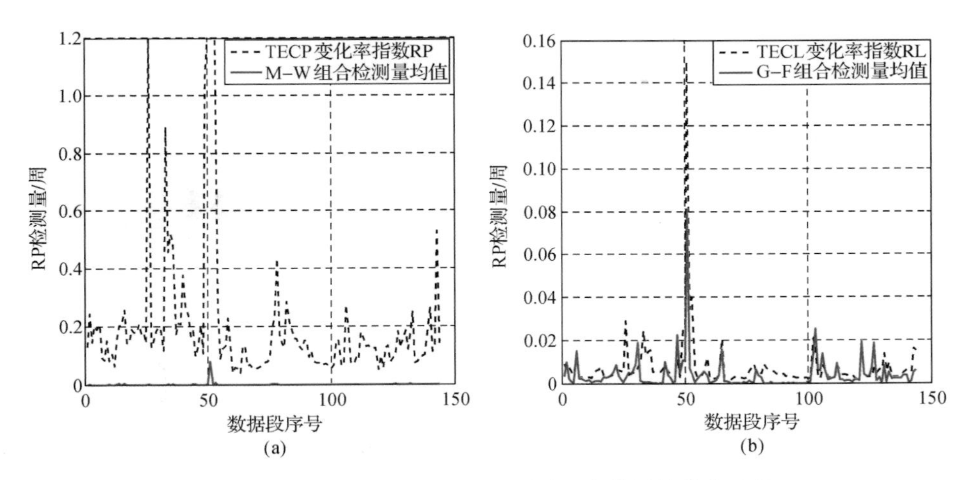


图 2-13　TEC 变化率指数与周跳组合检测量均值比较

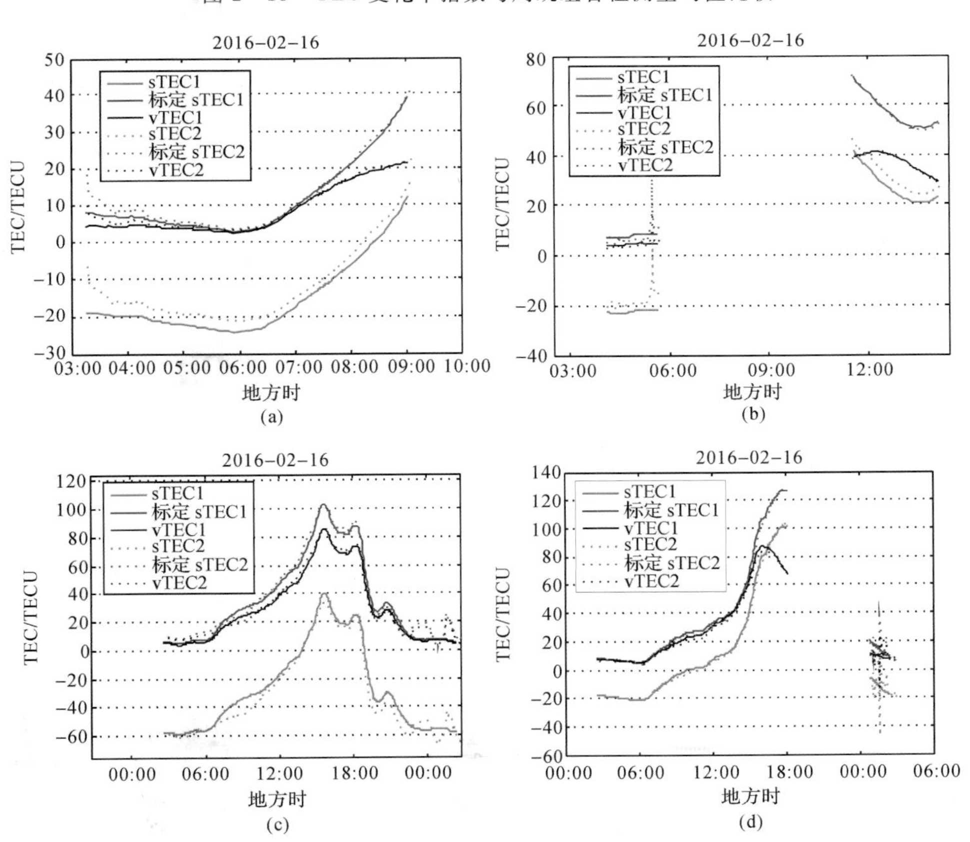


图 2-26　改进方法对短基线同型号两接收机 TEC 数据去延迟标定比对举例

(a)GPS 2 号星;(b)GPS 12 号星;(c)BDS 1 号星;(d)BDS 6 号星

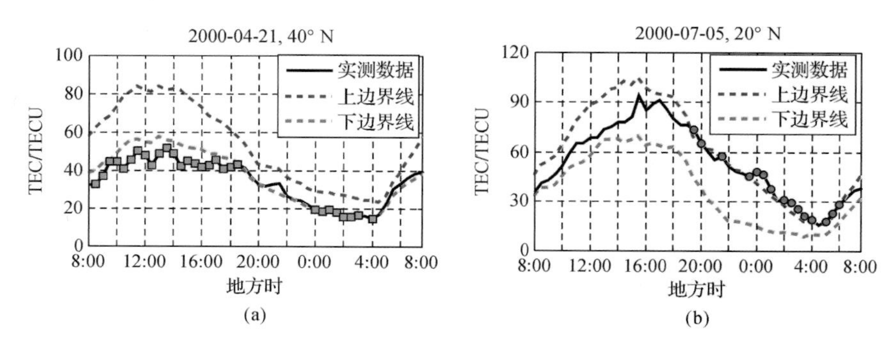


图 3-18　包络检验法 TEC 异常检测

(a)负异常;(b)正异常

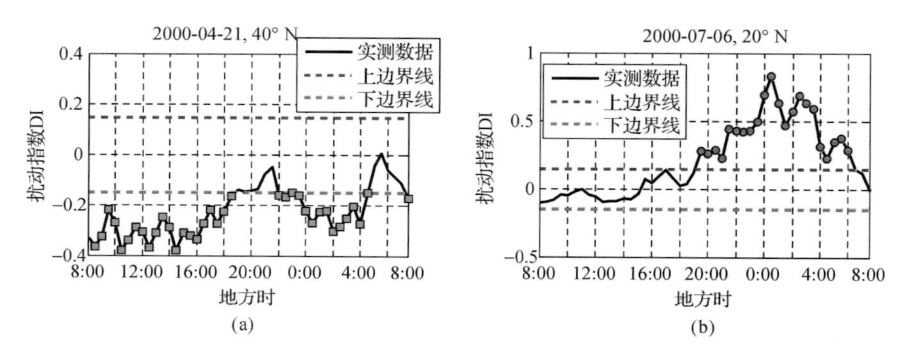


图 3-19　扰动指数法 TEC 异常检测

(a)负扰动;(b)正扰动

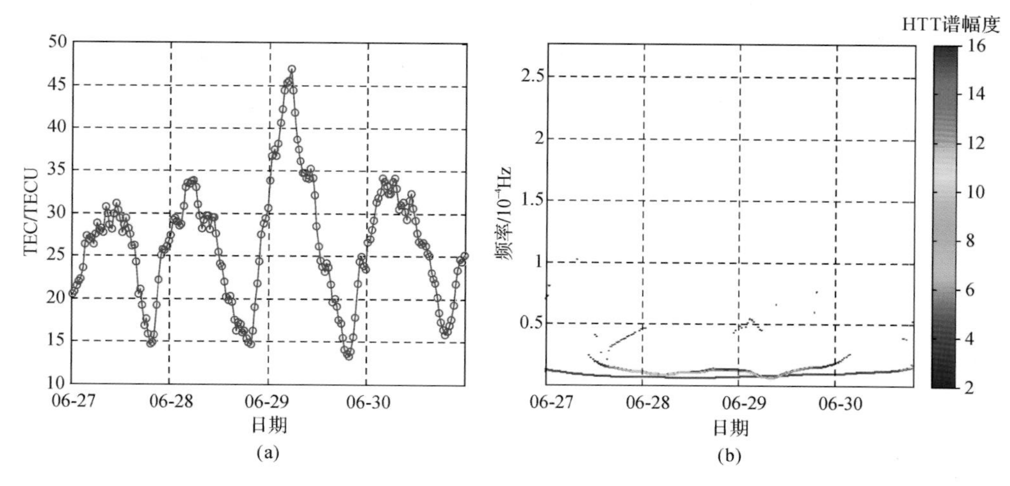


图 3-27　三维 HHT 谱图(2000 年,40°N)

(a)TEC 时间序列;(b)时间-频率-HHT 谱图

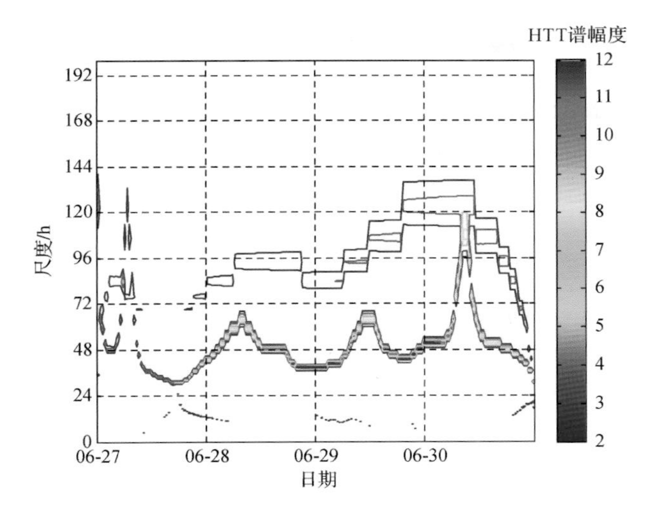


图 3-28　时间-尺度-HHT 谱图(2000 年,40°N)

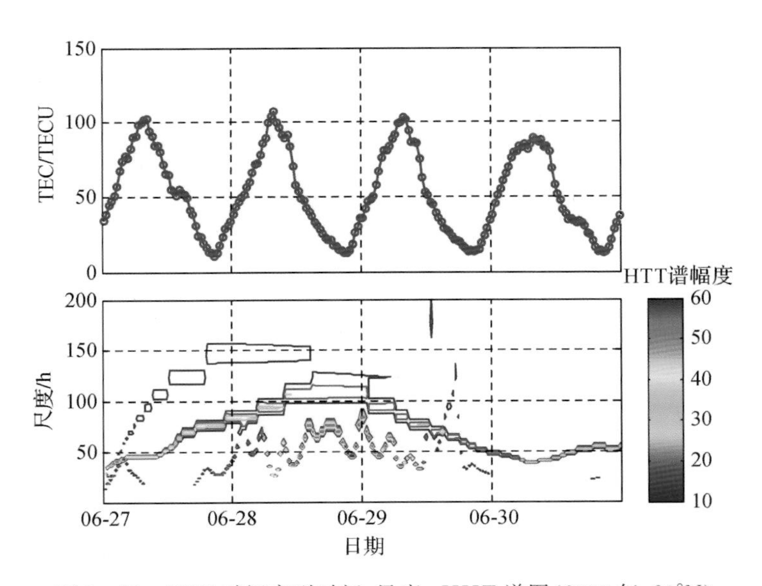


图 3-29　TEC 时间序列时间-尺度-HHT 谱图(2000 年,20°N)

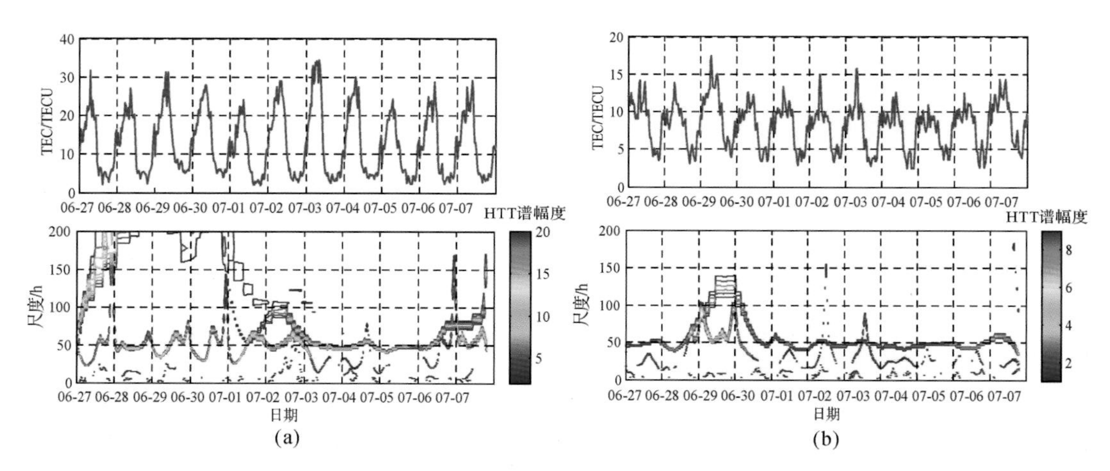


图 3-30　不同纬度的时间-尺度-HHT 谱图

(a)1997 年,20°N;(b)1997 年,40°N

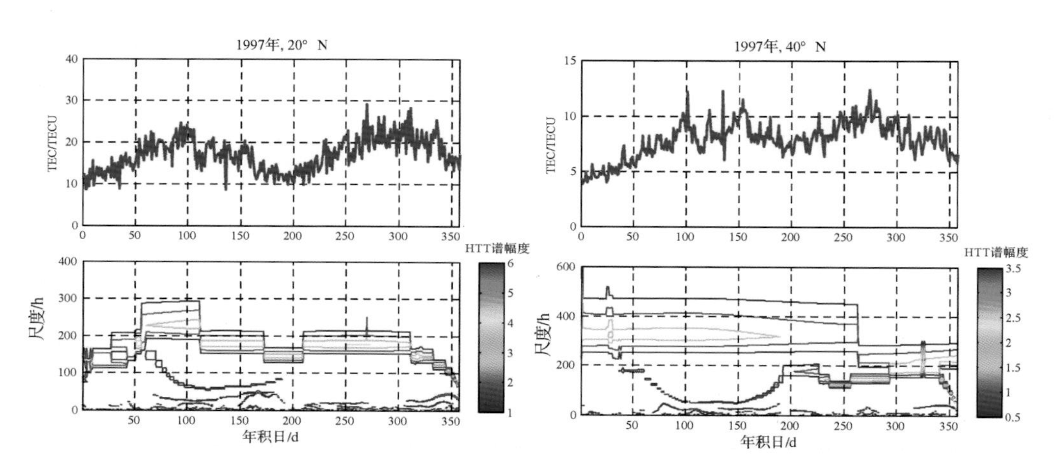


图 3-31　1997 年的时间-尺度-HHT 谱年变化图

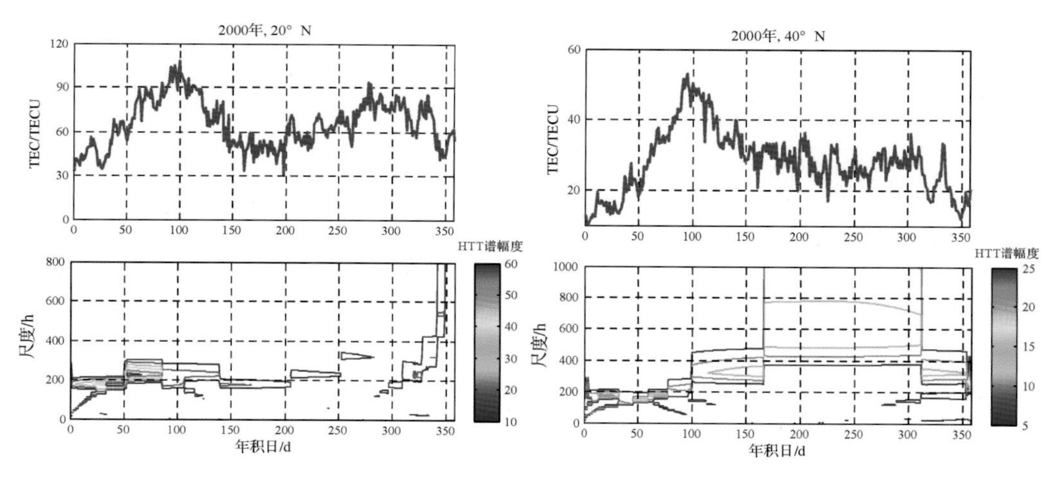


图 3-32　2000 年的时间-尺度-HHT 谱年变化图

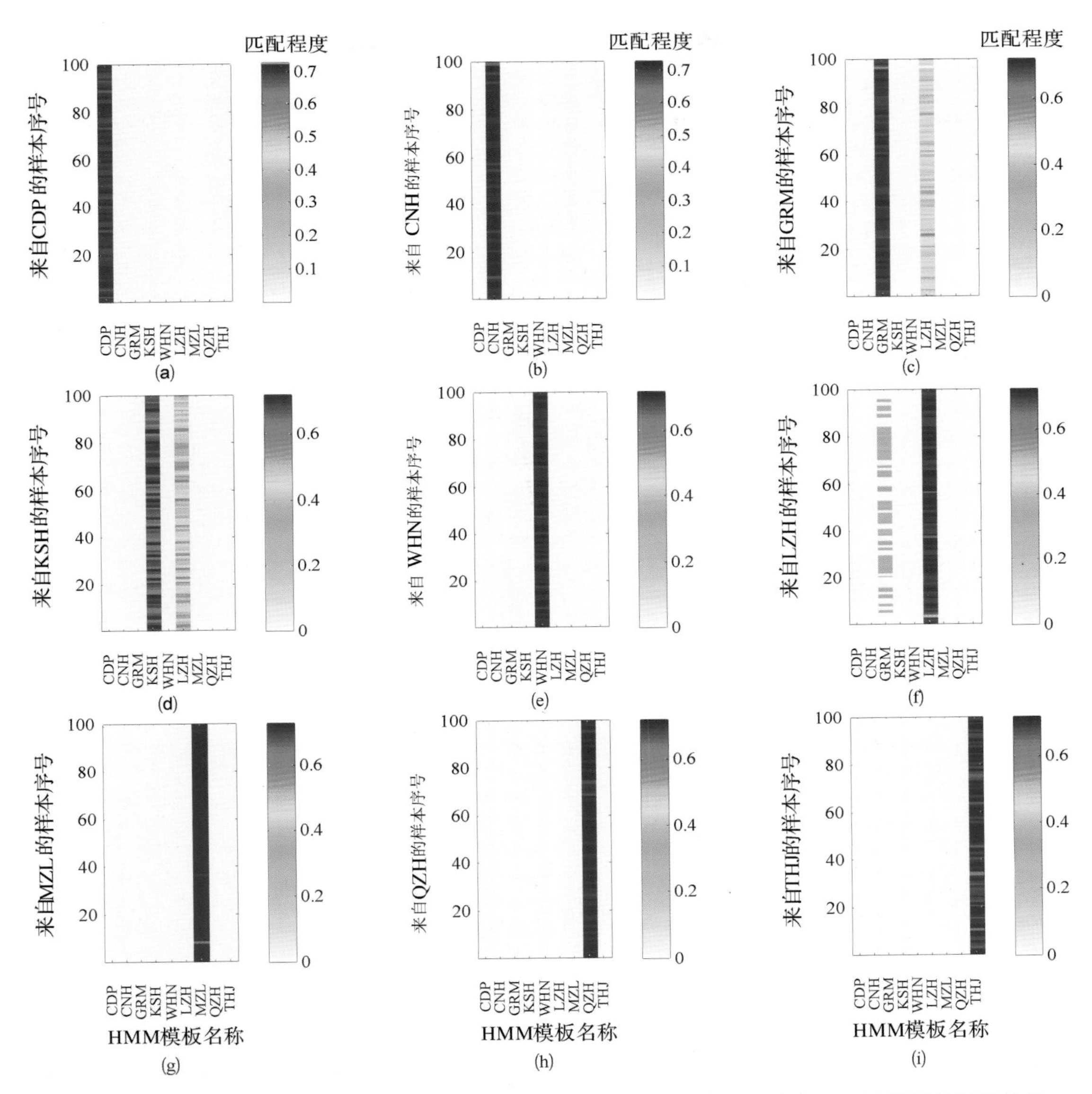


图 4-4　从国家地磁台网中心获得的 9 个地磁站点的观测数据与各地磁站点 HMM 模板的匹配结果

(a)成都；(b)长春；(c)格尔木；(d)喀什；(e)武汉；(f)兰州；(g)满洲里；(h)琼中；(i)通海

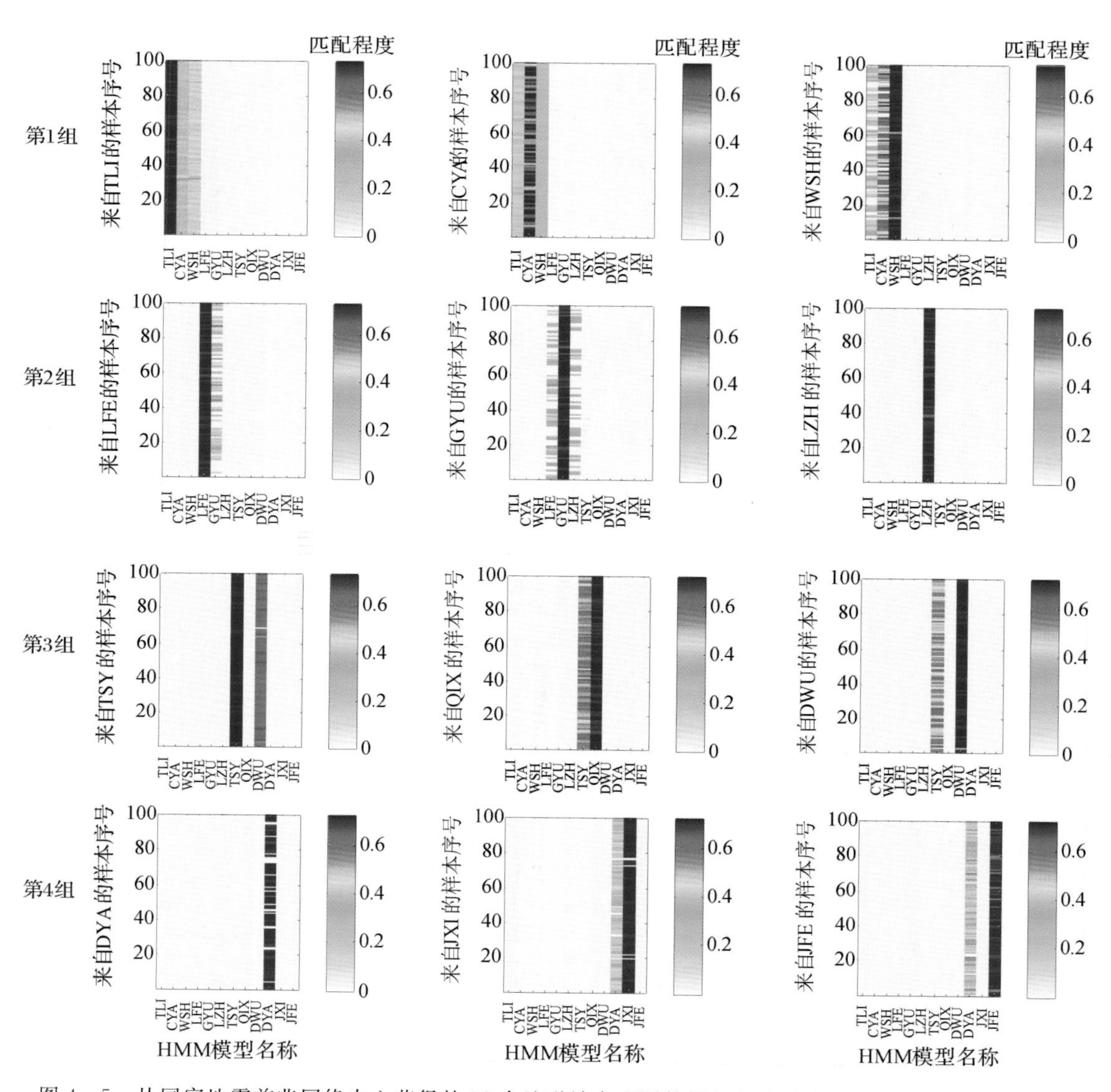


图 4-5　从国家地震前兆网络中心获得的 12 个地磁站点观测数据与各地磁站点 HMM 模板的互匹配结果(地磁站点根据纬度分为 4 组,每一行代表一组观测,第一组地磁站点分别为铁岭、朝阳和乌什,站点均在 41.6°N 附近,第二组地磁站点分别为临汾、固原和兰州,站点均在 36.0°N 附近,第三组地磁站点分别为天水、乾陵和大坞,站点均接近 34.6°N,第 4 组地磁站点分别为当阳、泾县和九峰,站点均在 30.6°N 附近)

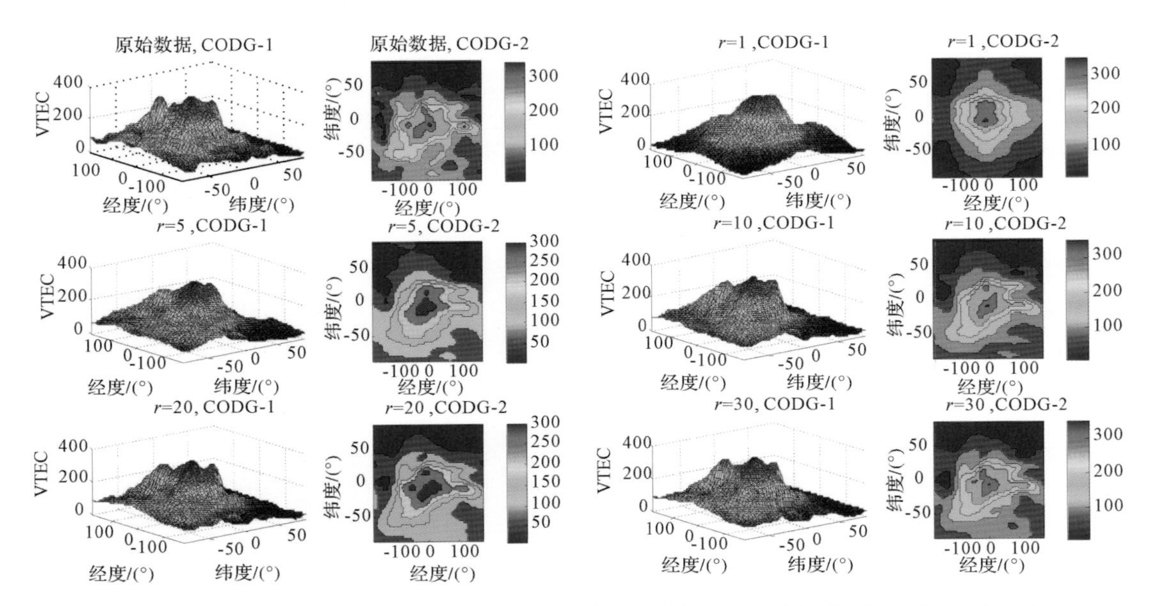


图 4-15 2011 年 1 月 1 日 14:00—16:00UT 全球电离层 VTEC 原始图和 $r=1, 5, 10, 20$ 和 30 的张量秩分解结果("-1"和"-2"分别代表曲面图和等高线图,地理经度范围为[-180°,180°],地理纬度范围为[-87.5°,87.5°];VTEC 的单位为 0.1 TECU)

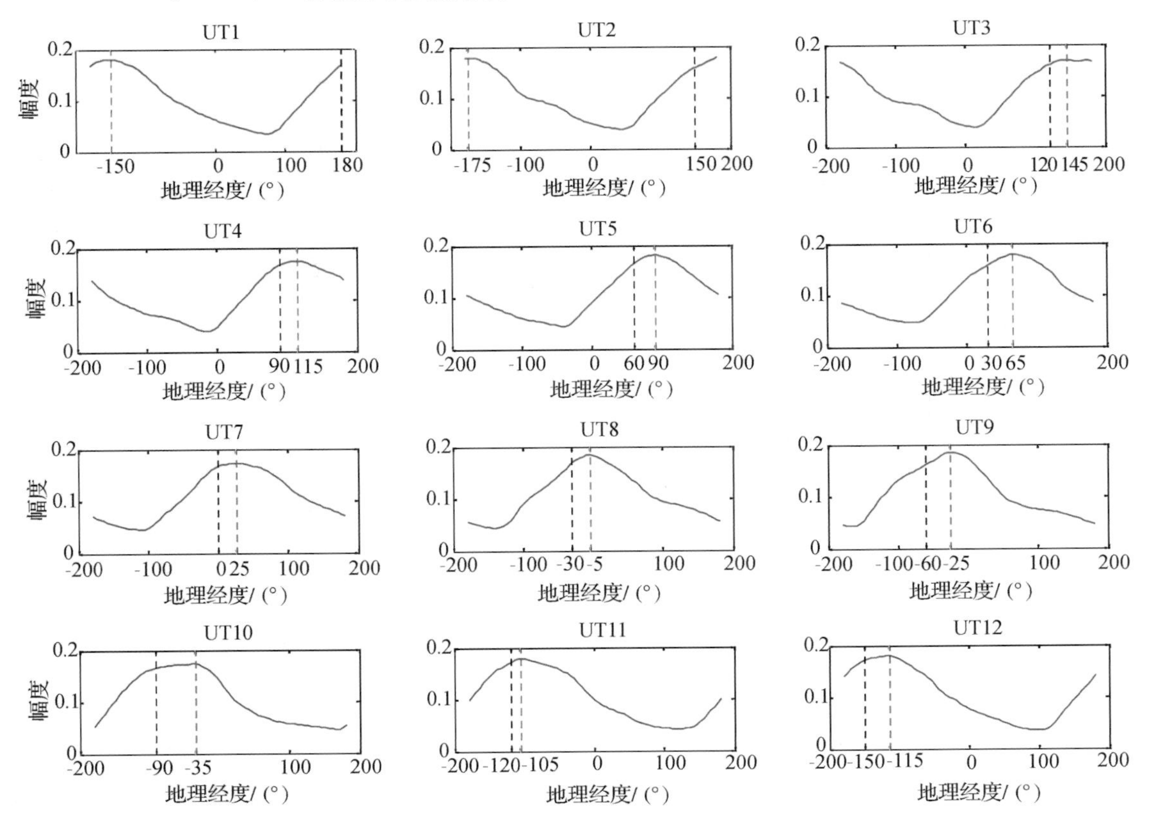


图 4-17 12 个世界时间隔对应的电离层经度维大尺度变化(红色虚线代表 $\boldsymbol{U}^{(2)}$ 最大值的位置,黑色虚线代表太阳辐射最大值的位置)

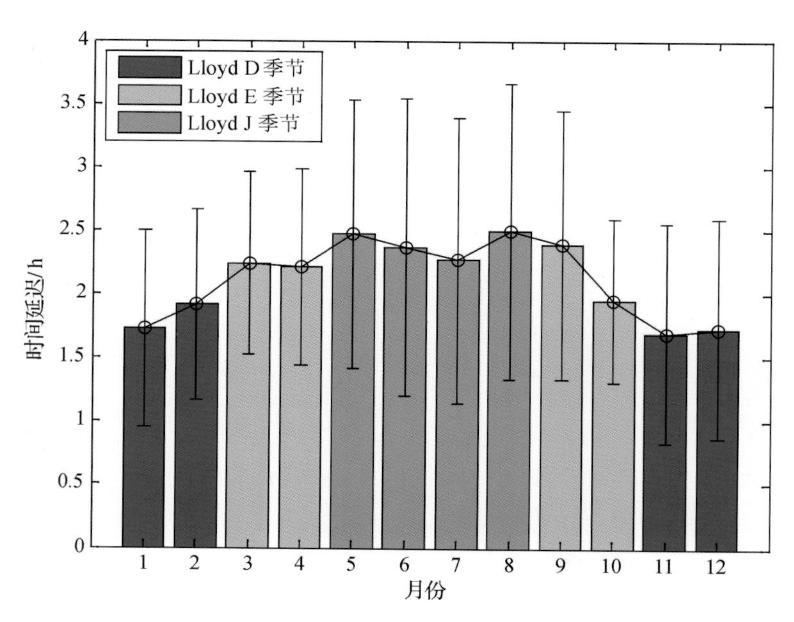


图 4-18　2011—2013 年 1—12 月所有世界时间隔内时间延迟的均值和标准差(竖直的线段表示对应的标准差)

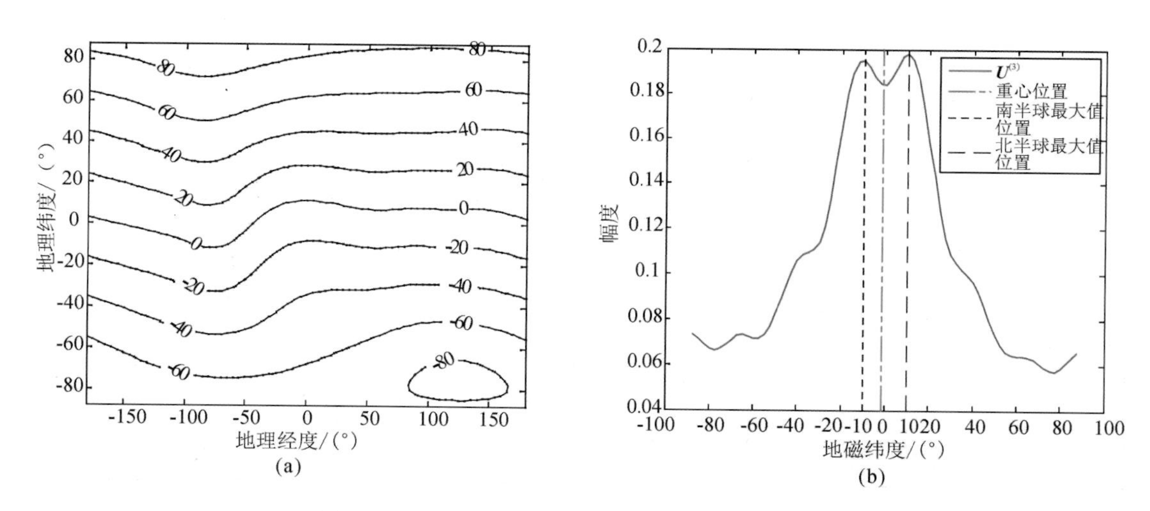


图 4-19　地磁坐标系下的电离层大尺度纬度变化

(a)地理坐标系下地磁顶点坐标系中纬度值示意图;(b)地磁顶点坐标系下电离层纬度大尺度变化

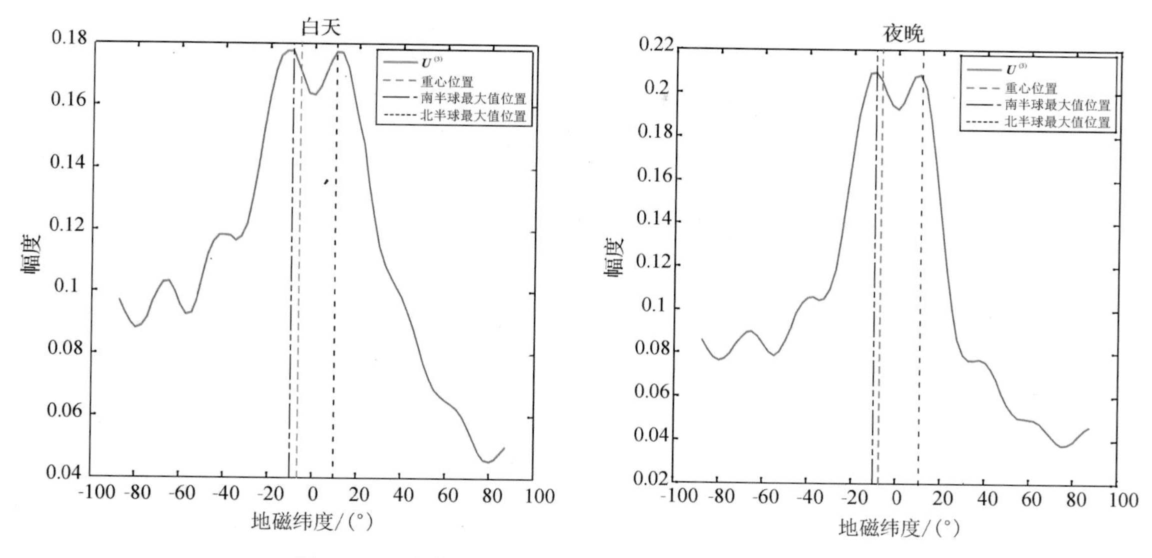


图 4－21　电离层大尺度变化南北不对称性的昼夜特征

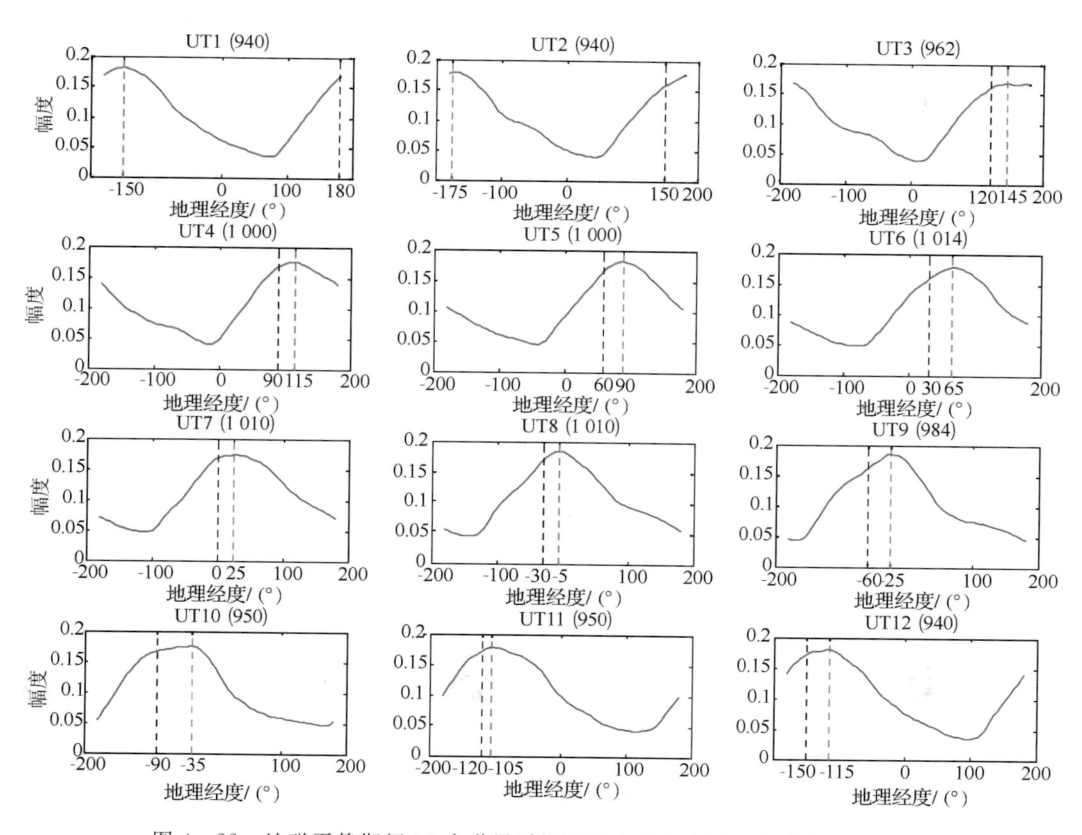


图 4－22　地磁平静期间 12 个世界时间隔对应的电离层经度维大尺度变化

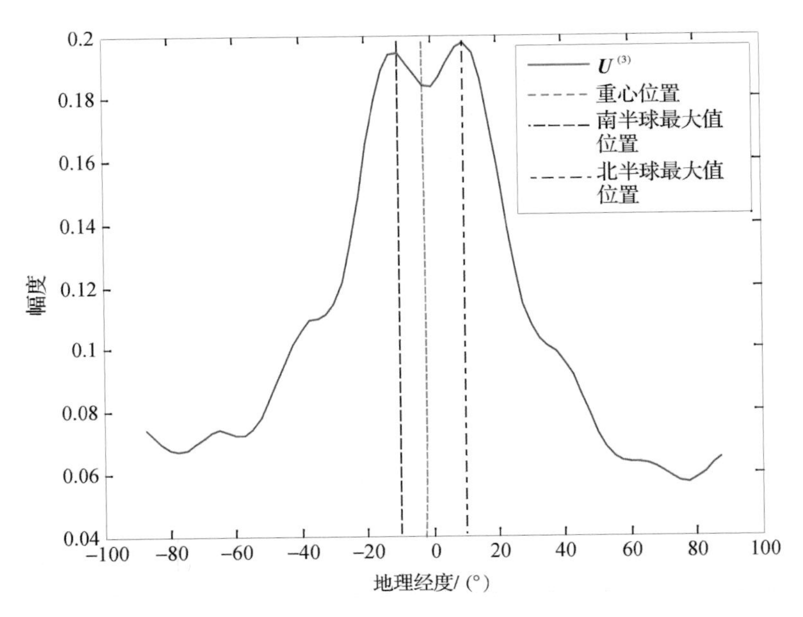


图 4-23 地磁顶点坐标系下地磁平静期电离层纬度维大尺度变化

（红色虚线代表 $U^{(3)}$ 重心的纬度位置，黑色虚线和点划线代表的是赤道两侧的峰值位置）

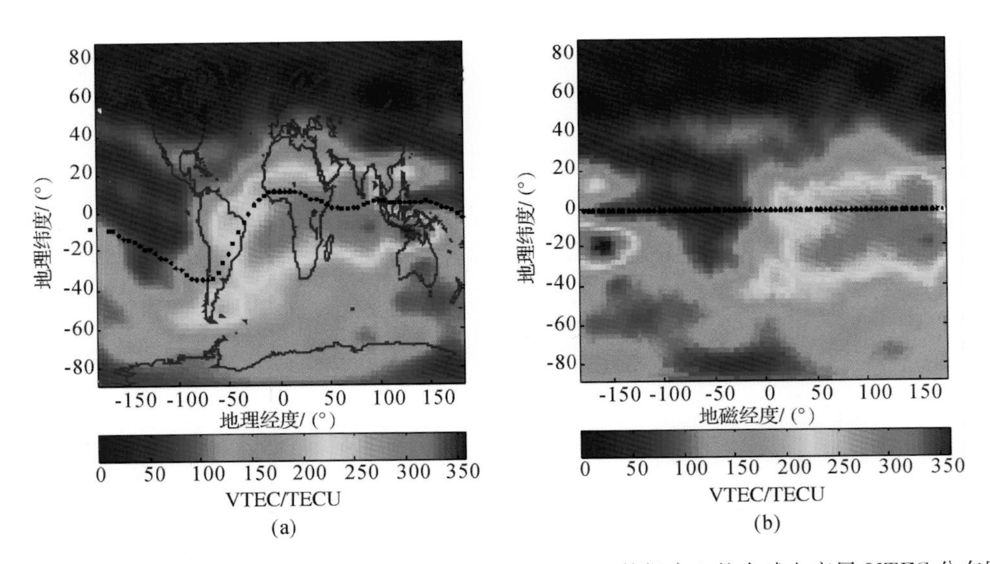


图 5-1 2011 年 1 月 1 日世界时 14:00—16:00 来自 CODE 数据中心的全球电离层 VTEC 分布图

(a)地理坐标系下 GIM 图；(b)地磁坐标系下 GIM 图

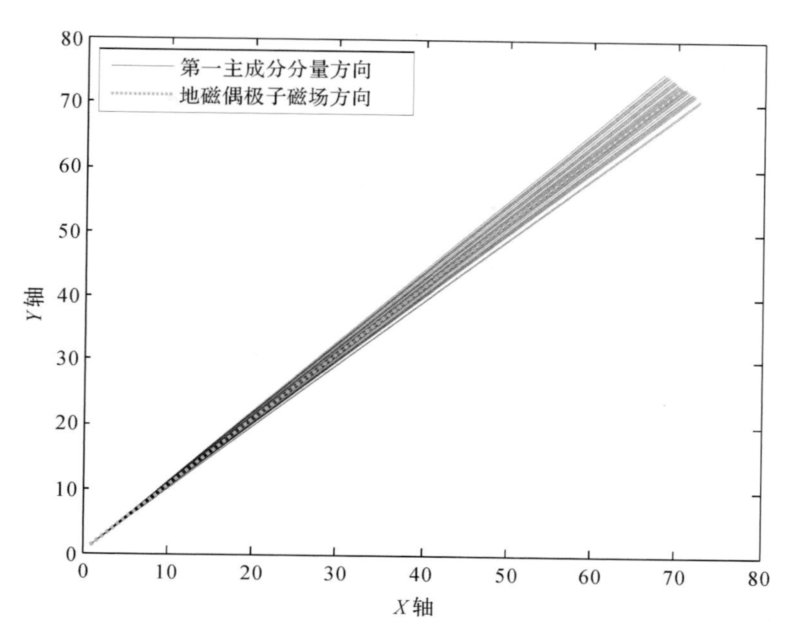


图 5－3　2012 年电离层 GIM 数据进行张量秩-2 分解和主成分分析后提取的总电子含量在空间上快速变化方向(其中绿色虚线为地磁南北磁极的连线的方向)

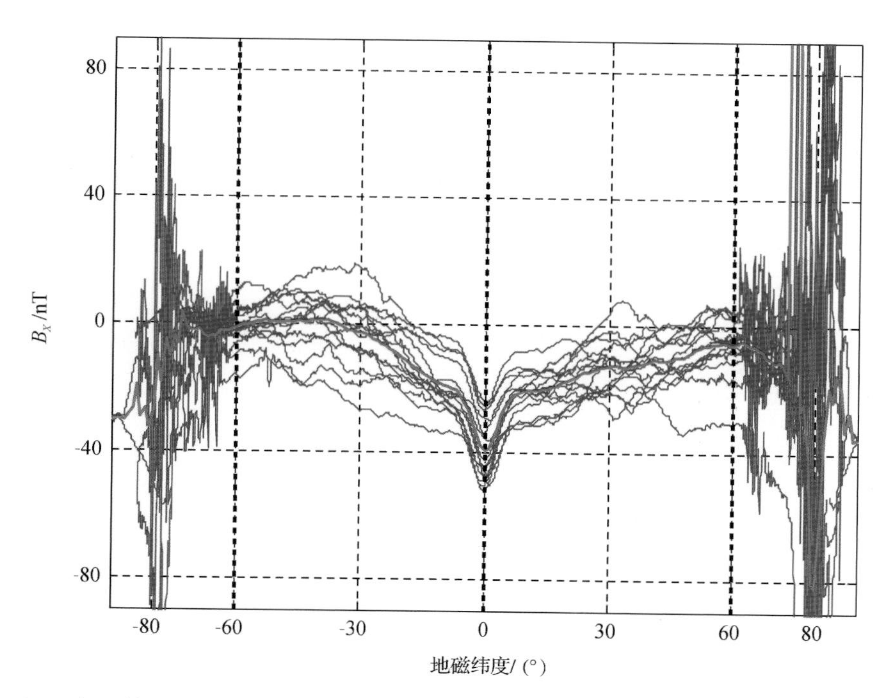


图 5－5　2015 年 5 月 2 日 Swarm－A 卫星处于日照面时电离层电流体系的磁场效应(红线为平均值)

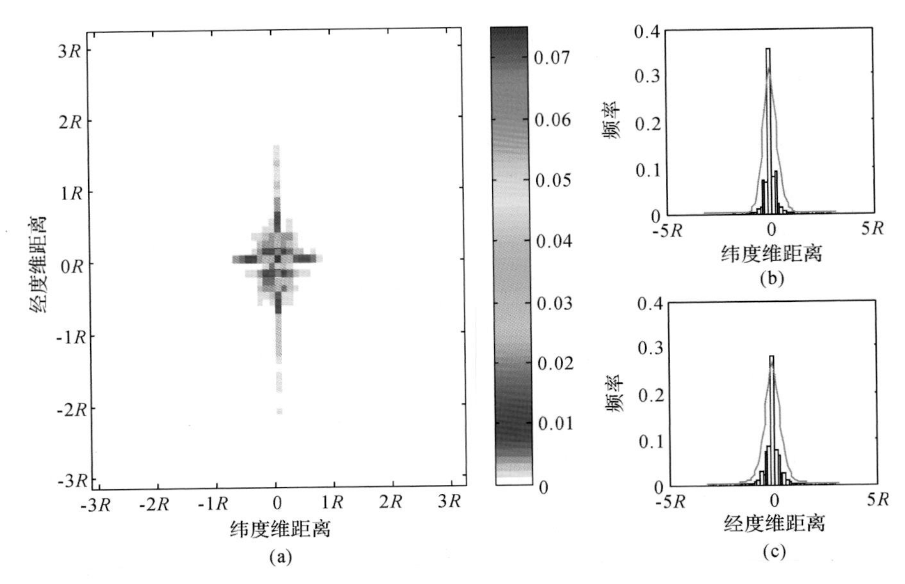

(a) (b) (c)

图 6-2　全球电离层网络中有向边距离的分布

(a)电离层网络边在经线和纬线方向上的距离的联合分布；(b)电离层网络边在纬线方向上的距离的分布；(c)电离层网络边在经线方向上的距离的分布

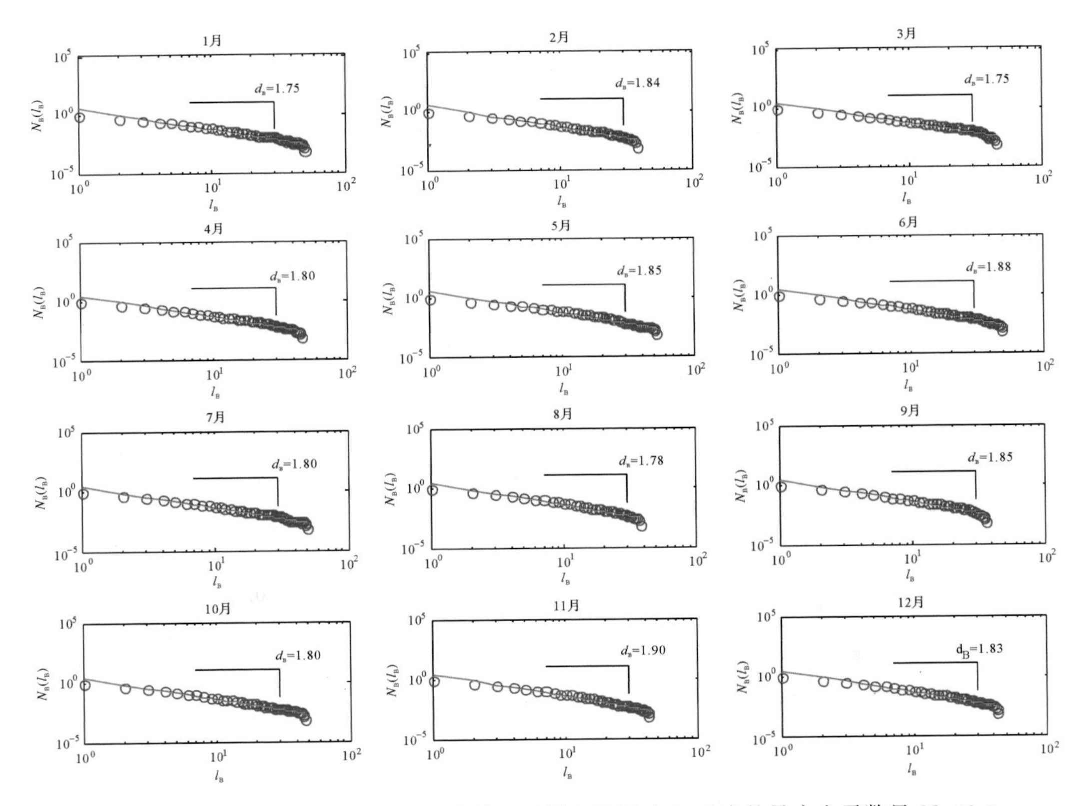


图 6-5　2012 年 12 个月电离层网络关于不同盒子尺寸 $l_B$ 对应的最小盒子数目 $N_B(l_B)$ 在对数坐标系下的结果[其中蓝色圈代表 1 000 个 $N_B(l_B)$ 的均值，红色直线的负斜率 $d_B$ 是通过最小二乘拟合获得分形维数]

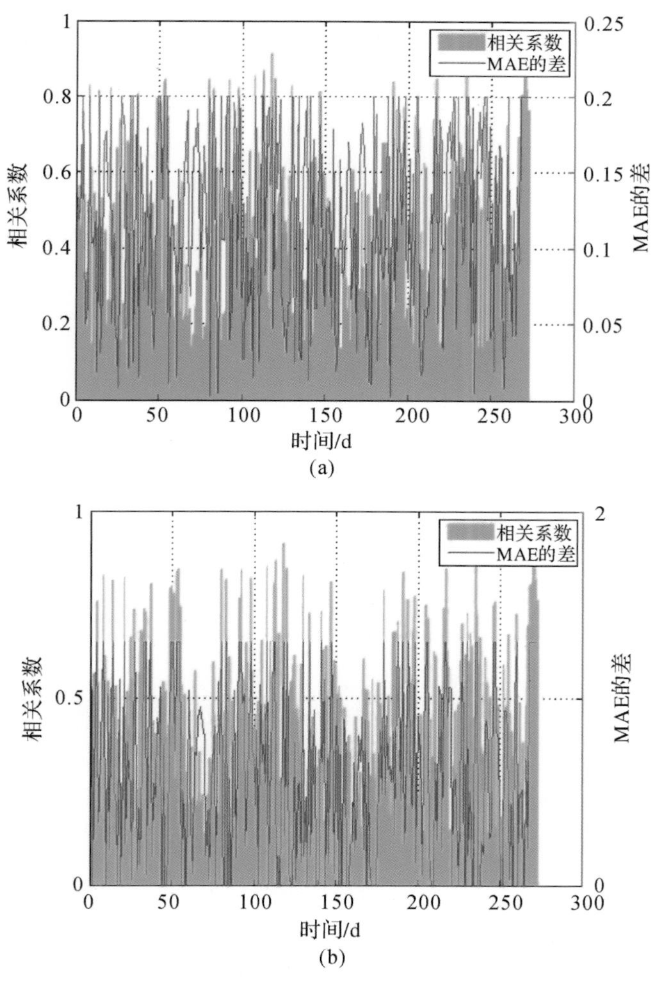


图 6-14　误差与相关系数的关系

(a)MAZ;(b)MSE

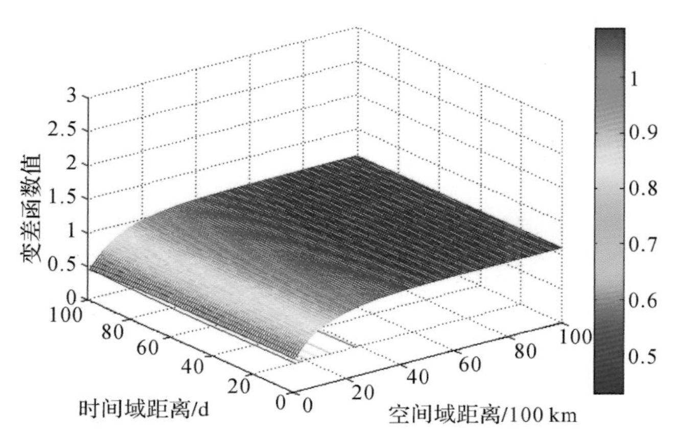


图 6-16　协变量时空域变差函数

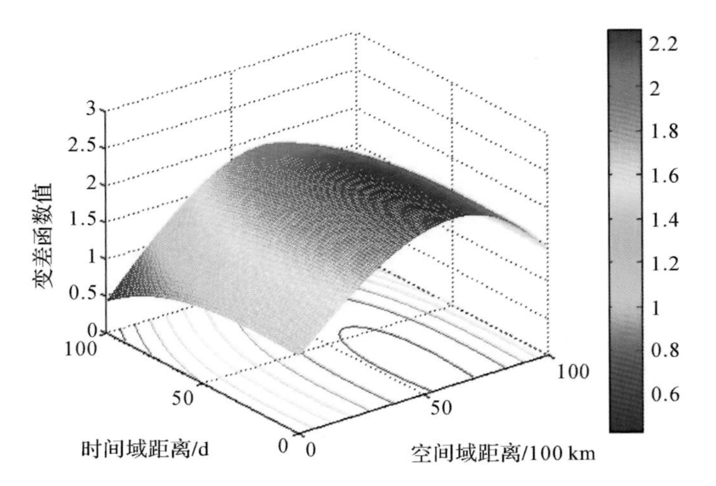


图 6-18 联合变量时空域变差函数

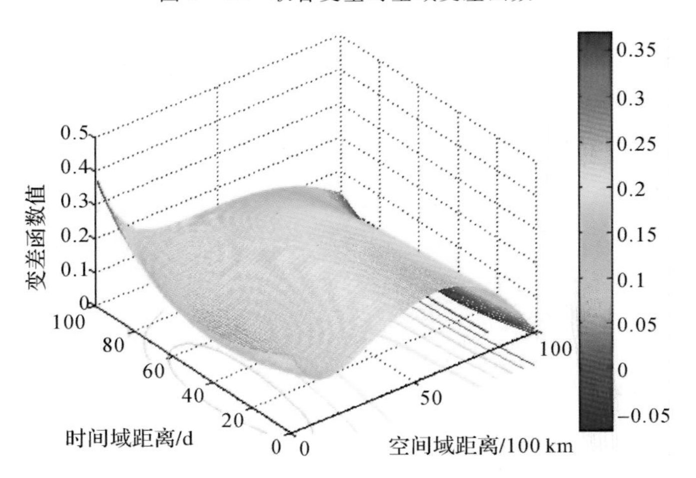


图 6-19 交叉变差函数时空域分布

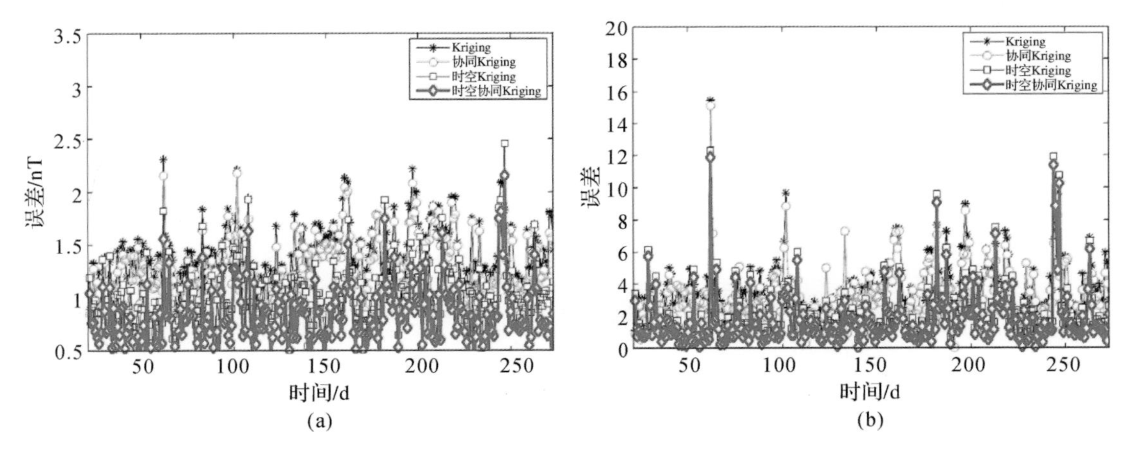


图 6-21 交叉验证结果比较

(a) MAE;(b) MSE